高职高专机械设计类系列教材

SOLIDWORKS 产品设计项目化教程

主　编　郭晓霞

参　编　梁伟文　刘　杰

西安电子科技大学出版社

内容简介

本书采用项目化实例编写模式，精选了玩具手提电话、救援钳、遥控器这三个实用项目作为教授内容。项目从简单到复杂，层层递进。

项目一至项目三主要介绍 SOLIDWORKS 软件的草图绘制、曲面设计、装配和工程图的创建方法等内容，具有较强的实用性；项目四为 SOLIDWORKS 助理工程师(CSWA)认证考试模拟题，读者可以了解认证考试的题型及难度。各项目末均附有拓展练习(题)。通过本书项目实例的学习及课后的拓展练习，读者能够很快掌握零件建模、装配和工程图的创建方法，并将其运用到产品设计中。

本书实例丰富、可操作性强，既可以作为高等院校机械设计、模具等相关专业的教材，又可以作为 SOLIDWORKS 的初、中级用户的培训教材。

图书在版编目(CIP)数据

SOLIDWORKS 产品设计项目化教程 / 郭晓霞主编. —西安：西安电子科技大学出版社
2021.8(2024.8 重印)
ISBN 978–7–5606–6131–5

Ⅰ. ①S… Ⅱ. ①郭… Ⅲ. ①产品设计—计算机辅助设计—应用软件—教材
Ⅳ. ① TB472-39

中国版本图书馆 CIP 数据核字(2021)第 147151 号

策　　划　杨丕勇
责任编辑　曹　攀　杨丕勇
出版发行　西安电子科技大学出版社(西安市太白南路 2 号)
电　　话　(029)88242421　88201467　　邮　　编　710071
网　　址　www.xduph.com　　电子邮箱　xdupfxb001@163.com
经　　销　新华书店
印刷单位　广东虎彩云印刷有限公司
版　　次　2021 年 8 月第 1 版　2024 年 8 月第 4 次印刷
开　　本　787 毫米×1092 毫米　1/16　印张 13.5
字　　数　319 千字
定　　价　38.00 元
ISBN 978–7–5606–6131–5
XDUP 6433001–4

前　言

SOLIDWORKS 是目前市场上主流的 3D CAD 软件之一，具有性能优异和使用方便等特点。本书侧重讲解 SOLIDWORKS 软件的实体造型、曲面造型、装配和工程图的创建方法，这是机械零件及产品设计的主要内容。

一、本书特色

(1) 本书采用项目化实例编写模式，便于实现教、学、做三合一。

(2) 书中的项目实例配有二维平面图(草图)或三维线架构形图(三维建模图)，有助于提高学生的识图能力。同时，学生可以根据图纸自主进行造型，遇到不会的地方再参照本书，或做完后再与本书做比较，这样可以大大提高学生自主分析、造型设计的能力。

(3) 各项目均配有拓展练习，便于学生巩固所学内容。

(4) 项目实例由浅入深，适合初学者使用。

(5) 配套高清语音教学视频，详细讲解操作步骤，方便读者自学。

(6) 学银在线学习网址：https://www.xueyinonline.com/detail/240862018。

二、本书内容安排

本书包括四个项目，其主要内容如下：

项目一是玩具手提电话的造型及结构设计，采用自下而上的设计方法，先创建 8 个零件的模型，然后进行装配，最后创建零件及装配的工程图。

项目二是救援钳的结构设计，采用自下而上的设计方法，先创建 10 个零件的模型，然后进行装配，最后创建零件的工程图。

项目三是遥控器外观曲面设计，采用自上而下的设计方法，利用曲面特征完成零件的建模。

项目四是 CSWA 考试模拟题，包括 CSWA 模拟题与拓展练习。

本书由深圳职业技术学院郭晓霞主编，梁伟文、刘杰参与编写。本书在编写过程中，得到了深圳汉拓有限公司等的大力支持，在此表示衷心感谢。

本书是编者多年教学经验的总结。由于时间有限，书中难免存在一些不足之处，欢迎广大读者以及业内人士予以指正。

编 者

2021 年 2 月

目　　录

项目一　玩具手提电话的造型及结构设计

本项目主要介绍玩具手提电话的造型及结构设计。分为三大模块，分别为零件的建模(如图 1-1 所示)、零件的装配(如图 1-2 所示)、零件的工程图。项目末附有拓展练习。

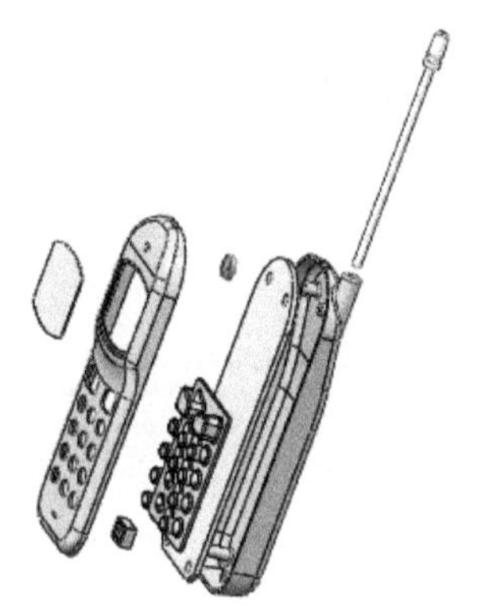

图 1-1　玩具手提电话各零件

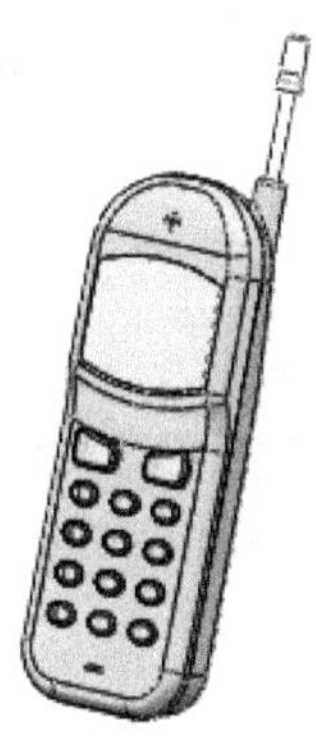

图 1-2　玩具手提电话装配模型

知识目标

(1) 掌握拉伸、旋转特征；
(2) 掌握镜向、圆周阵列、线性阵列方法；
(3) 掌握倒圆、倒角特征；
(4) 掌握基准面、抽壳、拔模特征；
(5) 掌握孔特征；
(6) 掌握零件装配的方法及常用机械配合；
(7) 掌握工程图的创建方法。

技能目标

(1) 熟练使用基础特征和工程特征进行建模；
(2) 熟练对特征进行编辑；
(3) 熟练对零件进行装配并创建装配体的爆炸视图；
(4) 根据零件结构及形状，采用合理的视图表达方法创建工程图。

模块一　零件的建模

对于该项目来说，零件的建模是基础。该模块包括 8 个任务，分别是设计屏幕零件、设计听筒零件、设计麦克风零件、设计 PC 板零件、设计天线零件、设计键盘零件、设计前盖零件和设计后盖零件。零件由简单到相对复杂，循序渐进，最终完成整体零件建模。

任务一　设计屏幕零件

屏幕零件

一、任务分析

屏幕零件如图 1-3 所示，文件名为“lens.sldprt”。该零件可以通过凸台拉伸和倒圆角来建立，建模过程见表 1-1。

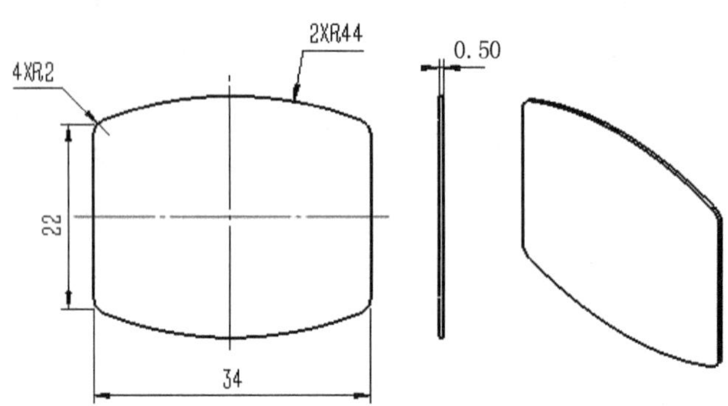

图 1-3　屏幕零件

表 1-1　屏幕零件的建模分析

编号	特征	草　图	特征值	三维建模图
1	凸台拉伸	R44 22 34	拉伸值为 0.50	

续表

编号	特征	草　图	特征值	三维建模图
2	倒圆角		半径为 2	

二、任务实施

(1) 建立文件。在标准工具栏中单击“”按钮，弹出“新建 SOLIDWORKS 文件”对话框，单击如图 1-4 所示的按钮“”，最后单击“确定”按钮，关闭对话框。

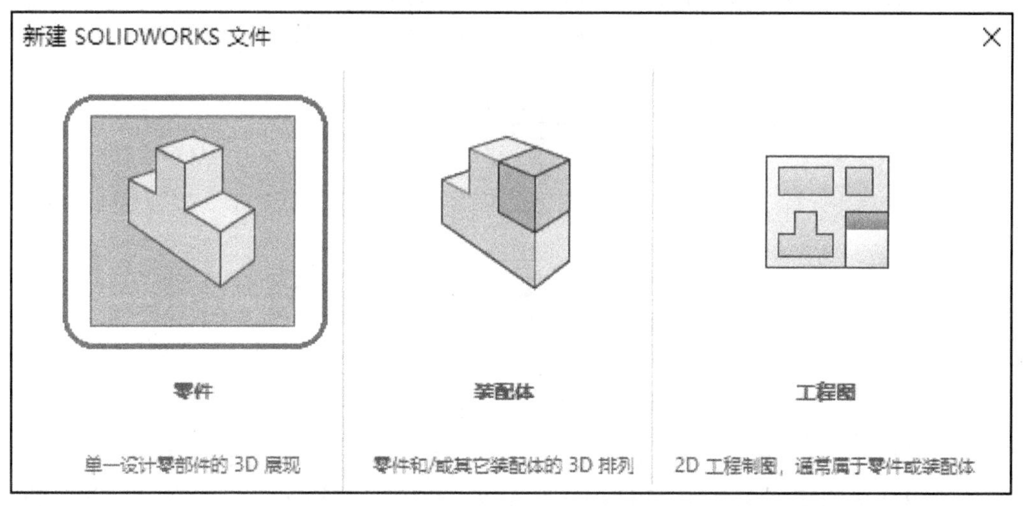

图 1-4　“新建 SOLIDWORKS 文件”对话框

(2) 设置单位。在窗口的右下角单击“自定义”选项，修改零件单位，如图 1-5 所示。

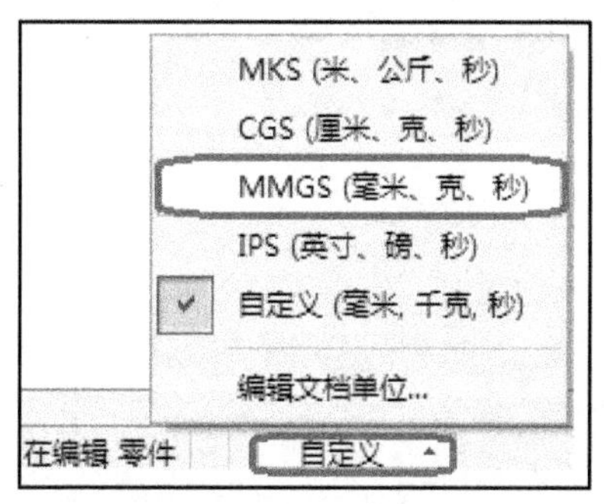

图 1-5　零件单位的编辑

(3) 保存文件。在标准工具栏中单击“”按钮，或使用 Ctrl+S 快捷键，将文件名设置为“lens”，系统会自动添加文件的扩展名“.sldprt”。

(4) 建立“拉伸凸台”特征。

① 打开拉伸凸台特征。如图 1-6 所示，单击“拉伸凸台/基体”工具按钮，弹出如图 1-7 所示的“基准面体系”。

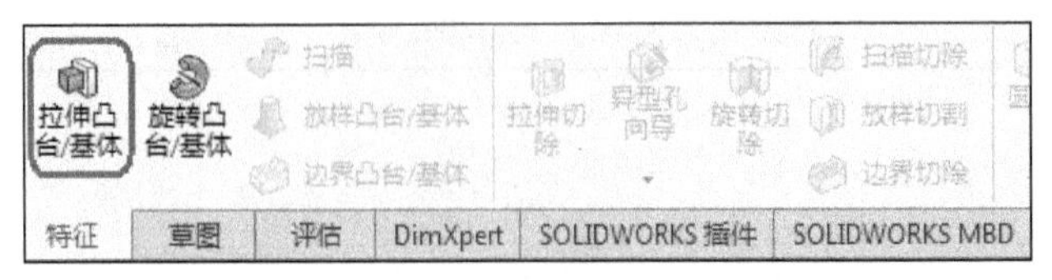

图 1-6　“拉伸凸台/基体”工具按钮

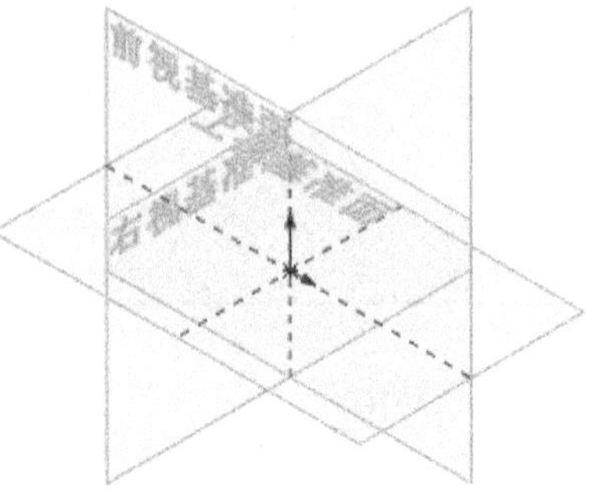

图 1-7　基准面体系

② 在“基准面体系”窗口中单击“前视基准面”，将其作为草图的平面，进入草图窗口。

③ 绘制如图 1-8 所示的草图，添加约束及尺寸，然后单击窗口右上角的“”按钮。

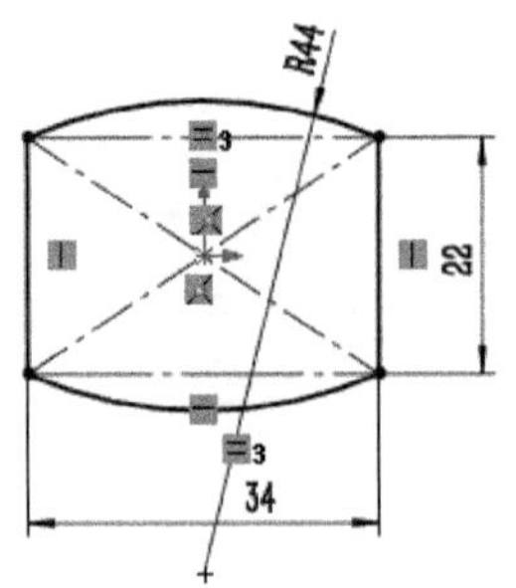

图 1-8　“凸台-拉伸 1”的草图

注意：符号“”表示模型的原点，当其显示为红色时，表示草图处于激活状态。

④ 如图 1-9 所示，在属性管理器中输入拉伸深度值“0.50 mm”，单击“”按钮可调整拉伸方向，最后单击“”按钮，特征生成。

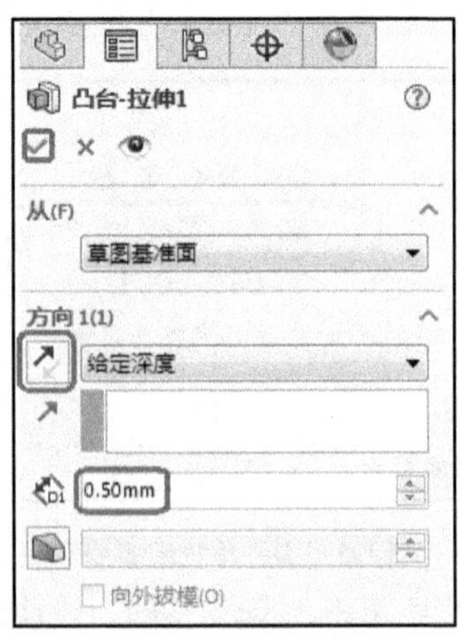

图 1-9　“凸台-拉伸 1”的属性管理器

(5) 建立“圆角 1”特征。

① 单击“特征”工具栏中的“圆角”按钮，弹出如图 1-10 所示的属性管理器。

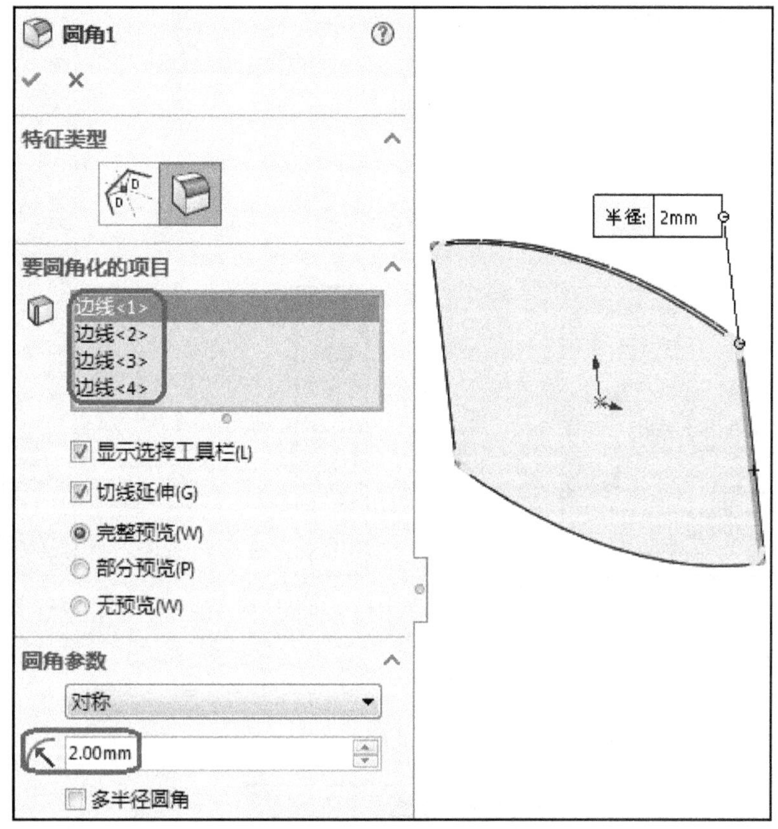

图 1-10　“圆角 1”的属性管理器

② 在窗口单击选取拉伸特征厚度方向的 4 条棱边，如图 1-10 所示。

③ 在属性管理器中输入圆角半径值“2.00 mm”。

④ 单击“”按钮，特征生成。

(6) 保存文件。

三、知识拓展

1. 视图(前导)

“视图(前导)”工具按钮如图 1-11 所示。下面简单介绍几个常用的按钮的功能。

图 1-11　“视图(前导)”工具按钮

：整屏显示全图。

：局部放大，以边界框放大选择区域。

：剖切视图，使用一个或多个横截面基准面显示零件或装配的剖切。

：视图定向，如图 1-12 所示。

：显示样式，如图 1-13 所示。

：隐藏，如图 1-14 所示。

：外观，编辑零件的外观。

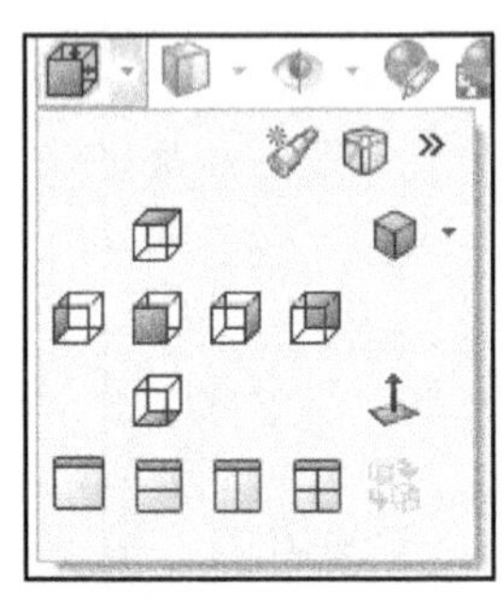
图 1-12　视图定向

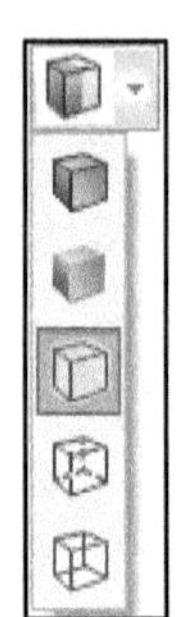
图 1-13　显示样式

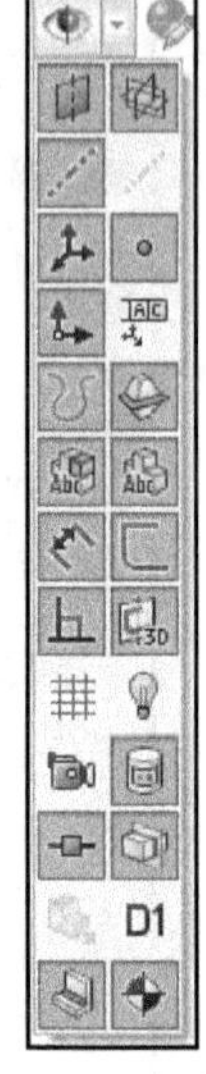
图 1-14　隐藏类型

2. 设置背景

(1) 单击标准工具栏中的“ ”按钮。

(2) 在如图 1-15 所示的窗口中设置背景的颜色。

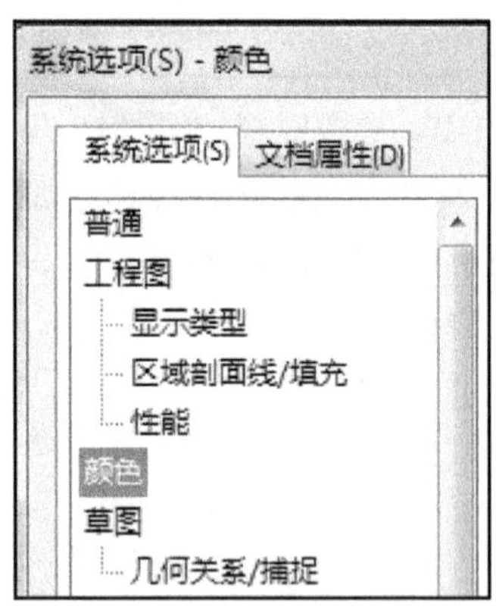

图 1-15　设置背景颜色

听筒

任务二　设计听筒零件

一、任务分析

听筒零件如图 1-16 所示，文件名为“earpiece.sldprt”。该零件可以通过拉伸、圆角和阵列等特征来建立。建模过程见表 1-2。

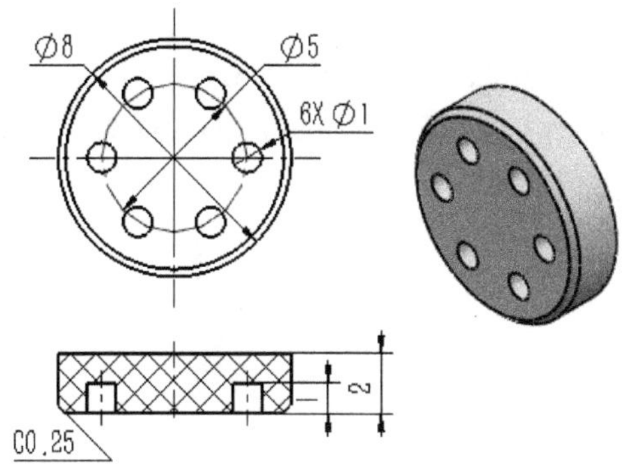

图 1-16　听筒零件

表 1-2　听筒零件的建模分析

编号	特征	草　图	特征值	三维建模图
1	凸台拉伸	Ø8	深度值为 2.00	
2	倒角		倒角值为 0.25	
3	拉伸切除	Ø5 Ø1	深度值为 1.00	
4	圆周阵列		数量为 6， 角度为 60	

二、任务实施

(1) 建立文件“earpiece.sldprt”，单位设为“mm”。

(2) 建立“凸台-拉伸 1”特征。以“前视基准面”作为草图的平面，绘制如图 1-17 所示的草图，拉伸深度值设为“2.00”。

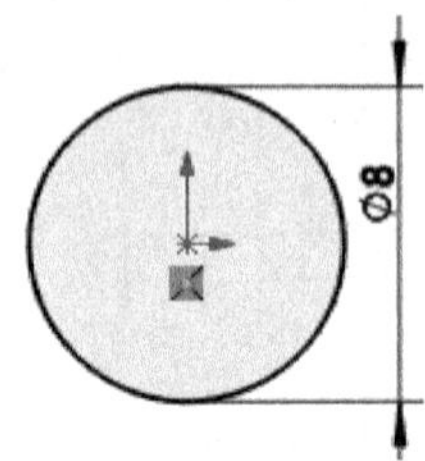

图 1-17 “凸台-拉伸 1”的草图

(3) 建立“倒角 1”特征。

① 在“特征”工具栏中，打开“倒角”特征，如图 1-18 所示。

② 在图形窗口中单击选取倒角的边，如图 1-19 所示。

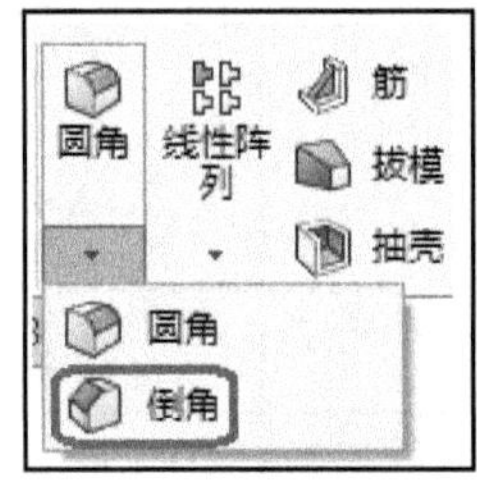

图 1-18 “倒角”特征

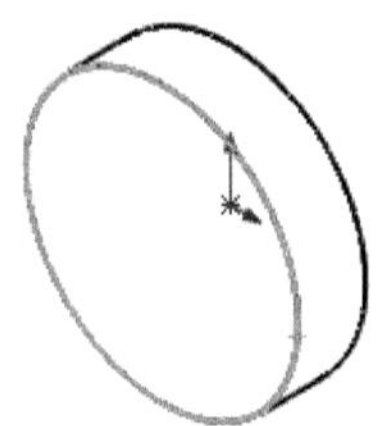

图 1-19 倒角的边

③ 在“倒角 1”的属性管理器中输入倒角参数分别为“0.25 mm”和“45.00 度”，如图 1-20 所示；最后单击“ ”按钮，特征生成。

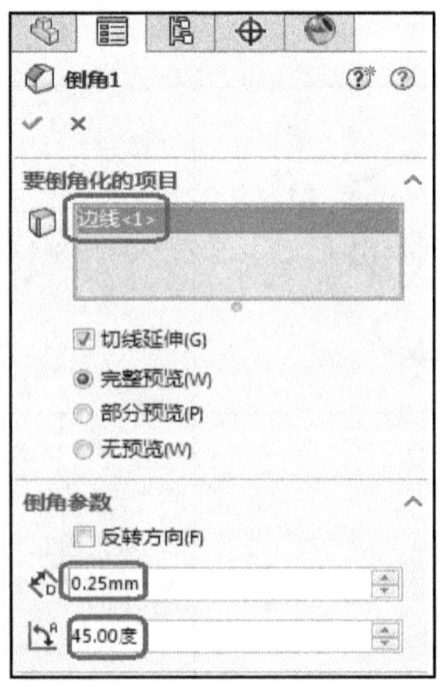

图 1-20 “倒角 1”的属性管理器

(4) 建立“切除-拉伸 1”特征。

① 在工具栏中，单击“特征”→“拉伸切除”。

② 在图形窗口中单击如图 1-21 所示的草图平面，进入草图窗口。

③ 绘制如图 1-22 所示的草图，添加约束及尺寸，然后单击窗口右上角的“”按钮。

图 1-21　“切除-拉伸 1”的草图平面

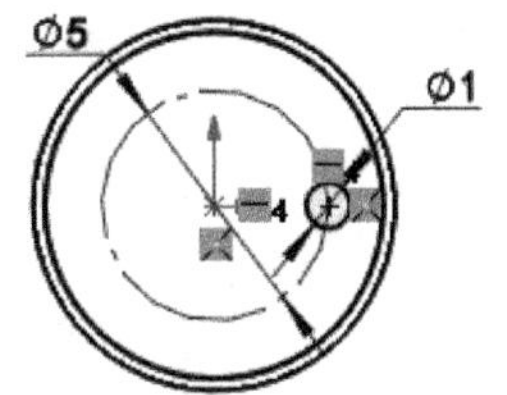

图 1-22　“切除-拉伸 1”的草图

注意：Φ5 的圆是构造圆。先绘制一个实线圆，然后右键单击圆，从弹出的工具按钮中选择“”。

④ 在“切除-拉伸 1”的属性管理器中输入拉伸深度值“1.00”，单击“”可以调整拉伸方向，最后单击“”按钮，特征生成。

(5) 圆周阵列。

① 先在图形窗口或设计树中选中上一步建立的“切除-拉伸 1”特征，然后在工具栏中按照如图 1-23 所示选择“圆周阵列”。

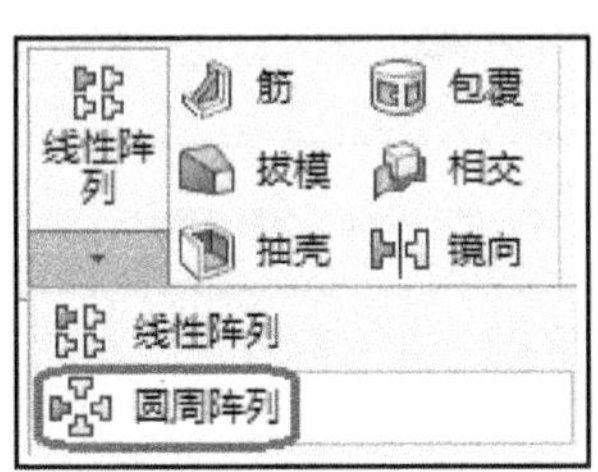

图 1-23　“圆周阵列”按钮

② 选择如图 1-24 所示的圆作为方向参考边，在如图 1-25 所示的属性管理器中，输入参数，最后单击“”按钮，特征生成。

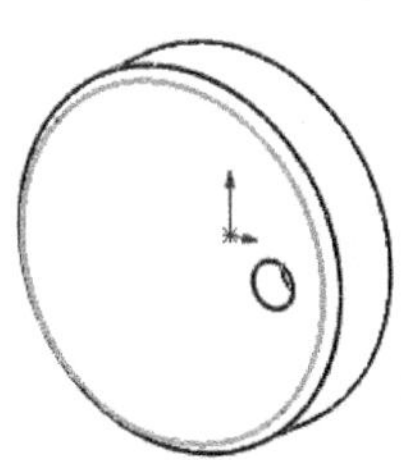

图 1-24　阵列方向的参考边

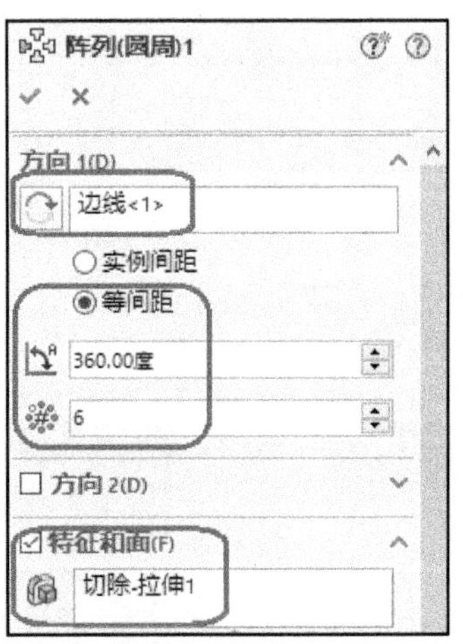

图 1-25　“阵列(圆周)1”的属性管理器

三、知识拓展

1. 设计树

在“FeatureManager 设计树”中，用户可以清楚地看到特征创建的顺序、特征的名称、材质和方程式等，从而可以方便地选择和过滤特征。“设计树”如图 1-26 所示。

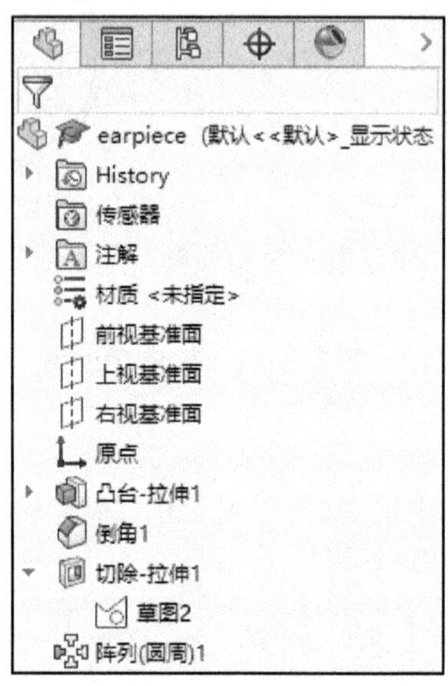

图 1-26　设计树

2. 特征的尺寸编辑

SOLIDWORKS 是参数化设计软件，其最大优点在于尺寸参数值可以修改。用户在建模时，经常会出现尺寸设计错误或输入错误，这样尺寸编辑就显得非常重要。

(1) 在“设计树”中双击特征，则特征的尺寸显示在窗口中，如图 1-27 所示。

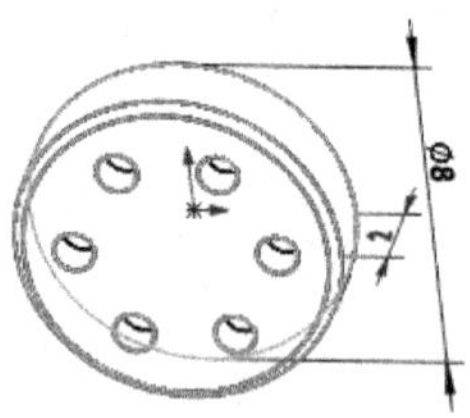

图 1-27　特征的尺寸

(2) 在图形窗口，双击尺寸值，弹出“修改”对话框，如图 1-28 所示，然后输入新的尺寸值，并按“✔”。

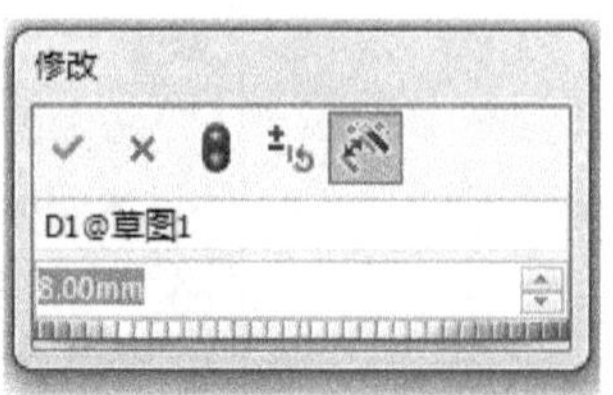

图 1-28　“修改”对话框

3. 特征的草图编辑

(1) 在“设计树”中单击特征前面的“ ”按钮。

(2) 单击“草图 1”，如图 1-29 所示，在弹出的工具栏选择“ ”按钮，进入草图窗口。

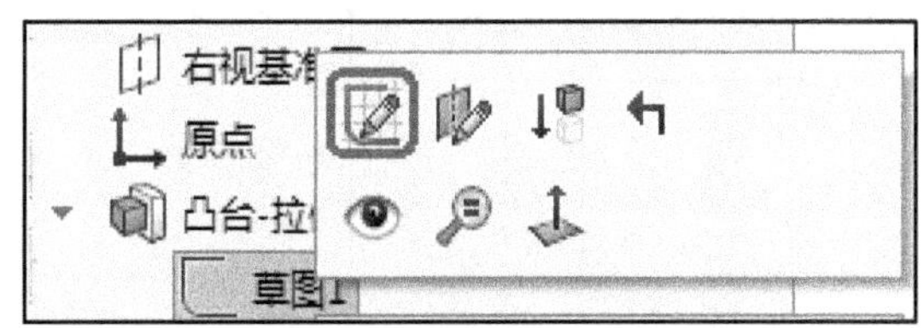

图 1-29　“编辑草图”按钮

(3) 草图修改完后，单击“ ”按钮，草图编辑完成。

4. 特征参数、拉伸方向等选项的编辑

(1) 在“设计树”中单击选取特征，在弹出的工具栏中选择“ ”按钮，进入特征属性管理器。

(2) 修改特征，然后单击“ ”按钮。

5. 特征重建

在标准工具栏，单击“ ”，或单击菜单“编辑”→“重建模型”，或按 Ctrl+B。重建模型只重建上次重建后已更改过的特征。

任务三　设计麦克风零件

麦克风

一、任务分析

麦克风零件如图 1-30 所示，文件名为“microphone.sldprt”。

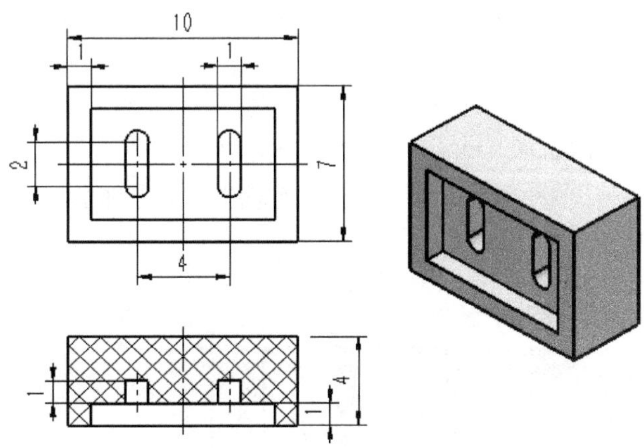

图 1-30　麦克风零件

该零件可以通过凸台拉伸，切除拉伸 1、2 以及镜向特征来建立。建模过程见表 1-3。

表 1-3　麦克风零件的建模分析

编号	特征	截　　面	特征值	三维建模图
1	凸台拉伸 1	10 7	深度为 4.00	
2	切除拉伸 1	1	深度为 1.00	
3	切除拉伸 2	1 2 4	深度为 1.00	
4	镜向			

二、任务实施

(1) 建立文件“microphone.sldprt”，单位为“mm”。

(2) 建立“凸台-拉伸 1”特征。以“前视基准面”作为草图的平面，绘制如图 1-31 所示的草图，拉伸深度值设为“4.00”。

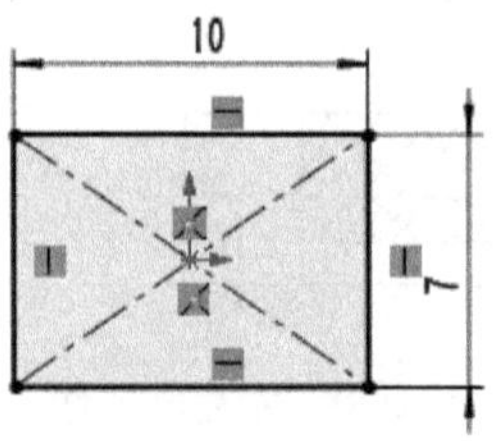

图 1-31　“凸台-拉伸 1”的草图

注意：草图可以采用“中心矩形”绘制。

(3) 建立“切除-拉伸 1”特征。以如图 1-32 所示的面作为草图的平面，绘制如图 1-33 所示的草图，拉伸深度值设为“1.00”。

图 1-32　“切除-拉伸 1”的草图平面

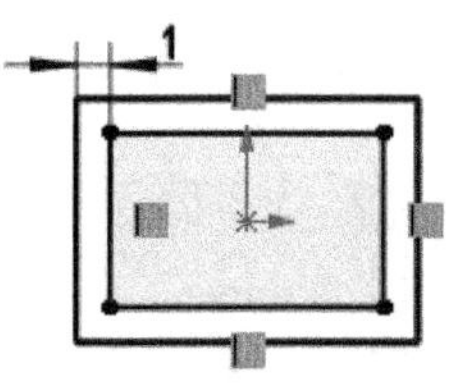

图 1-33　“切除-拉伸 1”的草图

(4) 建立“切除-拉伸 2”特征。

以如图 1-34 所示的面作为草图的平面，绘制如图 1-35 所示的草图，拉伸深度值设为“1.00”。

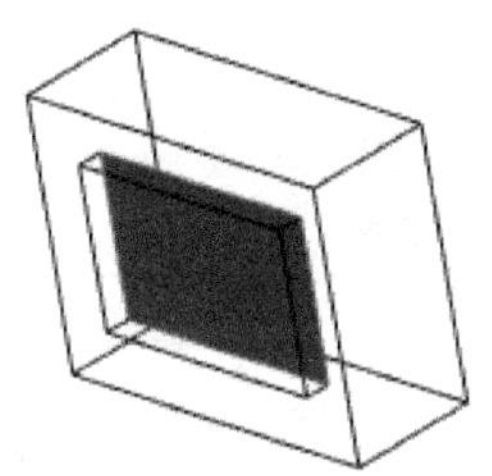

图 1-34　“切除-拉伸 2”的草图平面

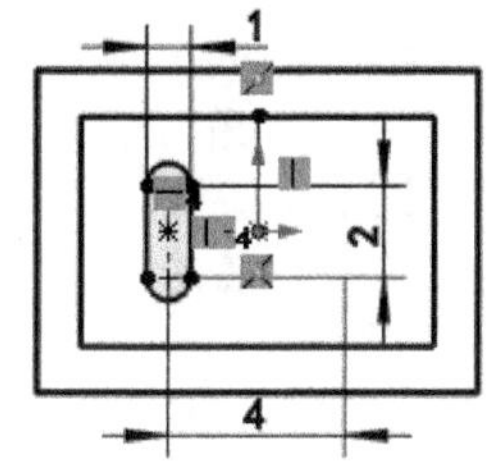

图 1-35　“切除-拉伸 2”的草图

注意：① 图形呈对称状态，先画一条竖直中心线，在孔的中心和中心线之间添加尺寸，当鼠标移到中心线右侧时，尺寸标注变为对称尺寸。② 草图可以利用“中心点槽口”绘制。

(5) 镜向“切除-拉伸 2”特征。

① 在“特征”工具栏中，单击“镜向”按钮，弹出如图 1-36 所示的属性管理器。

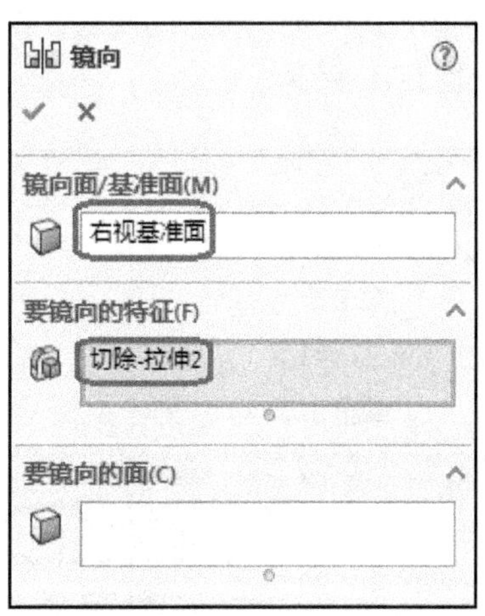

图 1-36　“镜向”的属性管理器

② 在图形窗口单击选择“右视基准面”和“切除-拉伸 2”，然后单击“✓”按钮。

三、知识拓展

1. 移动控制棒

(1) 在“设计树”中，按住鼠标左键并向上拖动控制棒，如图 1-37 所示。控制棒后面的特征的颜色变成灰色且不可使用。

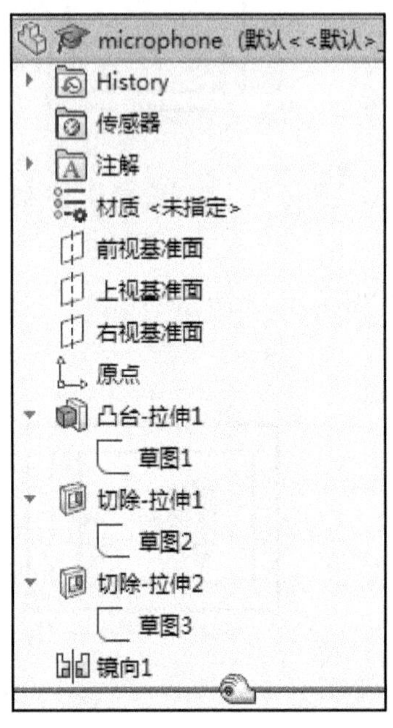

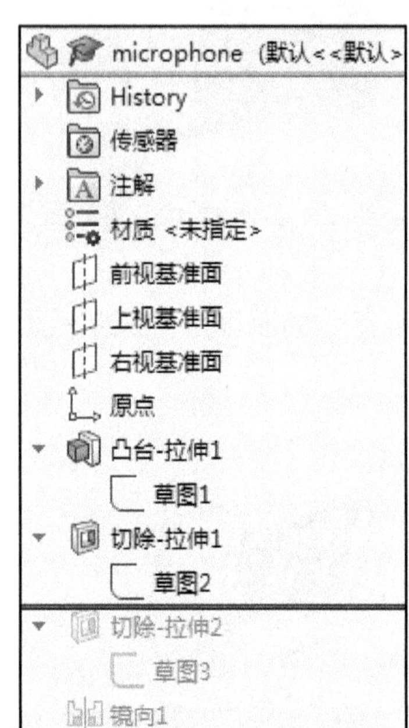

图 1-37　移动控制棒

(2) 单击“切除-拉伸 2”，从弹出的工具栏中选择“↰”。

2. 取消插入模式

在“设计树”中，将控制棒拖动到“设计树”的底部。或右键单击“控制棒”，从弹出的菜单中选择“退回到尾”，如图 1-38 所示。

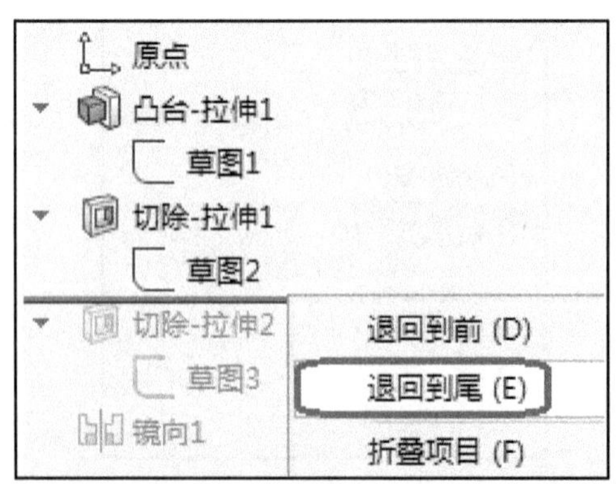

图 1-38　“退回到尾”按钮

3. 弹出的设计树

单击属性管理器旁的“ ▶”按钮，则弹出设计树，如图 1-39 所示。

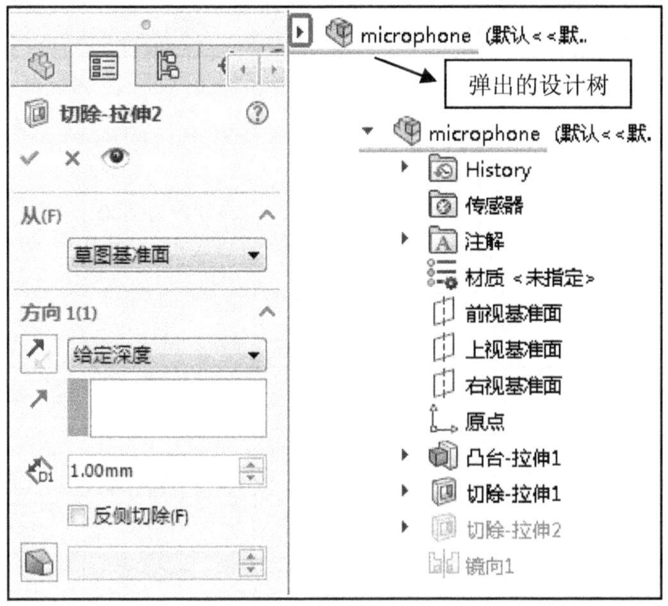

图 1-39　弹出的设计树

任务四　设计 PC 板零件

PC 板

一、任务分析

PC 板零件如图 1-40 所示，文件名为“PCboard.sldprt”。

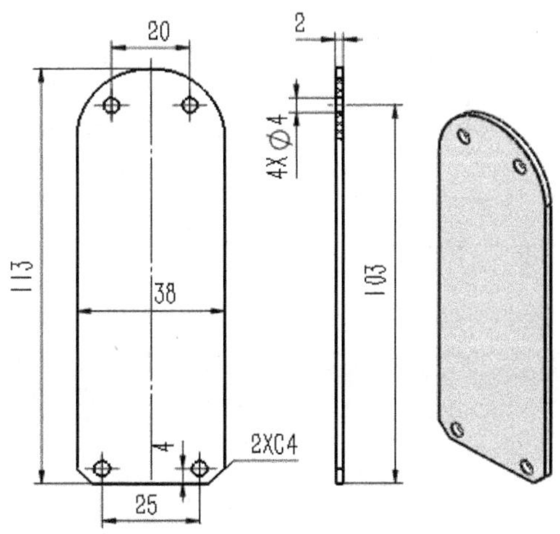

图 1-40　PC 板零件

该零件可以通过拉伸、圆角和镜向等特征来建立。建模过程见表 1-4。

表 1-4　PC 板零件的建模分析

编号	特征	剖　面	特征值	三维建模图
1	凸台拉伸 1	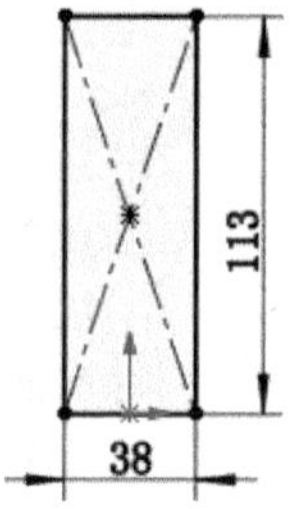 113 38	拉伸值为 2.00	
2	倒角		倒角值为 4.00	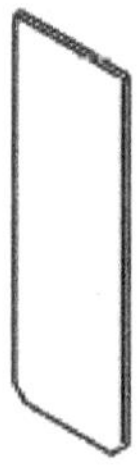
3	圆角			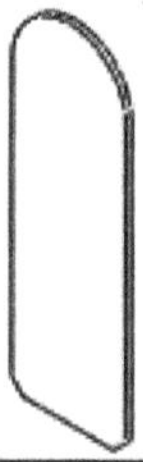
4	切除拉伸	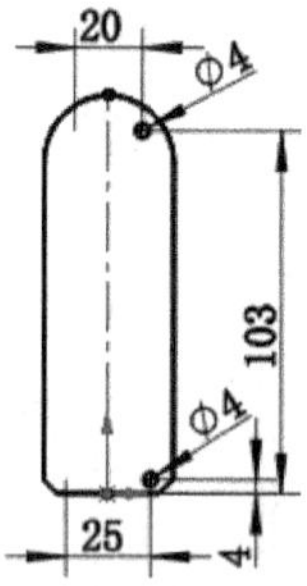 20 φ4 103 φ4 25 4		
5	镜向			

二、任务实施

(1) 建立文件“PCboard.sldprt”，单位为“mm”。

(2) 建立“凸台-拉伸 1”特征。以“前视基准面”基准平面为草图平面，参考 PC 板零件建模分析表 1-4 创连“凸台-拉伸 1”特征。

(3) 建立“倒角 1”特征。创建倒角 C4 特征，参考 PC 板零件建模分析表 1-4。

(4) 建立“圆角 1”特征。

① 在“特征”工具栏中，单击“圆角”，属性管理器如图 1-41 所示。

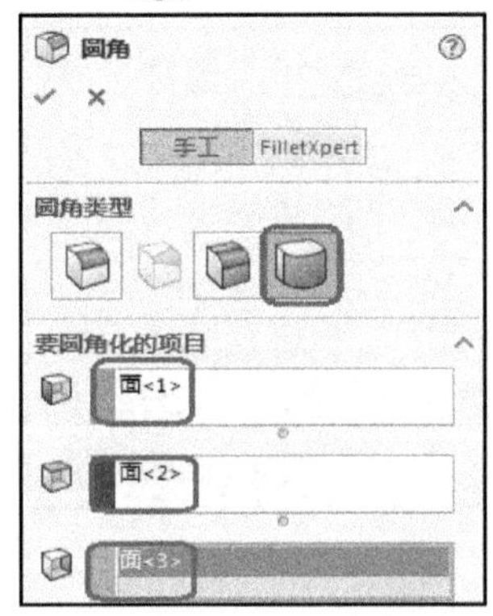

图 1-41　“圆角”属性管理器

② 在图形窗口中，依次选择图 1-42 所示的三个面，然后单击“✔”按钮。

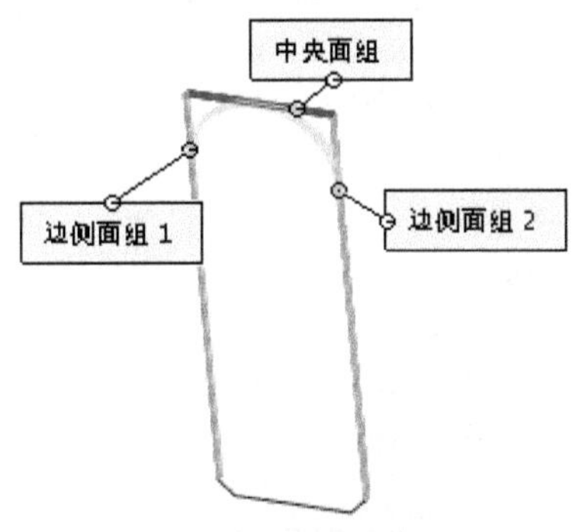

图 1-42　“要圆角化”的面

(5) 建立“切除-拉伸 1”特征。以“前视基准面”基准平面为草图平面，草图如图 1-43 所示，拉伸值如图 1-44 所示。

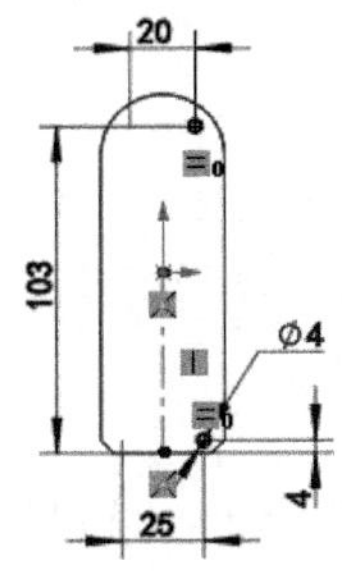

图 1-43　“切除-拉伸 1”的草图

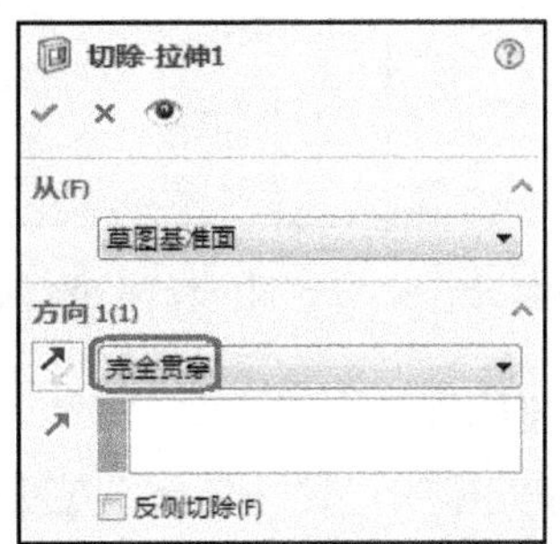

图 1-44　“切除-拉伸 1”的属性管理器

(6) 建立“镜向 1”特征。以“右视基准面”为镜向面，镜向上一步建立的“切除-拉伸 1”特征。

三、知识拓展

1. 设置零件材料

(1) 在“设计树”中，右键单击“材质”，从弹出的菜单选择“编辑材料”。
(2) 如图 1-45 所示，选择材料。

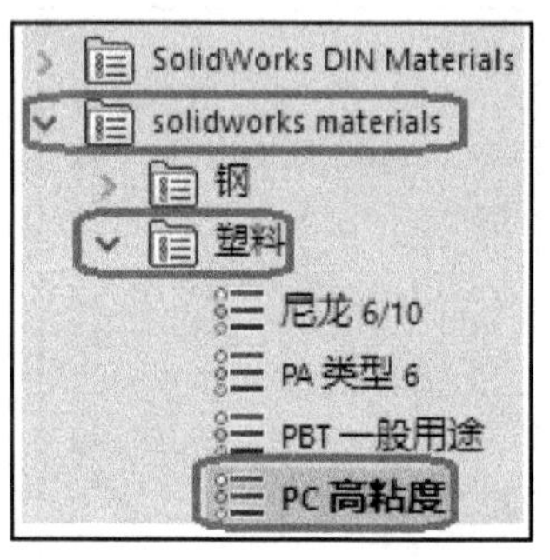

图 1-45　“材料”选择

2. 移除材料

右键单击“设计树”中“ ”，从弹出的菜单中选择“删除材质”，如图 1-46 所示。

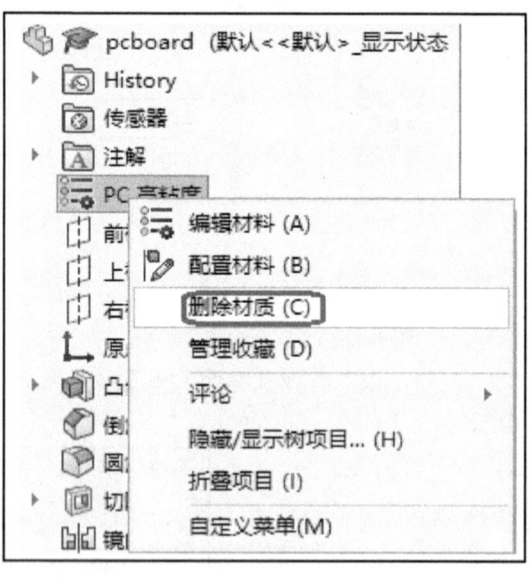

图 1-46　删除材质

3. 零件质量属性

在工具栏中，单击“评估”→“ 质量属性”，如图 1-47 所示，可以根据材质计算出零件的重量、体积等。

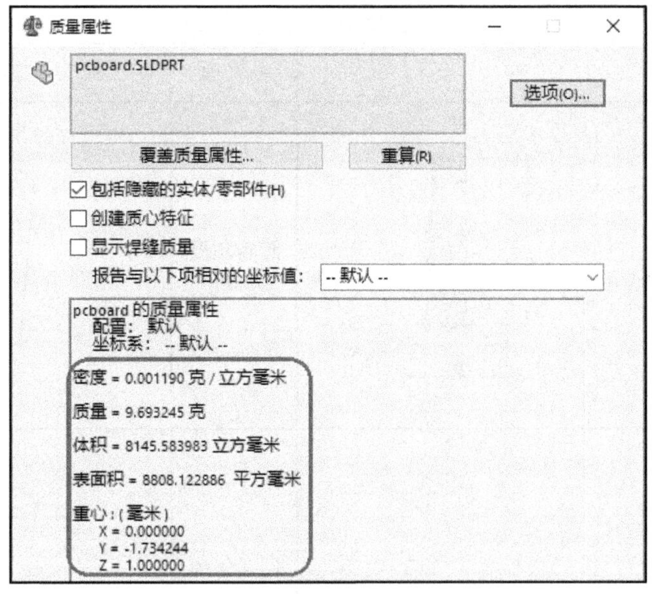

图 1-47　“质量属性”对话框

任务五　设计天线零件

天线

一、任务分析

天线零件如图 1-48 所示，文件名为“antenna.sldprt”。

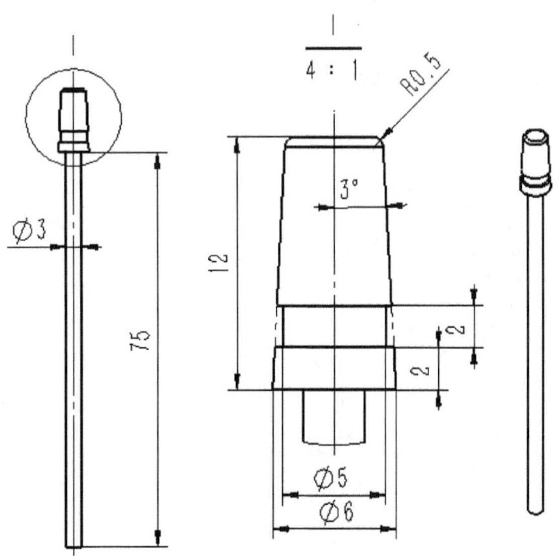

图 1-48　天线零件

该零件可以通过拉伸、旋转和凸台等特征来建立。建模过程见表 1-5。

表 1-5　天线零件的建模分析

编号	特征	剖　面	特征值	三维建模图
1	旋转	12 3° Ø6	旋转角度为 360	
2	圆角		圆角值为 R0.5	
3	切除-旋转	2 2 Ø5	旋转角度为 360	
4	凸台-拉伸	Ø3	拉伸值为 75.00	

二、任务实施

(1) 建立文件“antenna.sldprt”，单位为“mm”。

(2) 建立“旋转 1”特征。

① 在“特征”工具栏中，单击“旋转凸台/基体”按钮。

② 在图形窗口选择“前视基准面”为草图平面。

③ 草图如图 1-49 所示。

- 绘制一条过原点的竖直中心线，作为旋转轴。
- 绘制如图 1-49 所示草图。**注意：截面要封闭。**
- 按照图纸要求标注尺寸，并进行修改。

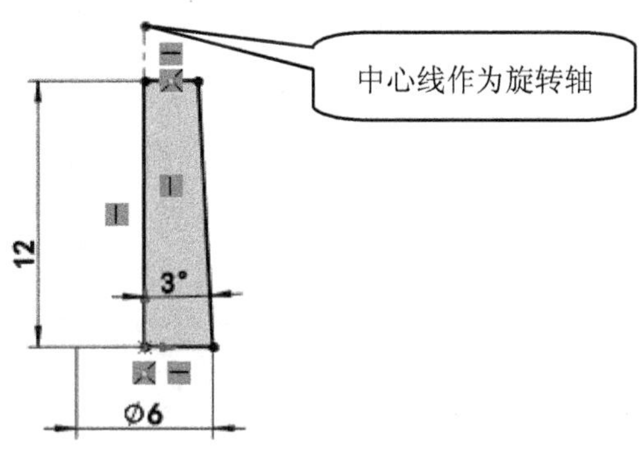

图 1-49　“旋转 1”特征的草图

> **注意：**
> **草绘截面：**草图必须在旋转轴的一侧；创建实体时截面必须封闭。
> **旋转轴：**
> (1) 在“草绘器”中，可绘制中心线用作旋转轴。
> - 如果截面包含一条中心线，则该中心线将被用作旋转轴。
> - 如果截面包含一条以上的中心线，则系统要求用户指定旋转轴。
>
> (2) 可选取现有的线性几何作为旋转轴，如：基准轴、直边、直曲线、坐标系的轴。

④ 输入旋转角度，如图 1-50 所示。最后单击“✔”按钮。

(3) 建立“圆角 1”特征。圆角 1 如图 1-51 所示。

图 1-50　“旋转 1”的属性管理器

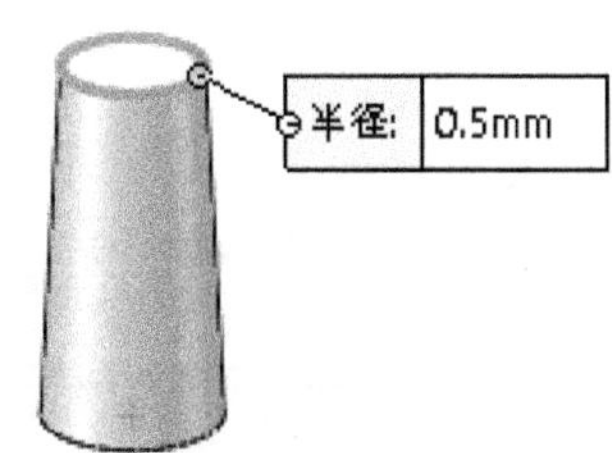

图 1-51　圆角 1

(4) 建立“切除-旋转 1”特征。

① 在工具栏中，单击“特征”→“旋转切除”按钮。

② 在图形窗口选择“前视基准面”为草图平面。

③ 草图如图 1-52 所示。

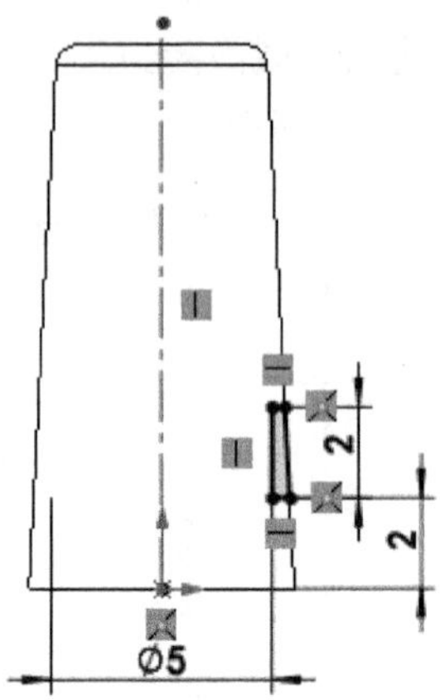

图 1-52　草图

④ 设置旋转角为“360°”，最后单击“✓”按钮。

(5) 建立“凸台-拉伸 1”特征。以如图 1-53 所示的面为草图平面，绘制如图 1-54 所示的草图，拉伸值设为“75.00”。

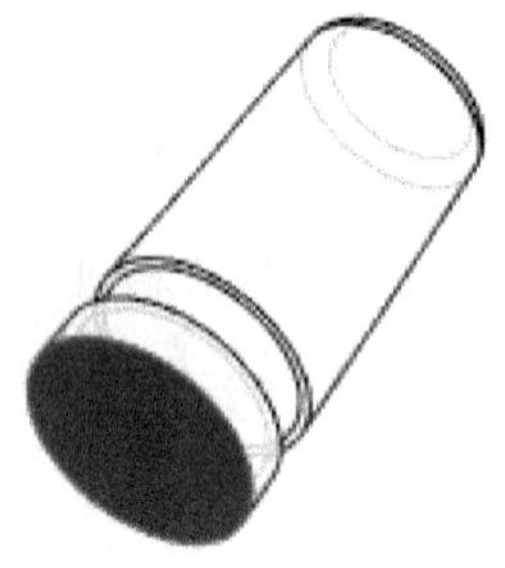

图 1-53　“凸台-拉伸 1”的草图平面

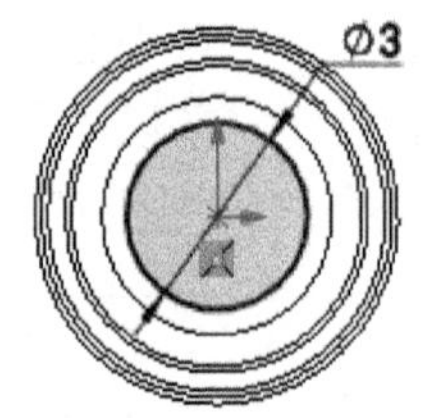

图 1-54　“凸台-拉伸 1”的草图

(6) 保存文件。

三、知识拓展

1. 测量工具

在“评估”工具栏中，单击“测量”，弹出如图 1-55 所示的工具按钮。

图 1-55　“测量”工具按钮

(1) 单击圆柱面，测量面积及周长，如图 1-56 所示。

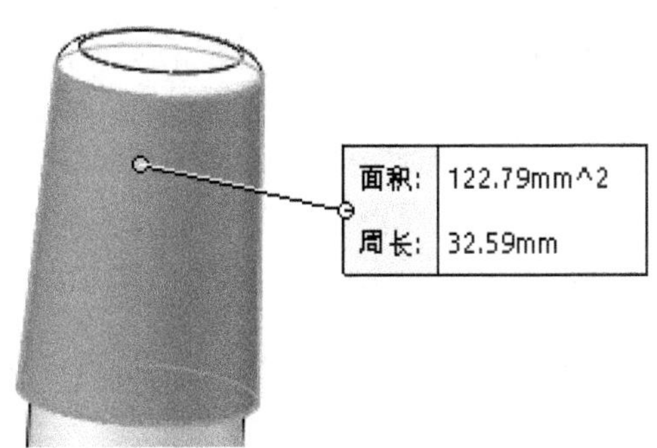

图 1-56　面的测量

(2) 单击选取如图 1-57 所示的两个面，测量距离。

(3) 单击“ ”，可以测量圆心之间的距离。

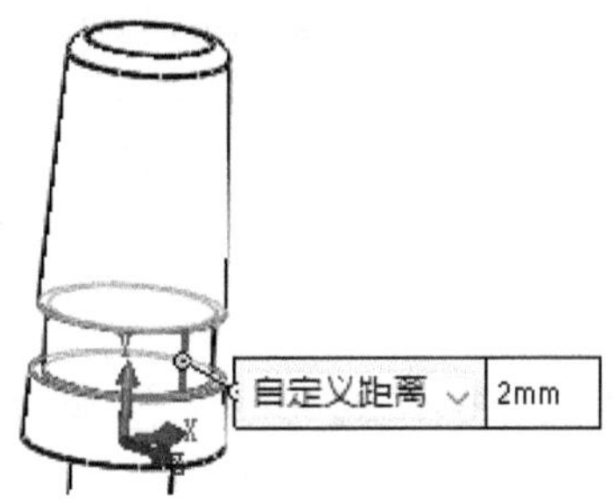

图 1-57　距离测量

2. 草图修复

以如图 1-58 所示的草图为例，右侧有一条线重叠，当退出草图时，系统会出现如图 1-59 所示的对话框。此时修复的方法有两种。

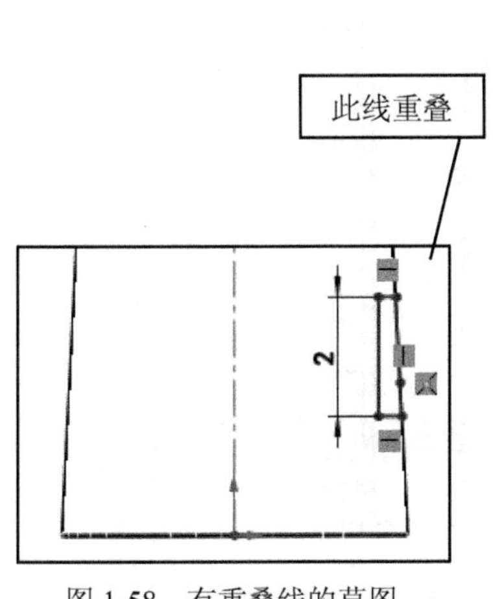

图 1-58　有重叠线的草图

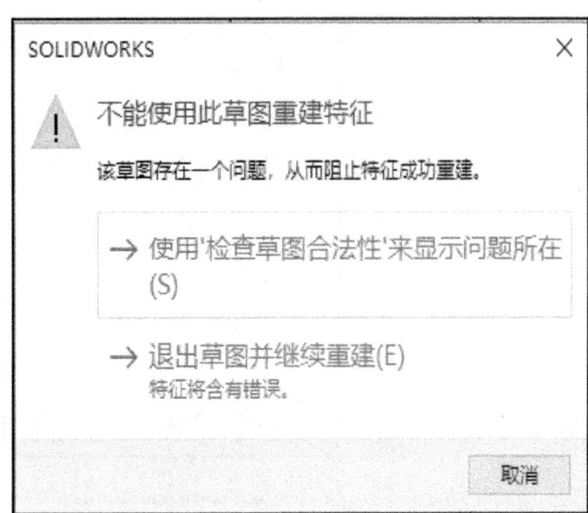

图 1-59　草图失败提示对话框

(1) 自动修复。在菜单中，单击“工具”→“草图工具”→“修复草图”，系统会自动删除重复的线条。

“修复草图”可以实现如下两项自动修复：

• 小型草图绘制实体(长度小于两倍最大缝隙值的实体)，“修复草图”会将它们从草图中删除。

• 重叠的草图线和圆弧，“修复草图”会将它们合并成一个实体。

(2) 手工修复。单击“工具”→“草图工具”→“检查有关特征草图合法性”，在如图 1-60 所示的弹出的对话框中，单击“检查(C)”按钮。滚动鼠标滚轮键，放大缝隙，如图 1-61 所示，然后删除重叠的线。

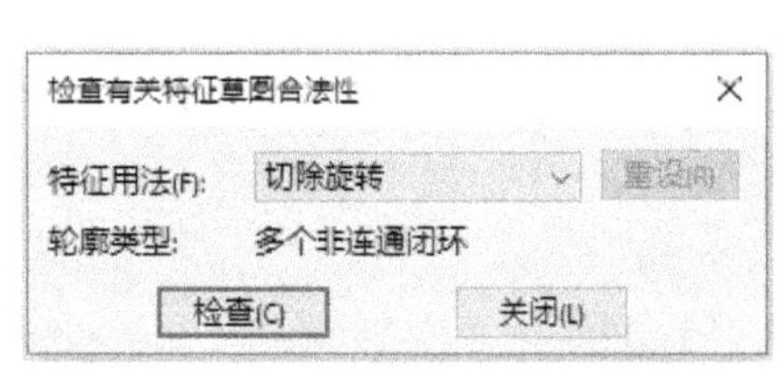

图 1-60　检查有关特征草图合法性

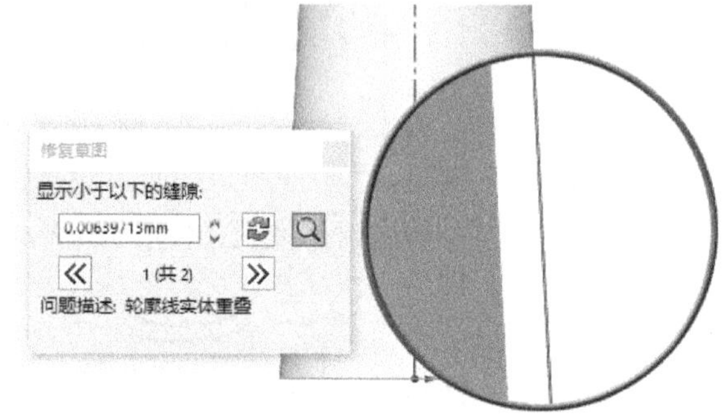

图 1-61　放大显示缝隙

任务六　设计键盘零件

键盘

一、任务分析

键盘零件如图 1-62 所示，文件名为“keypad.sldprt”。

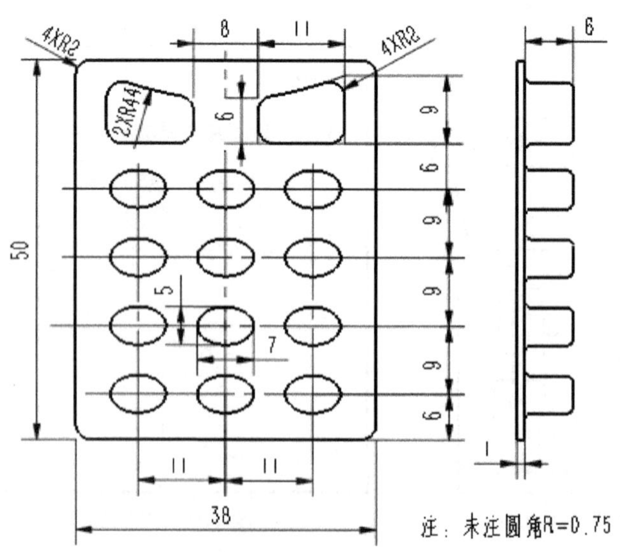

图 1-62　键盘零件

该零件可以通过拉伸、圆角、阵列和镜向等特征来建立。建模过程见表1-6。

表1-6　键盘零件的建模分析

编号	特征	草　　图	特征值	三维建模图
1	凸台拉伸1	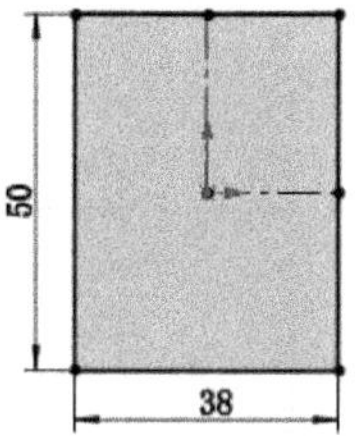 50 38	拉伸值为1.00	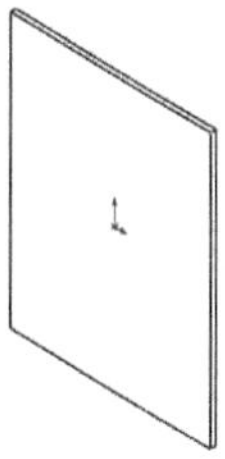
2	圆角1		圆角值为R2	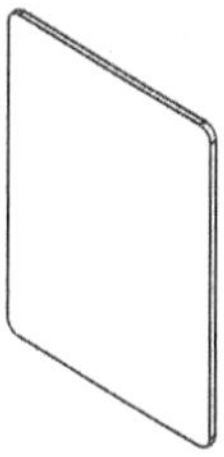
3	凸台拉伸2	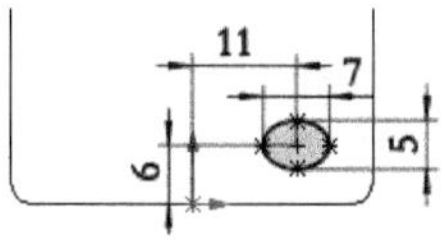 11 7 6 5	拉伸值为6.00	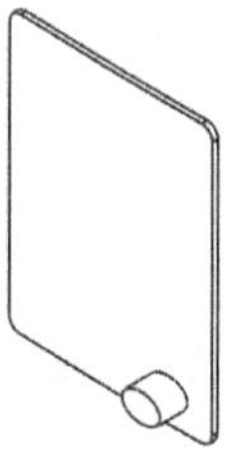
4	圆角2		圆角值为R0.75	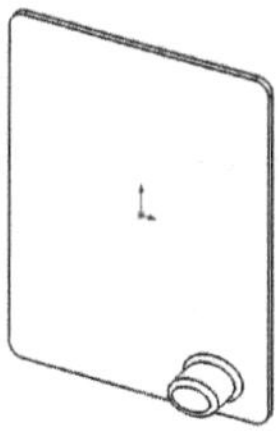
5	线性阵列			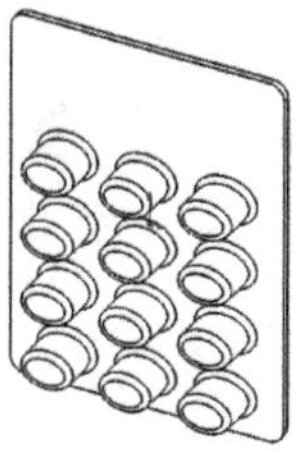

续表

编号	特征	草　图	特征值	三维建模图
6	凸台拉伸 3		拉伸值为 6.00	
7	镜向			
8	圆角 3		圆角值为 R2	
9	圆角 4		圆角值为 R0.75	

二、任务实施

(1) 建立文件“keypad.sldprt”，单位为“mm”。

(2) 建立“凸台-拉伸 1”特征。

以“前视基准面”基准平面为草图平面，草图如图 1-63 所示，拉伸深度值设为“1.00”。

(3) 建立“圆角 1”特征。参考工程图对“凸台-拉伸 1”的四条棱边倒圆角“R2”。

(4) 建立“凸台-拉伸 2”特征。以“前视基准面”基准平面为草图平面，草图如图 1-64 所示，拉伸值设为“6.00”。

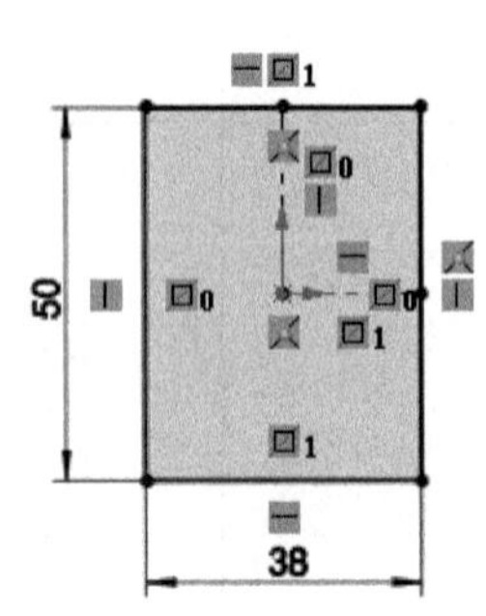

图 1-63　“凸台-拉伸 1”草图

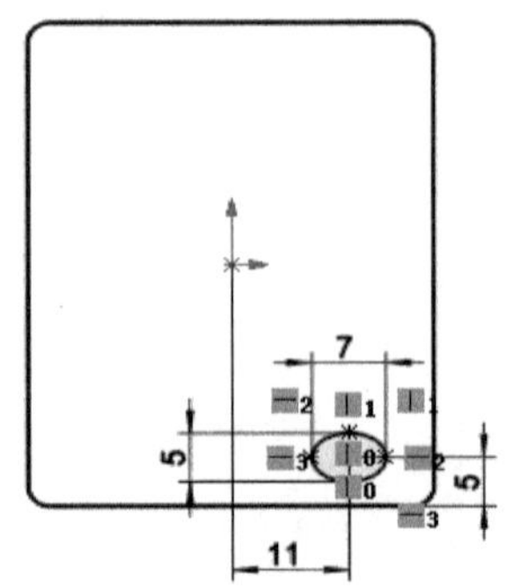

图 1-64　“凸台-拉伸 2”草图

(5) 建立“圆角 2”特征。参考工程图对“凸台-拉伸 2”的两条棱边倒圆角“R0.75”。

(6) 建立“阵列(线性)1”特征。选择“凸台-拉伸 2”和“圆角 2”为阵列特征，方向参考及阵列数量如图 1-65 所示。

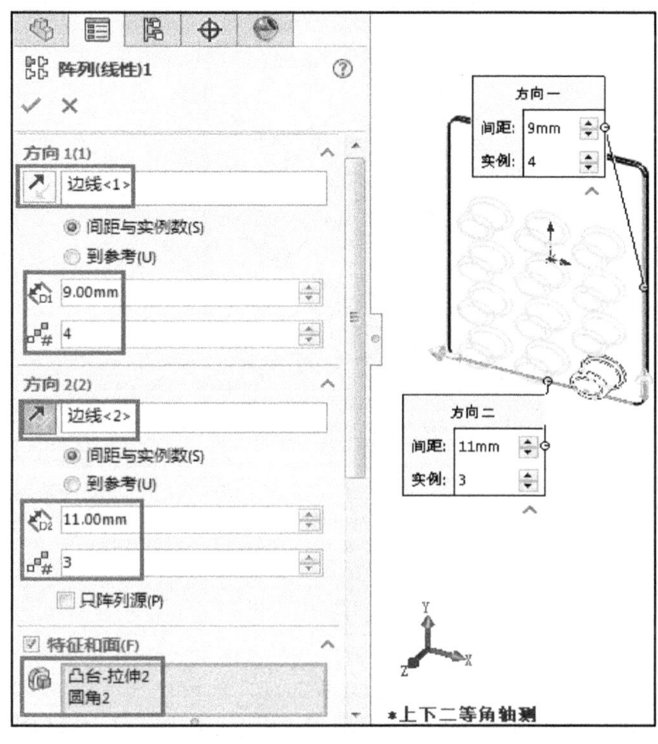

图 1-65　线性阵列

(7) 建立“凸台-拉伸 3”特征。以“前视基准面”基准平面为草图平面，草图如图 1-66 所示，拉伸值设为“6.00”。注意拉伸方向。

(8) 建立“镜向 1”。以“右视基准面”为镜向面，镜向上一步建立的“凸台-拉伸 3”特征。

(9) 建立“圆角 2”特征。对图 1-67 所示的 8 条棱边倒圆角 R2。

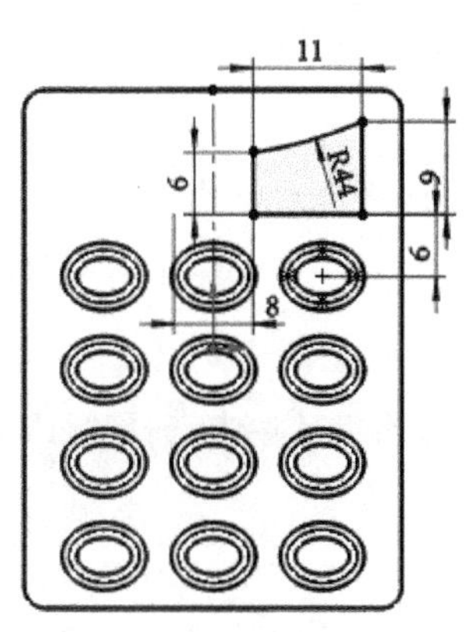

图 1-66　“凸台-拉伸 3”的草图

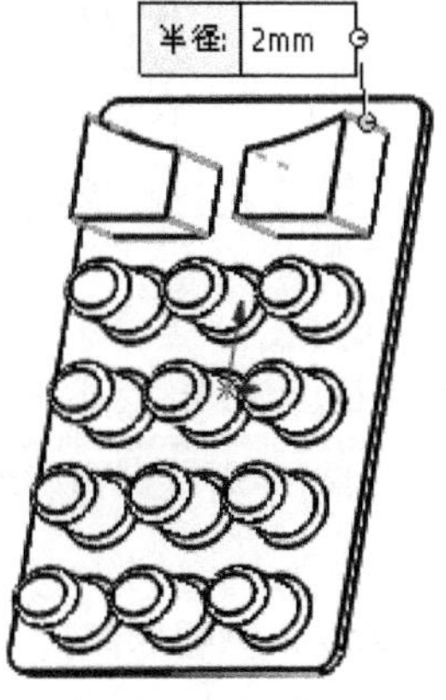

图 1-67　圆角 R2

(10) 建立“圆角 3”特征。参考工程图，对“凸台-拉伸 3”的棱边倒圆角 R0.75。创建完成后的零件如图 1-68 所示。

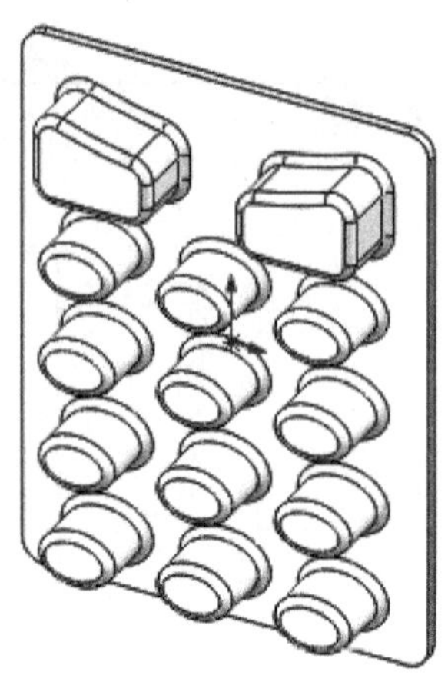

图 1-68　键盘零件

三、知识拓展

1. 压缩特征

当压缩一特征时，特征从模型中移除(但未删除)。特征从模型视图上消失并在“设计树”中显示为灰色。如果特征有子特征，那么其子特征也被压缩。当一些细节特征压缩时，零件的重建速度会加快。在“设计树”中，单击“凸台-拉伸 3”，从弹出的工具栏中选择“↓ ”，其子特征也被压缩。特征压缩如图 1-69 所示。

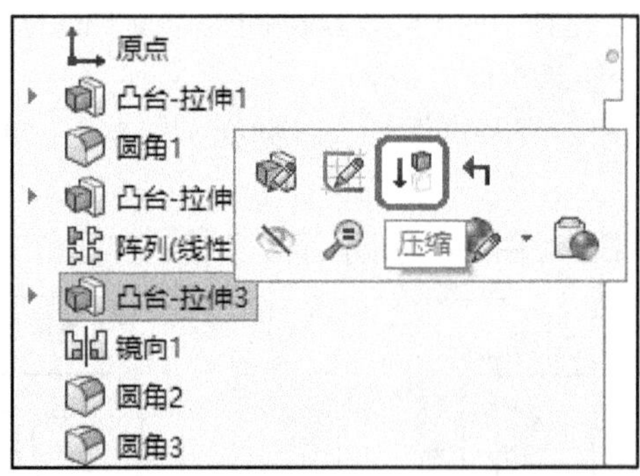

图 1-69　特征压缩

2. 解除压缩特征

在“设计树”中，单击“凸台-拉伸 3”，从弹出的工具栏中选择“↑ ”，其子特征也解除压缩。

3. 线性阵列(跳过实例的设置)

以前面的线性阵列为例，单击“可跳过的实例”的编辑框，如图 1-70 所示，然后在图形窗口，选中实例重心的标记，则选中的实例被删除，如图 1-71 所示。

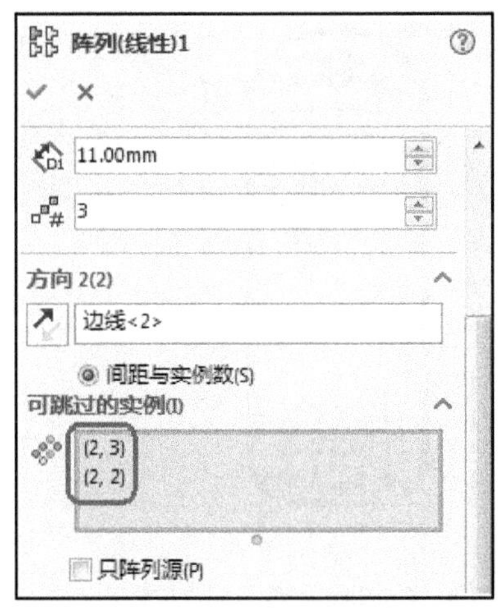

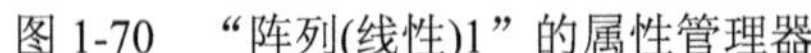

图 1-70　“阵列(线性)1”的属性管理器

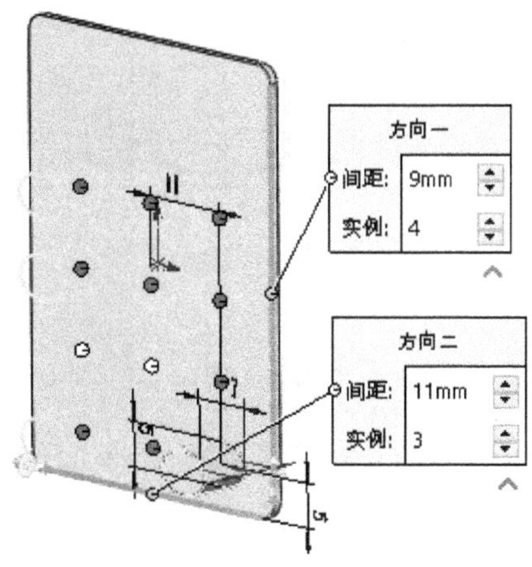

图 1-71　可跳过的实例

4. 线性阵列(只阵列源)

以前面的线性阵列为例，在图 1-72 所示的属性管理器中勾选“只阵列源”，则阵列数量为 6 个，如图 1-73 所示。

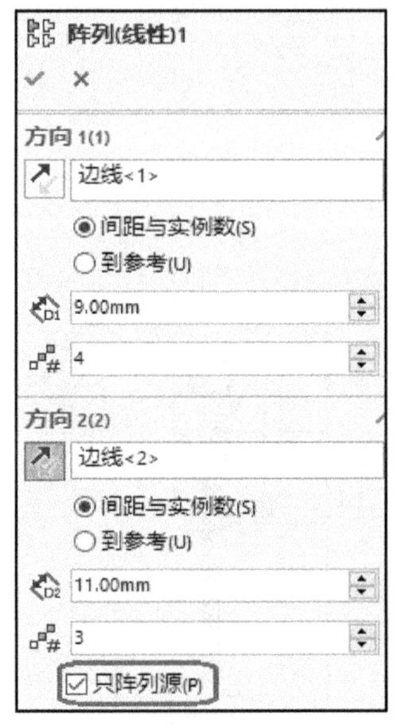

图 1-72　“阵列(线性)1”选项设置

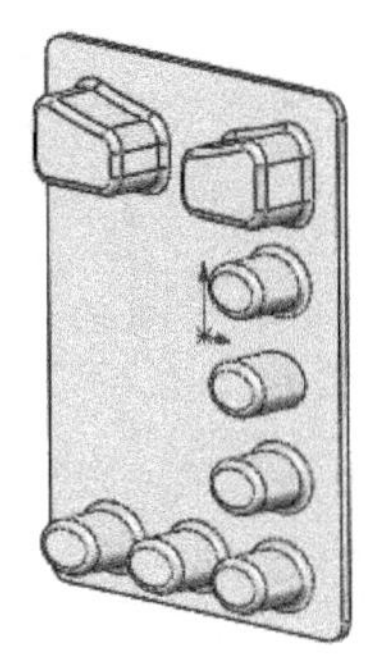

图 1-73　“只阵列源”的阵列

任务七　设计前盖零件

前盖

一、任务分析

前盖零件如图 1-74 所示，文件名为“front_cover.sldprt”，建模过程见表 1-7。

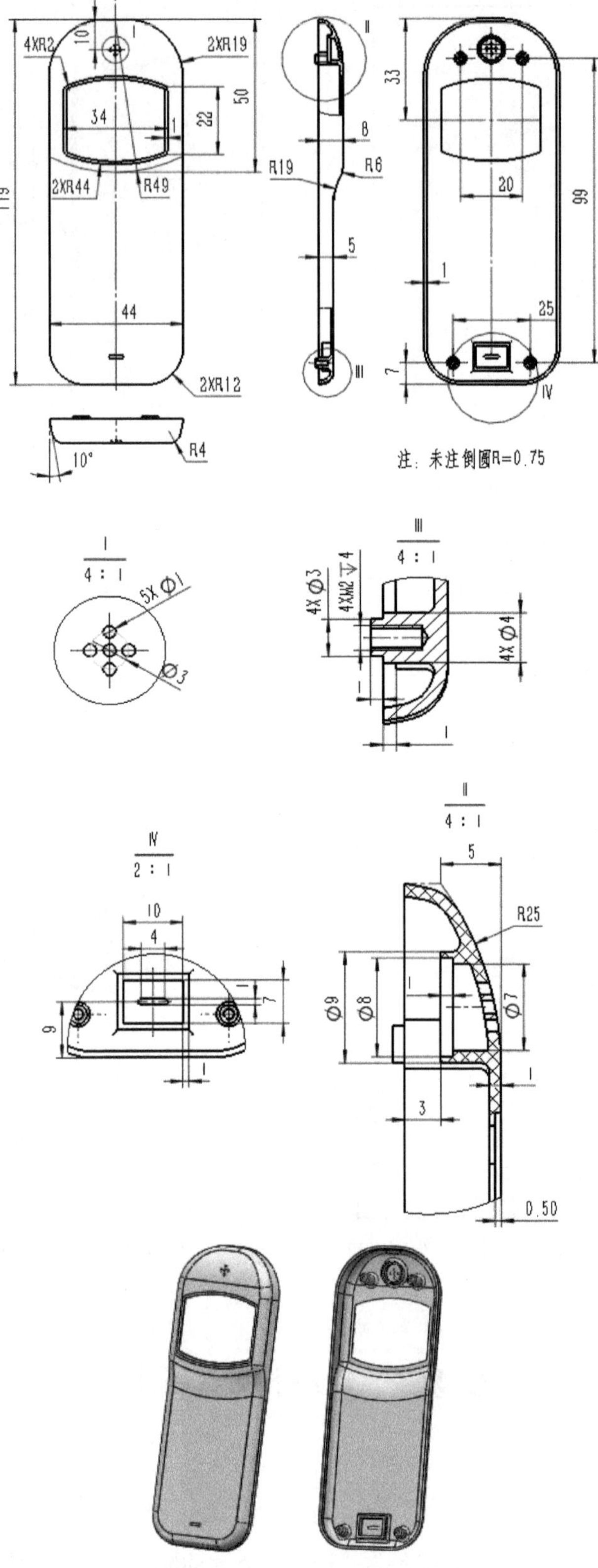
4XR2
10
2XR19
34
22
50
1
2XR44
R49
119
44
2XR12
R4
10°
8
R19
R6
5
33
20
99
1
25
7
注：未注倒圆R=0.75
Ⅰ
4 : 1
5X Φ1
Φ3
Ⅲ
4 : 1
4X Φ3
4XM2 ▽4
4X Φ4
Ⅳ
2 : 1
10
4
7
9
Ⅱ
4 : 1
5
R25
Φ9
Φ8
Φ7
3
0.50

图 1-74　前盖零件

表 1-7　前盖零件的建模分析

编号	特征	草　图	特征值	三维建模图
1	凸台拉伸 1	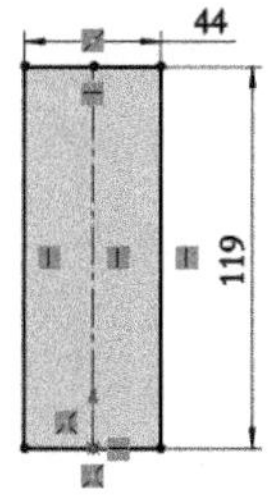 44 119	拉伸值为 5.00	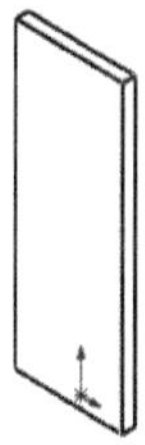
2	圆角 1 圆角 2		圆角值为 19 圆角值为 12	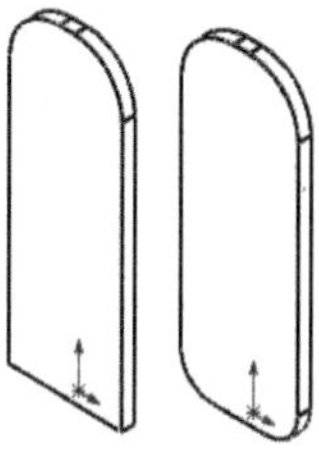
3	凸台拉伸 2	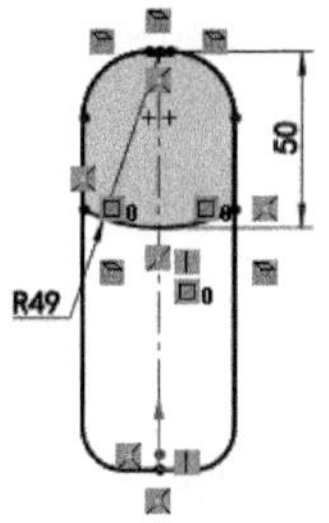 50 R49	拉伸值为 3.00	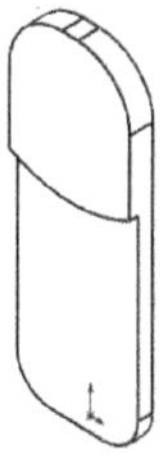
4	切除拉伸 1	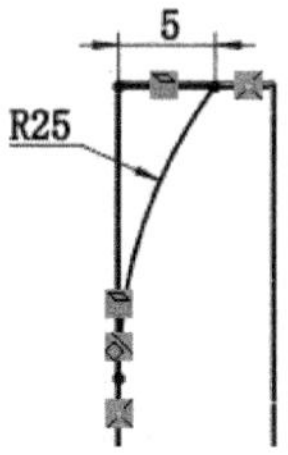 5 R25	完全贯穿	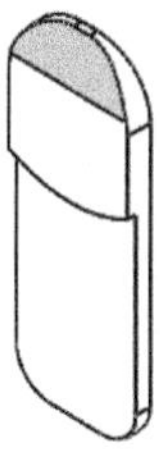
5	拔模 1		角度为 10°	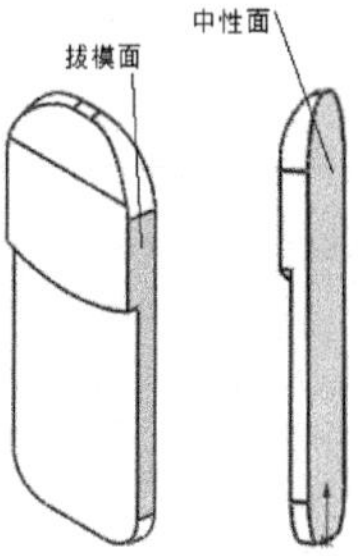 中性面 拔模面

续表一

编号	特征	草　图	特征值	三维建模图
6	圆角 3 圆角 4 圆角 5		圆角值为 19 圆角值为 6 圆角值为 4	
7	抽壳 1		厚度值为 1.00	
8	切除拉伸 2		深度值为 0.5	
9	切除拉伸 3		完全贯穿	

续表二

编号	特征	草　图	特征值	三维建模图
10	圆角 6		圆角值为 2	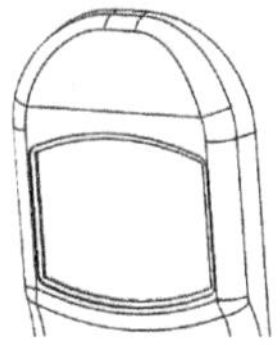
11	切除拉伸 4	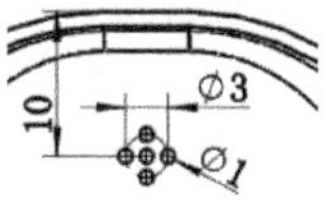	完全贯穿	
12	拉伸薄壁 1	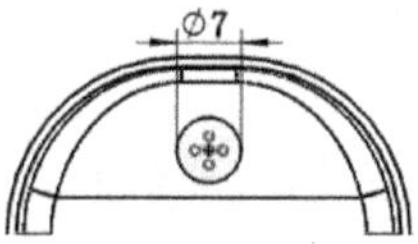	成形到下一面	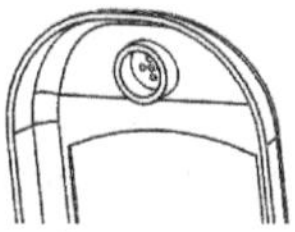
13	切除拉伸 5	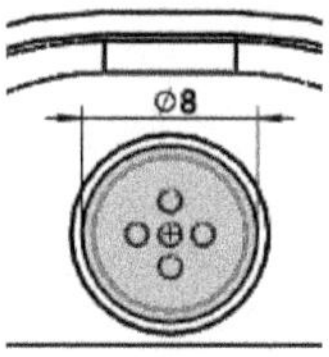	深度值为 1.00	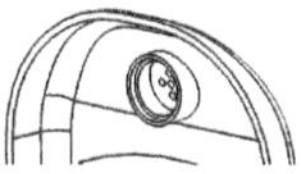
14	圆角 7		圆角值为 0.75	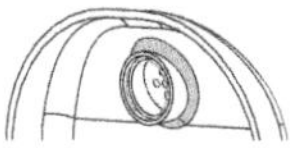
15	切除拉伸 6	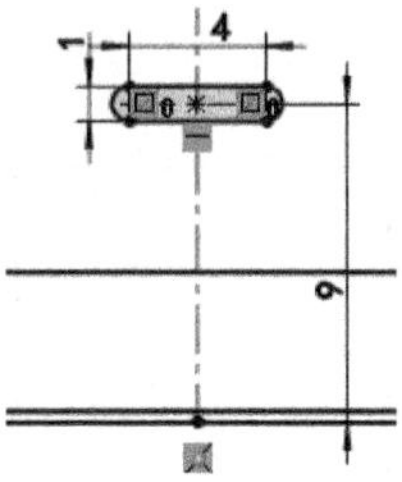	完全贯穿	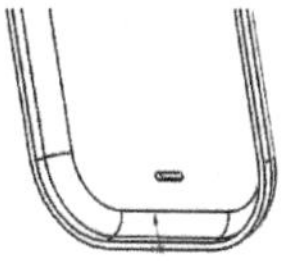
16	拉伸薄壁 2	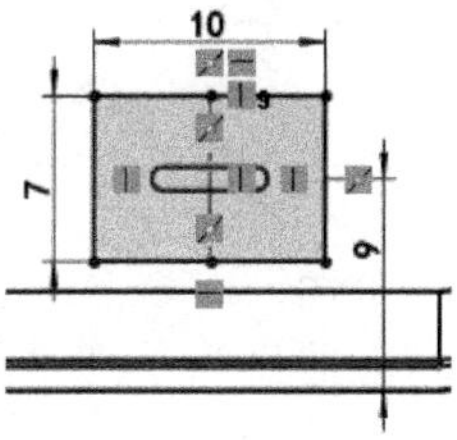	成形到下一面	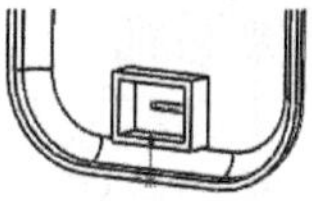

续表三

编号	特征	草　图	特征值	三维建模图
17	圆角 8		圆角值为 0.75	
18	凸台拉伸 3	Φ4 20 99 25 7	成形到下一面	
19	凸台拉伸 4	Φ3	深度值为 1	
20	螺纹孔 1		深度值为 4	
21	圆角 9		圆角值为 0.75	
22	镜向			

二、任务实施

(1) 建立文件“front_cover.sldprt”，单位为“mm”。

(2) 建立“凸台-拉伸 1”特征。以“前视基准面”为草图平面，草图及特征如图 1-75 所示，拉伸深度值设为“5.00”。

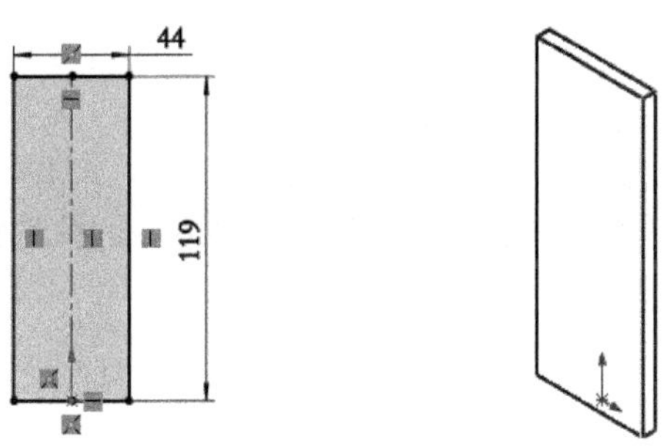

图 1-75　“凸台-拉伸 1”的草图及特征

(3) 建立“圆角 1”和“圆角 2”。圆角 1 和圆角 2 如图 1-76 和图 1-77 所示。

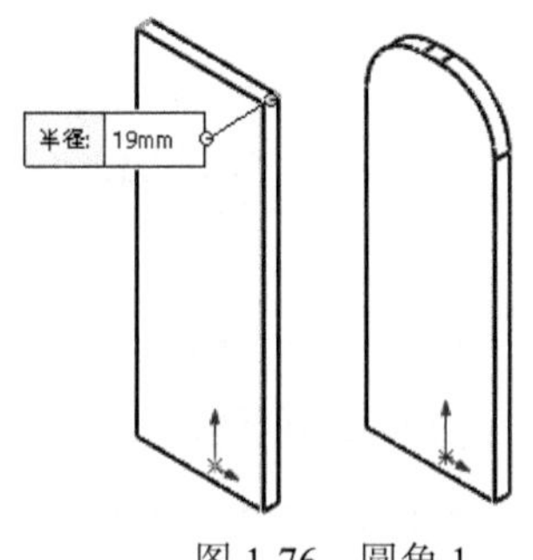

图 1-76　圆角 1

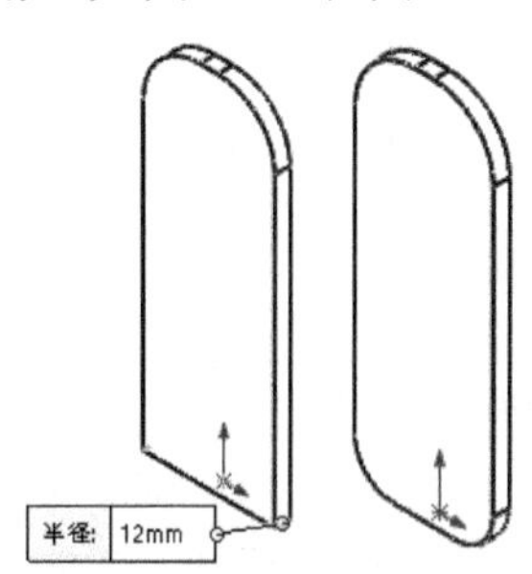

图 1-77　圆角 2

(4) 建立“凸台-拉伸 2”特征。以图 1-78 所示的面为草图平面，草图及特征如图 1-79 所示，拉伸深度值设为“3.00”。

图 1-78　“凸台-拉伸 2”的草图平面

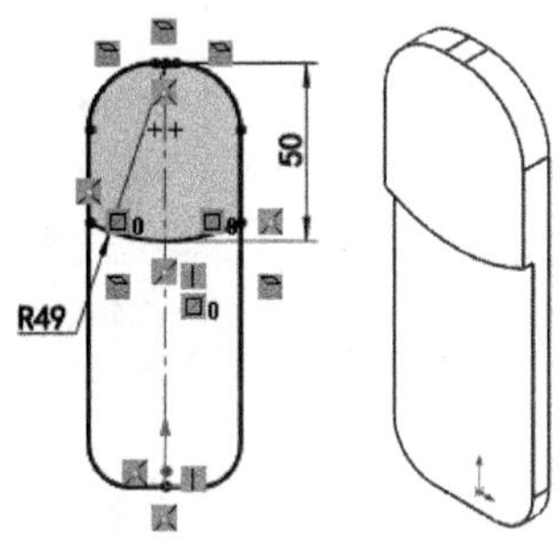

图 1-79　“凸台-拉伸 2”的草图及特征

注意：草图中，有“ ”标志的曲线是由“ 转换实体”生成的。

(5) 建立“切除-拉伸 1”特征。以“右视基准面”为草图平面，草图及特征如图 1-80(a)所示，拉伸深度值选项为“完全贯穿-两者”。拉伸特征如图 1-80(b)所示。

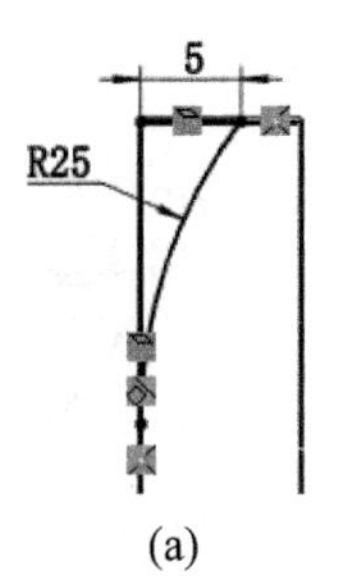

(a)

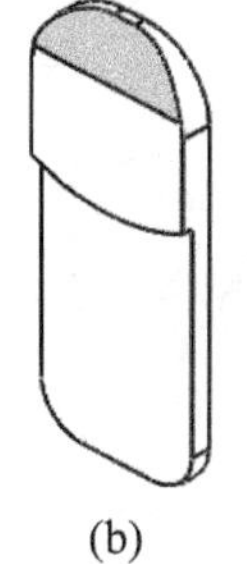

(b)

图 1-80　“切除-拉伸 1”的草图及特征

(6) 建立“拔模 1”特征。

① 在“特征”工具栏中，单击“拔模”。

② 选择如图 1-81 所示的拔模面和中性面。

注意：在“拔模沿面延伸”选项中，选择“沿切面”，因此选择拔模面时，只需选择相切面中的任何一个面就可以。

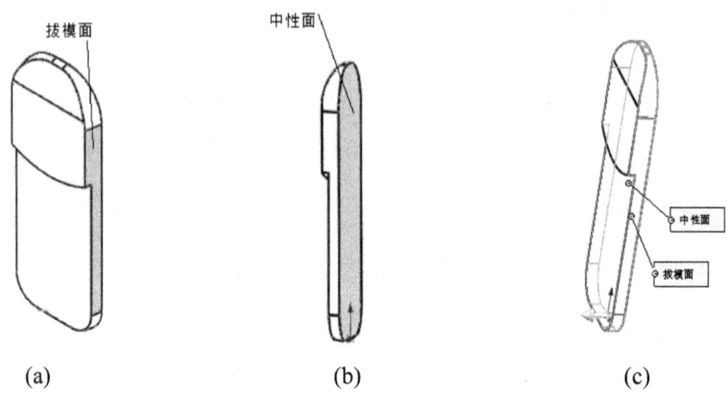

图 1-81　拔模面(图(a))、中性面(图(b))及拔模方向(图(c))

③ “拔模 1”的属性管理器设置如图 1-82 所示，最后单击“✔”按钮。注意拔模方向。

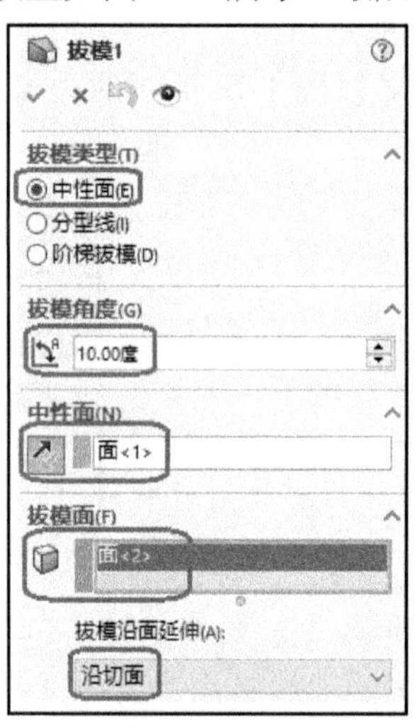

图 1-82　“拔模”属性管理器

(7) 建立“圆角 3”“圆角 4”和“圆角 5”特征。如图 1-83 所示。

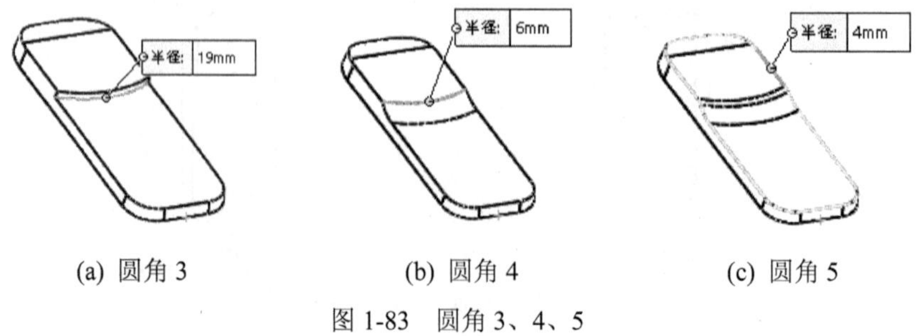

图 1-83　圆角 3、4、5

(8) 建立“抽壳 1”特征。

① 在“特征”工具栏中，单击“抽壳”，打开如图 1-84 所示的属性管理器。

② 在图形窗口中单击要删除的面，如图 1-85 所示。

③ 在“抽壳”属性管理器的”参数”编辑框中输入壳体厚度值“1.00”，最后单击“✔”按钮，壳特征如图 1-86 所示。

图 1-84　“抽壳 1”的属性管理器

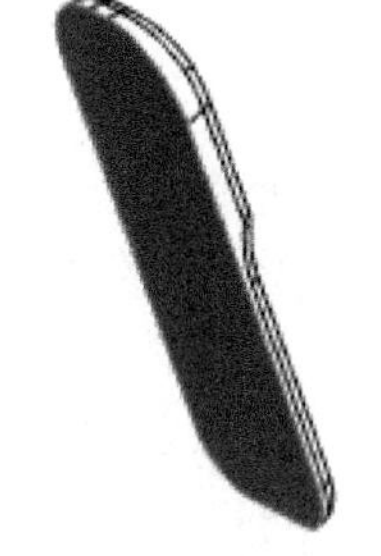

图 1-85　被删除的面

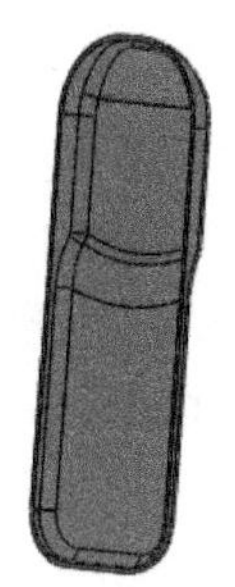

图 1-86　壳特征

(9) 建立“切除-拉伸 2”特征。以壳体的前面为草图平面，草图如图 1-87 所示，拉伸深度值设为“0.50”。

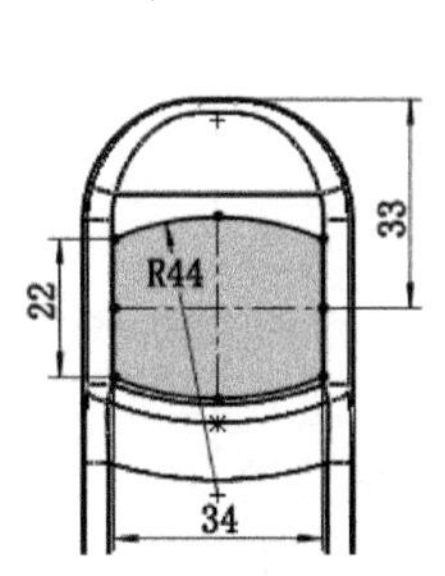

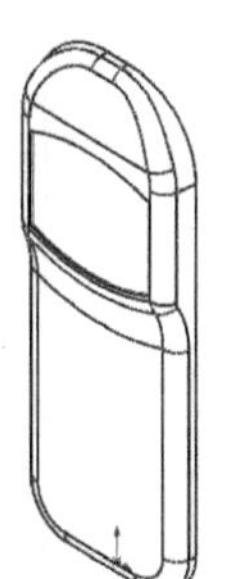

图 1-87　“切除-拉伸 2”的草图及特征

(10) 建立“切除-拉伸 3”特征。以图 1-88(a)所示的面为草图平面，草图如图 1-88(b)所示，拉伸选项为“完全贯穿”。拉伸特征如图 1-88(c)所示。

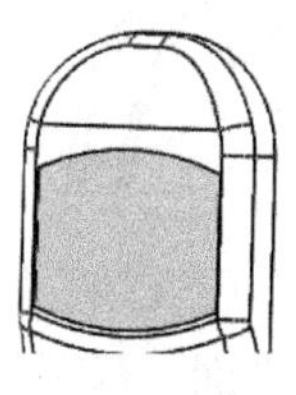

(a) 草图平面

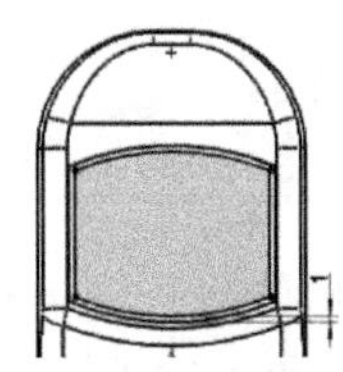

(b) 草图

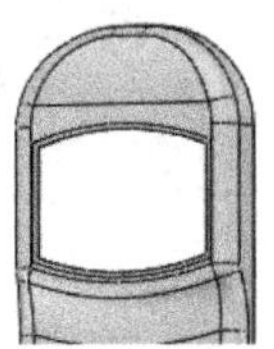

(c) 特征

图 1-88　“切除-拉伸 3”的草图与特征

注意：草图利用“等距实体”，创建偏置轮廓。

(11) 建立“圆角 6”。对“切除-拉伸 2”特征的四条棱边倒圆角，半径值为 R2，如图 1-89 所示。

(12) 建立“切除-拉深 4”特征。以“前视基准面”为草图平面，草图如图 1-90 所示，拉伸选项为“完全贯穿”。

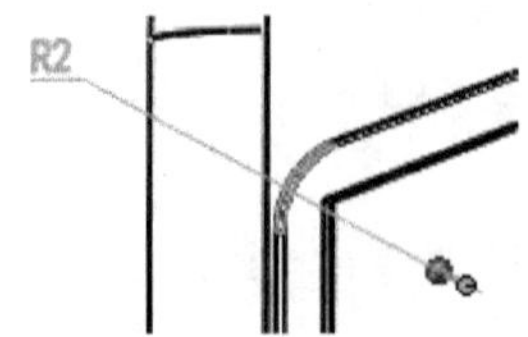

图 1-89　圆角 6

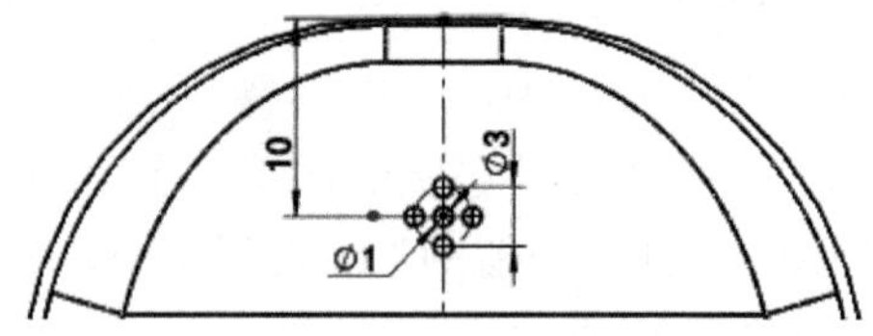

图 1-90　“切除-拉伸 4”的草图

(13) 建立“拉伸-薄壁 1”特征。

① 在“特征”工具栏中，单击“凸台-拉伸”按钮。如图 1-91 所示。

② 在图形窗口单击“前视基准面”为草图平面，进入草图窗口，草图如图 1-92 所示。

③ “凸台-拉伸”属性管理器按如图 1-91 进行设置，然后单击“✔”按钮，生成的特征如图 1-93 所示。

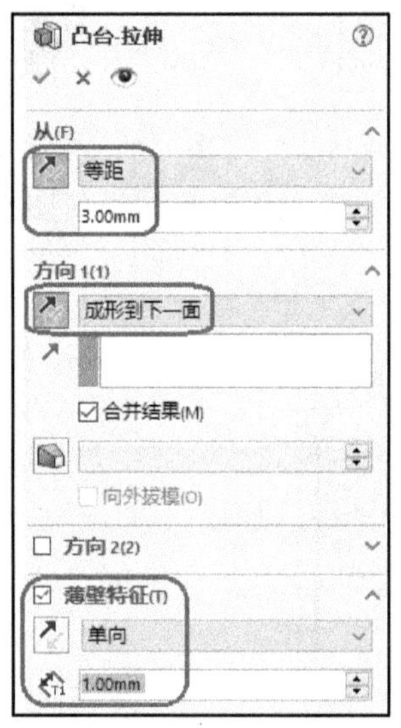

图 1-91　“凸台-拉伸”属性管理器

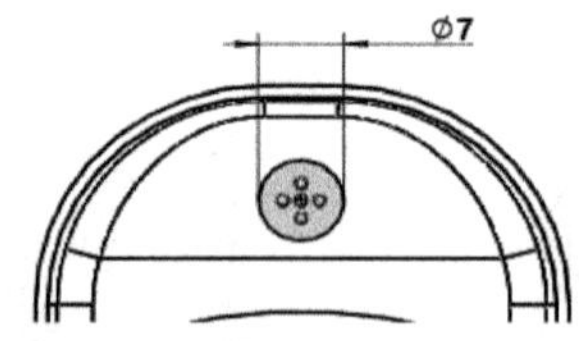

图 1-92　“拉伸-薄壁 1”的草图

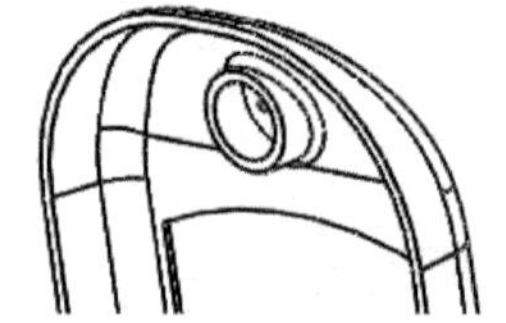

图 1-93　“拉伸-薄壁 1”特征

(14) 建立“切除-拉伸 5”特征。以图 1-94 所示的面为草图平面，草图如图 1-95 所示，拉伸值设为“1.00”，特征如图 1-96 所示。

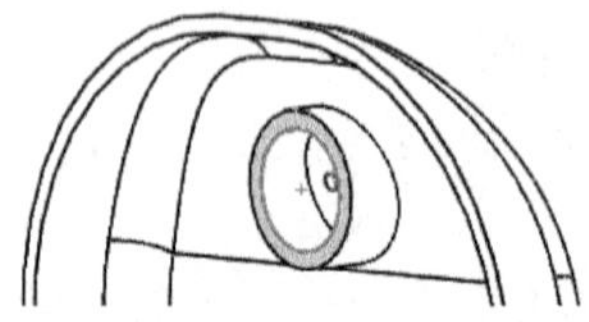

图 1-94　“切除-拉伸 5”的草图平面

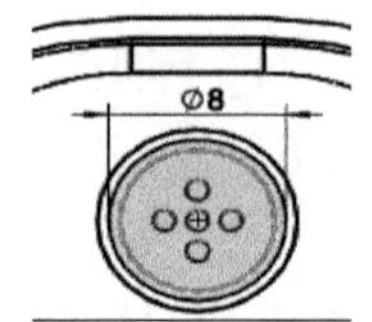

图 1-95　“切除-拉伸 5”的草图

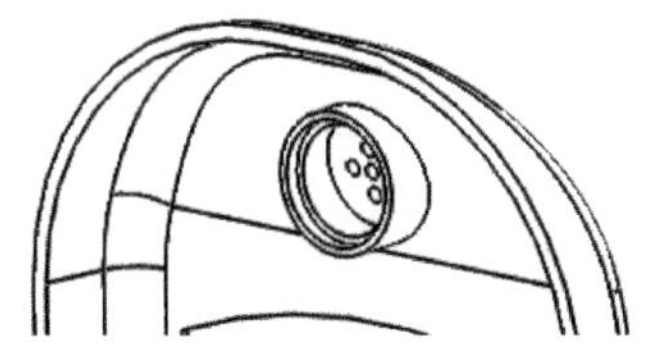

图 1-96　“切除-拉伸 5”的特征

(15) 建立“圆角 7”特征。在圆柱的根部倒圆角，半径值为 0.75，如图 1-97 所示。

(16) 建立“切除-拉伸 6”特征。以“前视基准面”为草图平面，草图如图 1-98 所示，拉伸选项为“完全贯穿”。

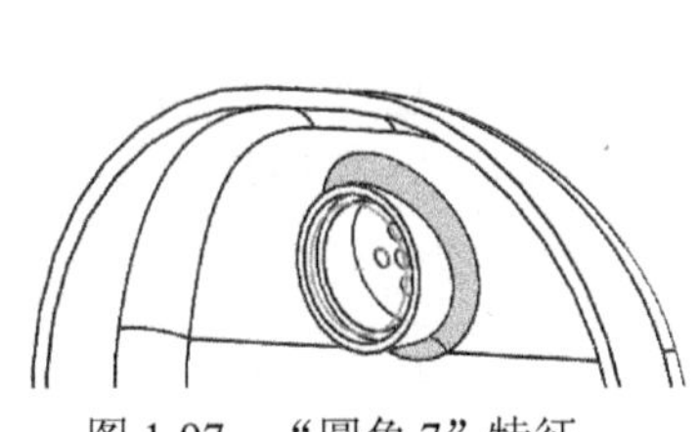

图 1-97　“圆角 7”特征

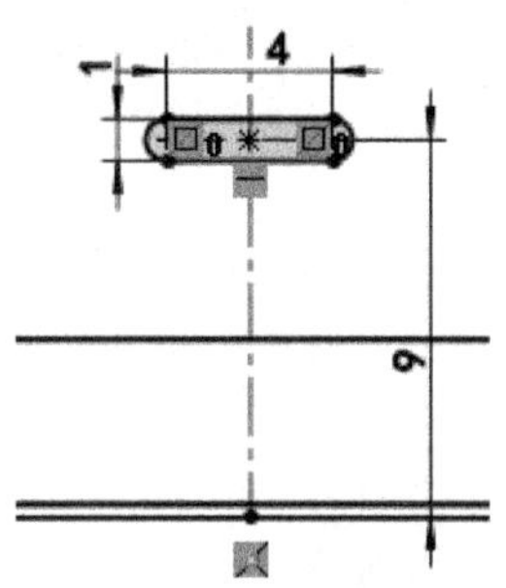

图 1-98　“切除-拉伸 6”的草图

(17) 建立“拉伸-薄壁 2”特征。以“前视基准面”为草图平面，草图如图 1-99 所示，拉伸选项设置如图 1-100 所示。生成的特征如图 1-101 所示。

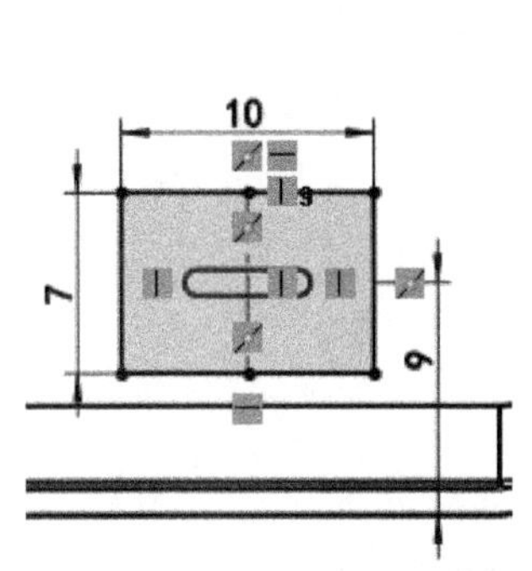

图 1-99　“拉伸-薄壁 2”的草图

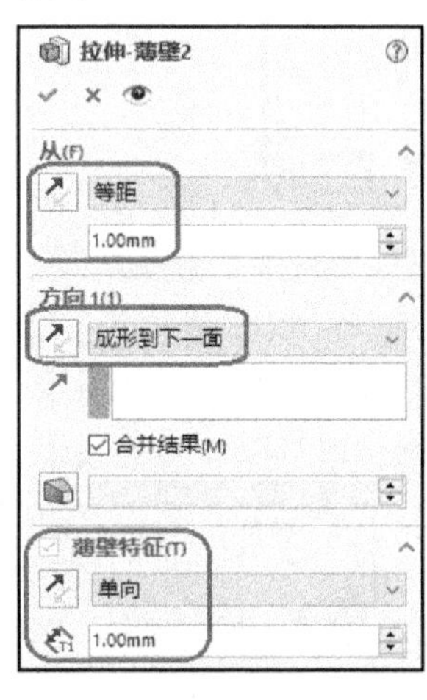

图 1-100　“拉伸-薄壁 2”的属性管理器

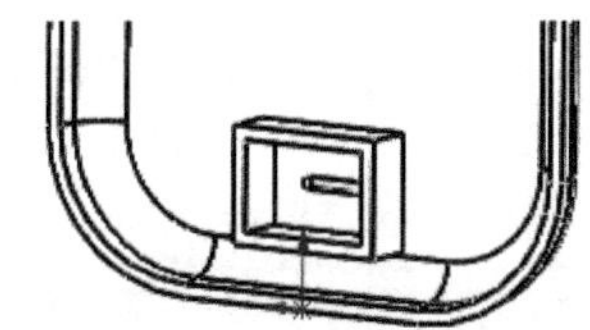

图 1-101　“拉伸-薄壁 2”特征

(18) 建立“圆角 8”特征。在“拉伸-薄壁 2”的根部倒圆角，半径值为 0.75，如图 1-102 所示。

(19) 建立“凸台-拉伸 3”特征。以“前视基准面”为草图平面，草图如图 1-103 所示，拉伸选项为“成形到下一面”。

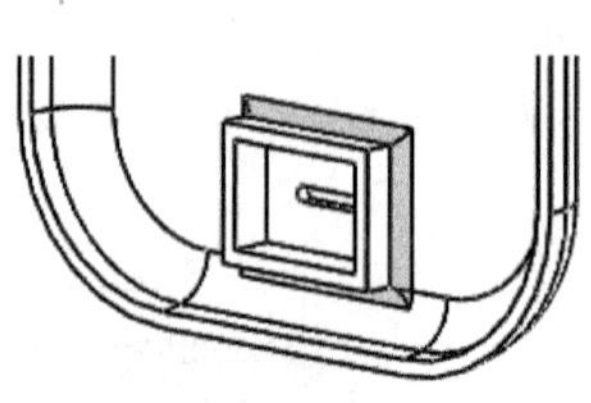

图 1-102　圆角 8

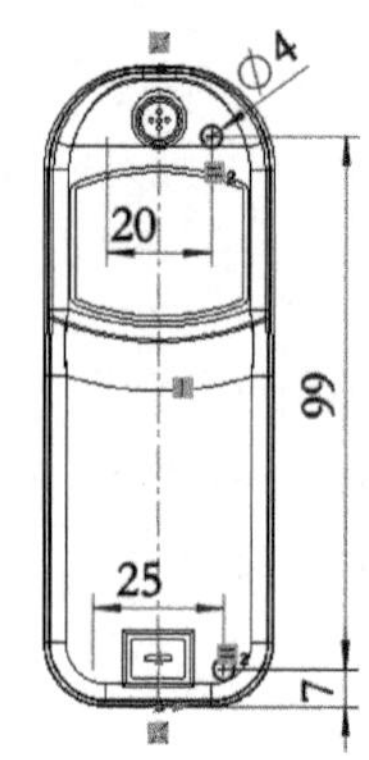

图 1-103　“凸台-拉伸 3”的草图

(20) 建立“凸台-拉伸 4”特征。以“前视基准面”为草图平面，草图如图 1-104 所示，绘制两个直径为 3 的圆，拉伸深度值设为“1.00”，拉伸后的特征如图 1-105 所示。

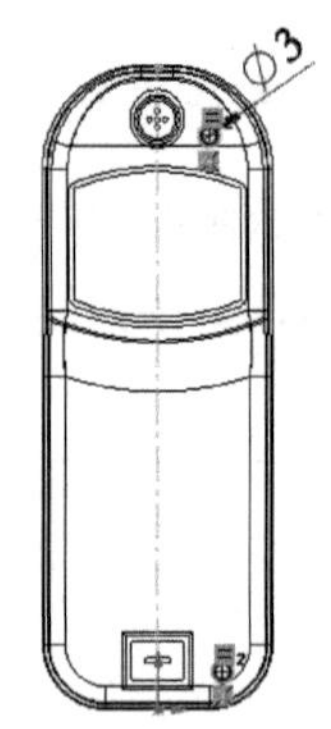

图 1-104　“凸台-拉伸 4”的草图

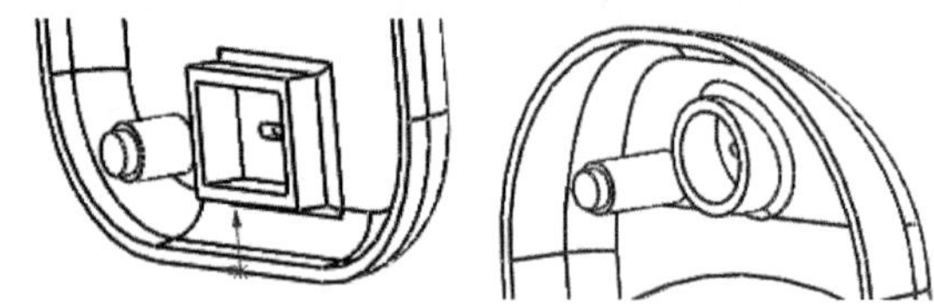

图 1-105　“凸台-拉伸 4”特征

(21) 建立两个“M2 螺纹孔 1”。

① 在“特征”工具栏中，单击“异形孔向导”。

② 在“孔规格”属性管理器中，按图 1-106 设置孔的参数。

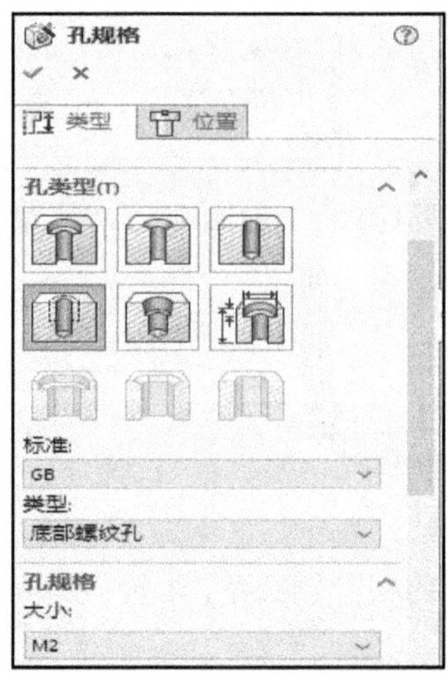

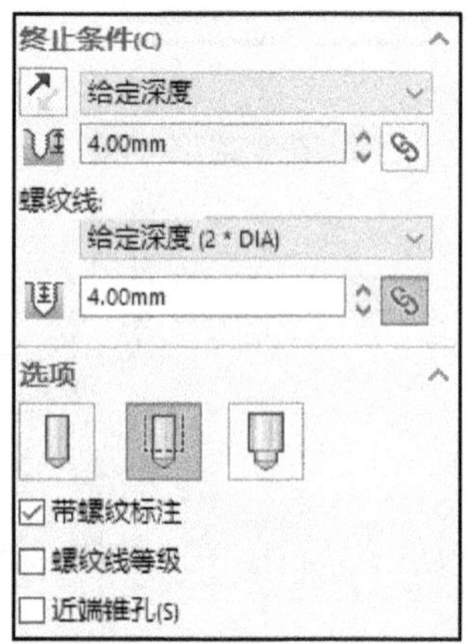

图 1-106　“孔规格”属性管理器

③ 在图形窗口中，单击如图 1-107 所示的表面作为孔的放置面，然后把圆的中心作为放置点，创建两个螺纹孔，最后单击“ ✔ ”按钮。

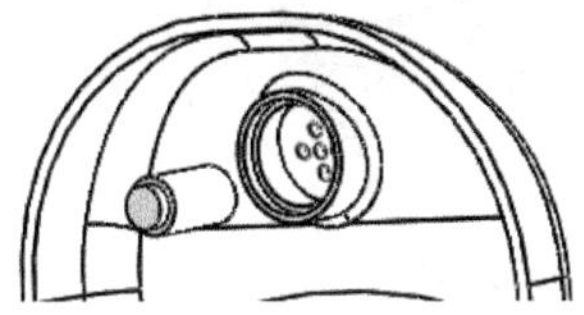

图 1-107　孔放置面

(22) 建立“圆角 9”特征。在“凸台-拉伸 3”的根部倒圆角，半径值为 0.75，如图 1-108 所示。

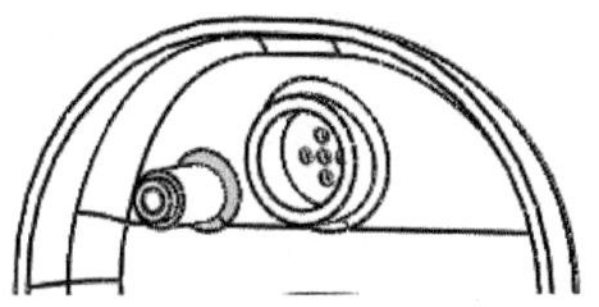

图 1-108　圆角 9

(23) 镜向。

① 在“特征”工具栏中，单击“ 镜向”。

② 在图形窗口选择“圆角 9”“M2 螺纹孔 1”“凸台-拉伸 3”和“凸台-拉伸 4”作为镜向特征。

③ 选择“右视基准面”为镜向面，“镜向 1”的属性管理器如图 1-109 所示，最后单击“ ✔ ”按钮。

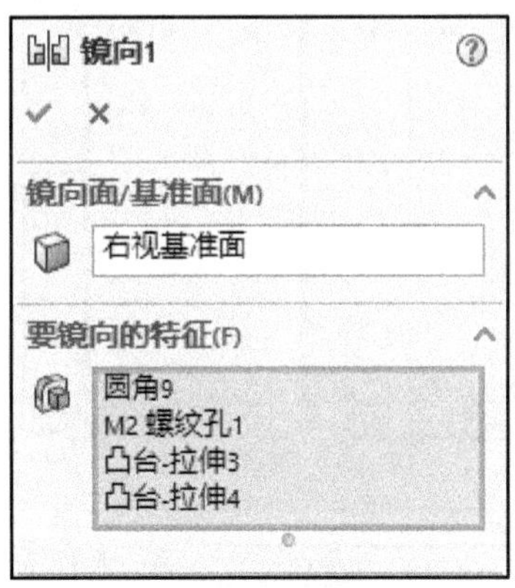

图 1-109　“镜向 1”属性管理器

三、知识拓展

在“设计树”中拖放特征到新的位置，可以改变特征重建的顺序。

当上下拖动特征时，所经过的每个特征会高亮显示。当释放指针时，所移动的特征名称直接丢放在当前高亮显示项之后。如果重排特征顺序操作是合法的，将会出现指针“ ”；否则出现指针“ ”。如图 1-110 所示。

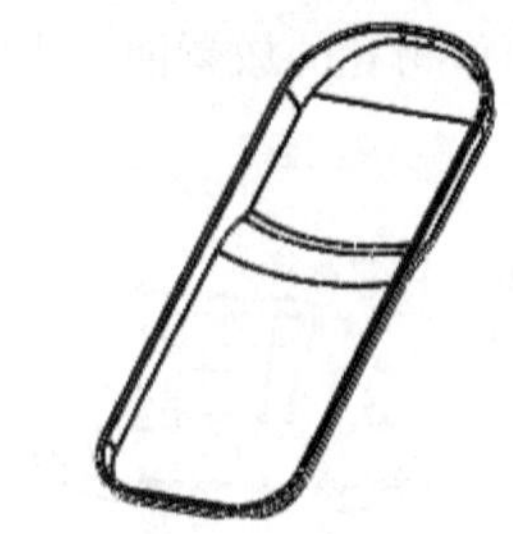

(a) 抽壳特征在圆角之前

(b) 抽壳在圆角特征之后

图 1-110　特征重新排序

任务八　设计后盖零件

后盖

一、任务分析

后盖零件如图 1-111 所示，文件名为“back_cover.sldprt”，单位为“mm”，建模过程见表 1-8。

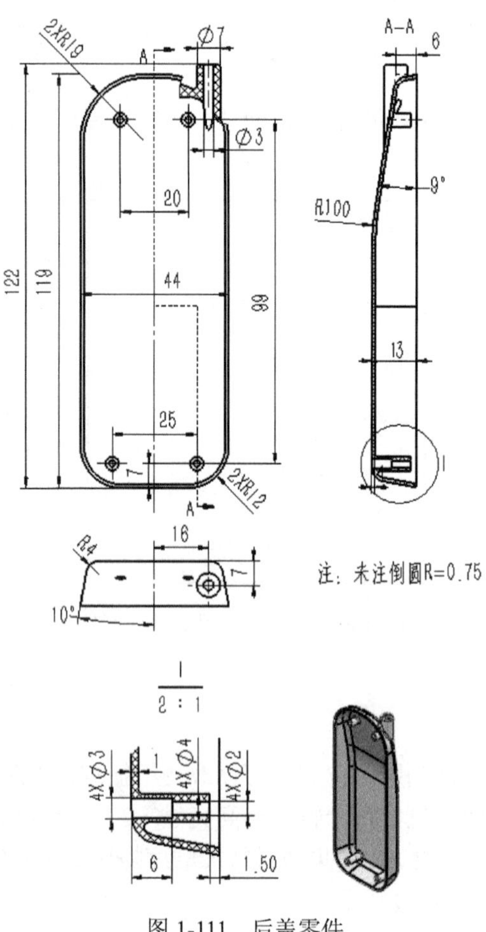

图 1-111　后盖零件

表 1-8　后盖零件建模分析

编号	特征	草　图	特征值	三维建模图
1	凸台拉伸 1	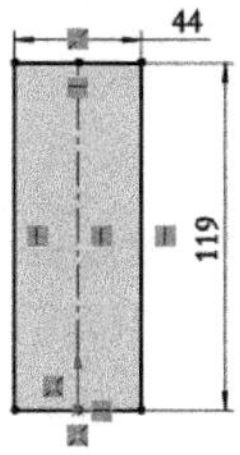 44 119	拉伸值为 13.00	
2	切除拉伸 1	 6 9°	完全贯穿	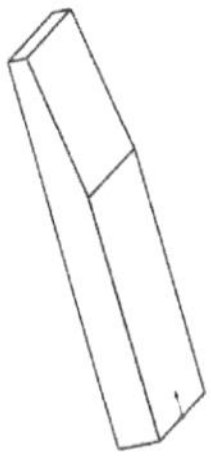
3	圆角 1 圆角 2 圆角 3		圆角值为 R19 圆角值为 R12 圆角值为 R100	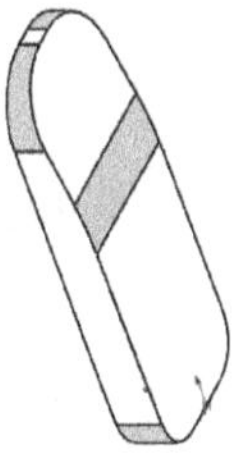
4	拔模 1		拔模角度为 10°	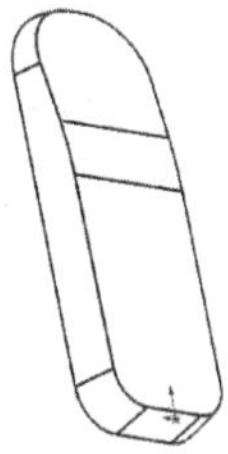
5	圆角 4		圆角值为 4	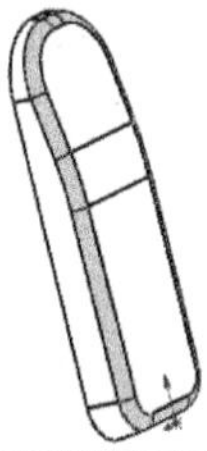
6	抽壳 1		厚度值为 1.00	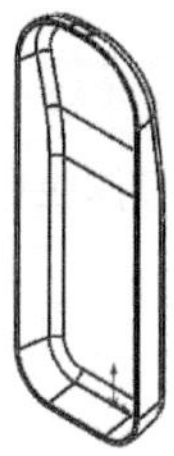

续表一

编号	特征	草　　图	特征值	三维建模图
7	基准面 1		与“上视基准面”距离为 122	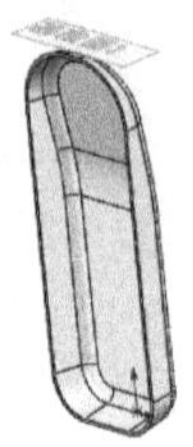
8	凸台拉伸 2	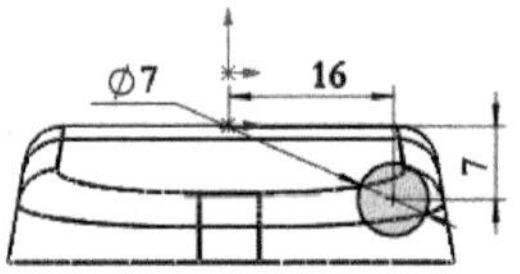 ∅7　16　7	成形到下一面	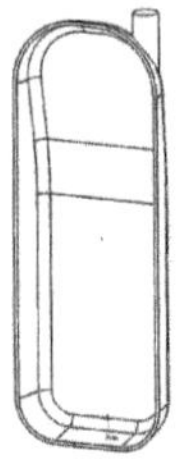
9	孔 1		直径值为 3	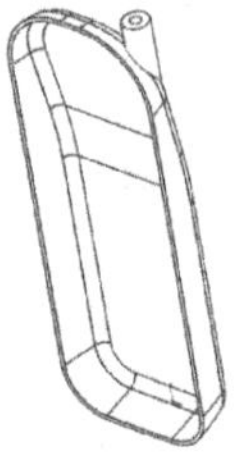
10	圆角 5		圆角值为 R0.75	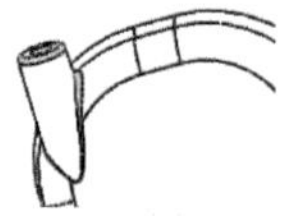
11	凸台拉伸 3	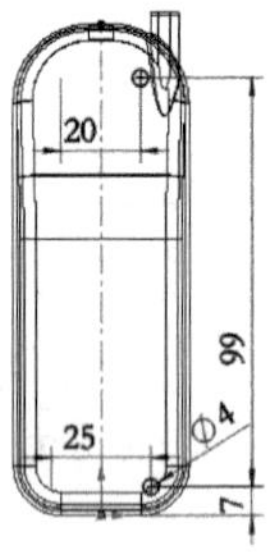 20　25　∅4　99　7	成形到下一面	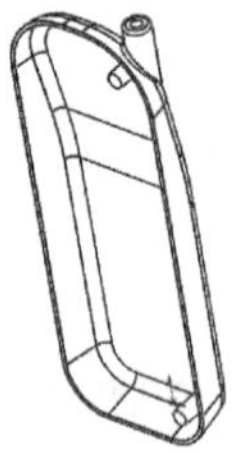
12	切除拉伸 2	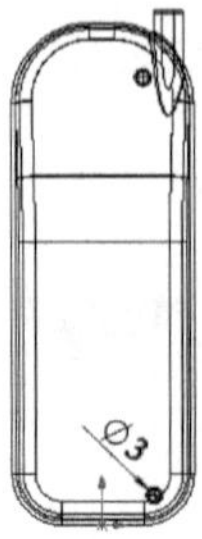 ∅3	拉伸值为 6	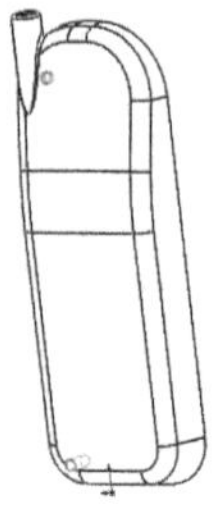

续表二

编号	特征	草　图	特征值	三维建模图
13	切除拉伸 3		完全贯穿	
14	镜向 1			
15	圆角 6		圆角值为 R0.75	

二、任务实施

(1) 建立文件“back_cover.sldprt”，单位为“mm”。

(2) 建立“凸台-拉伸 1”特征。以“前视基准面”为草图平面，草图如图 1-112 所示，拉伸值设为“13.00”。

(3) 建立“切除-拉伸 1”特征。以“右视基准面”为草图平面，草图如图 1-113 所示，拉伸选项为“完全贯彻-两者”。

注意：草图中，有“”标志的曲线是由“转换实体”生成的。

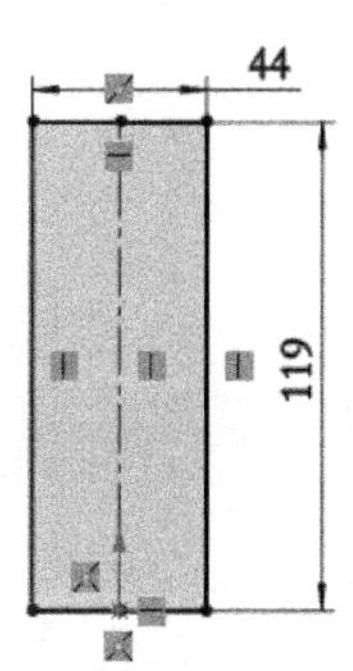

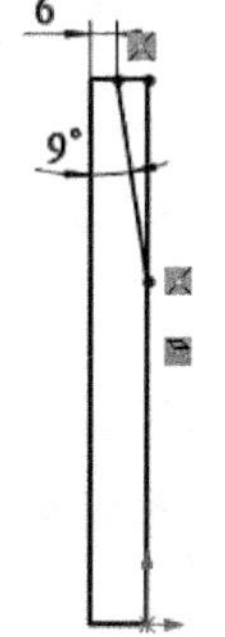

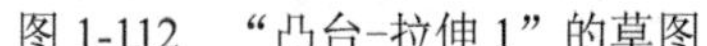

图 1-112　“凸台-拉伸 1”的草图　　　图 1-113　“切除-拉伸 1”的草图

(4) 建立“圆角 1”“圆角 2”和“圆角 3”。圆角 1、圆角 2 和圆角 3 如图 1-114 所示。

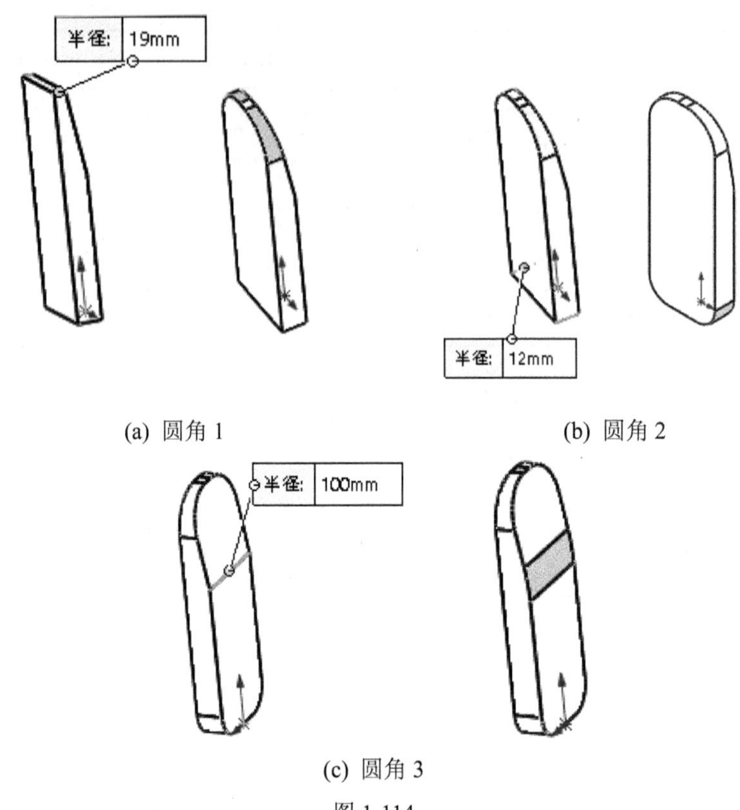

(a) 圆角 1　　(b) 圆角 2

(c) 圆角 3

图 1-114

(5) 建立“拔模 1”特征。

① 在“特征”工具栏中，单击“拔模”。如图 1-115 所示。

② 单击如图 1-116 所示的面作为拔模面。

注意：在“拔模沿面延伸”选项中，选择“沿切面”，因此选择拔模面时，只需选择相切面中的任何一个面就可以。

③ 选择如图 1-117 所示的面为“中性面”。

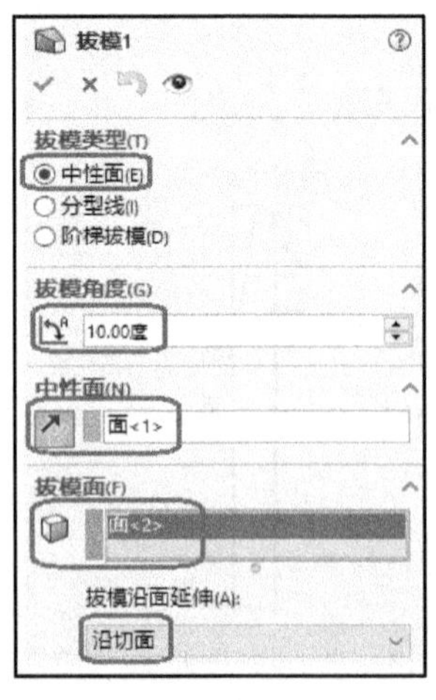

图 1-115　“拔模 1”的属性管理器

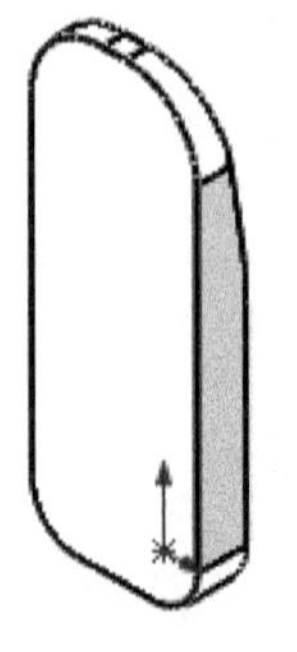

图 1-116　拔模面

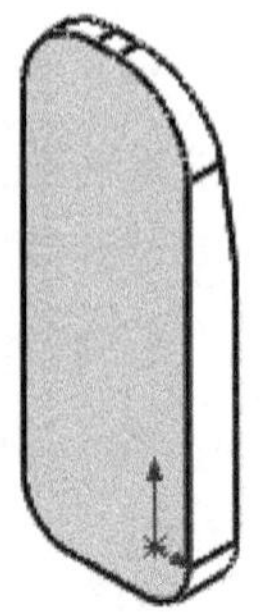

图 1-117　中性面

④ “拔模 1”的属性管理器设置如图 1-115 所示，最后单击“✔”按钮。

(6) 建立“圆角 4”特征。“圆角 4”特征如图 1-118 所示。

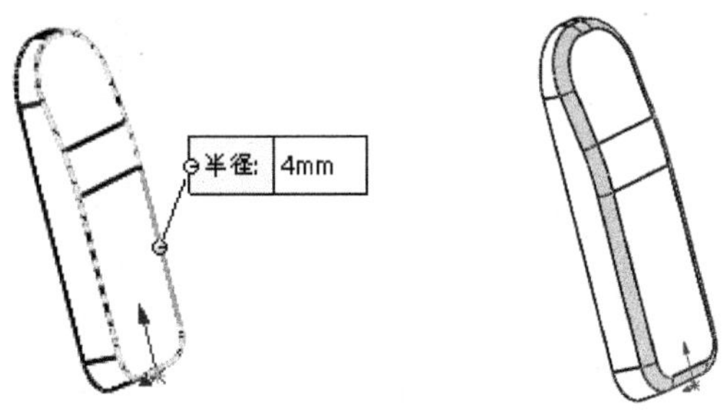

图 1-118　“圆角 4”特征

(7) 建立“抽壳 1”特征。

① 在“特征”工具栏中，单击“抽壳”。如图 1-119 所示。

② 在图形窗口中单击要删除的面，如图 1-120 所示。

③ 在图 1-119 所示的“抽壳 1”属性管理器的“参数”编辑框中输入壳体厚度值“1.00”，最后单击“✔”按钮。“抽壳 1”特征如图 1-121 所示。

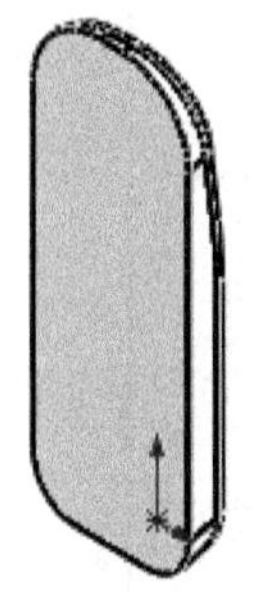

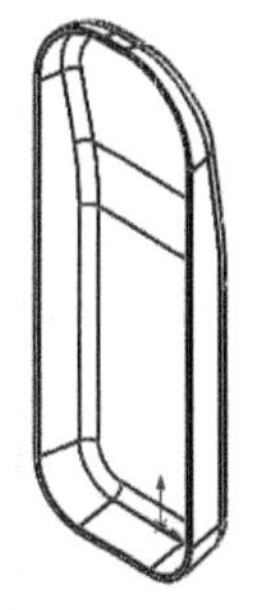

图 1-119　“抽壳 1”的属性管理器　　图 1-120　被删除的面　　图 1-121　“抽壳 1”特征

(8) 创建基准面。以“上视基准面”为参考，距离为“122”，创建“基准面 1”，如图 1-122 所示。

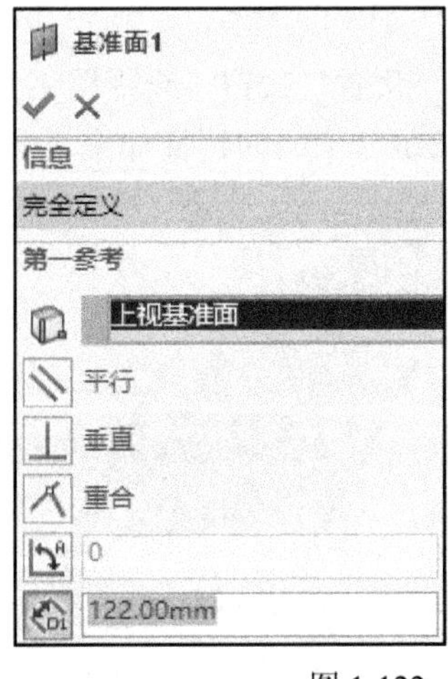

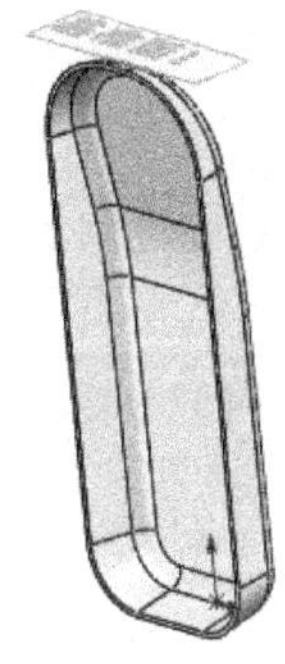

图 1-122　基准面 1

(9) 建立“凸台-拉伸 2”特征。以“基准面 1”为草图平面，草图如图 1-123 所示，拉伸选项为“成形到下一面”。

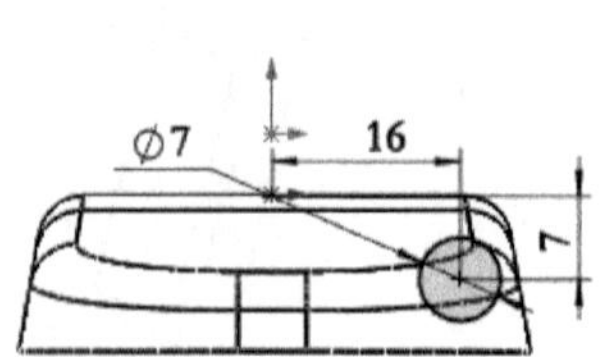

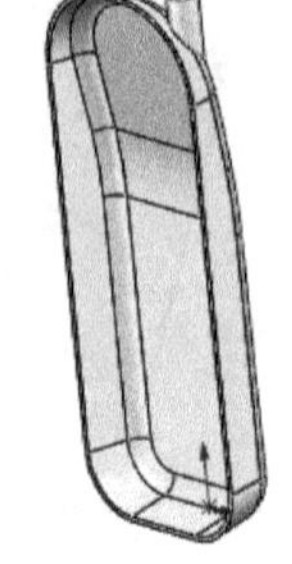

图 1-123　“切除-拉伸 2”草图及特征

(10) 建立“孔 1”。

① 在“特征”工具栏中，单击“异型孔向导”按钮。

② 在“孔规格”属性管理器中，参照图 1-124 进行设置孔的类型。

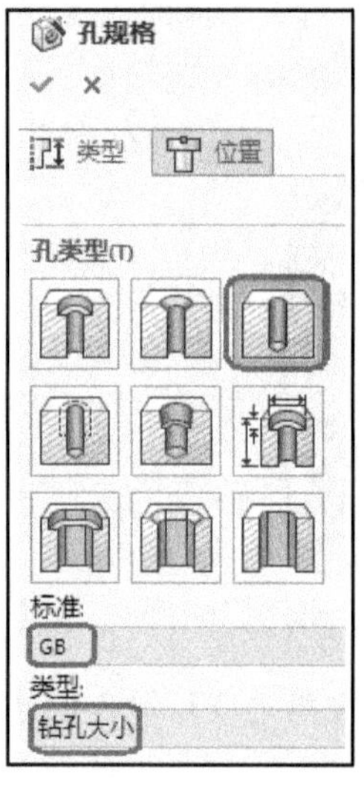

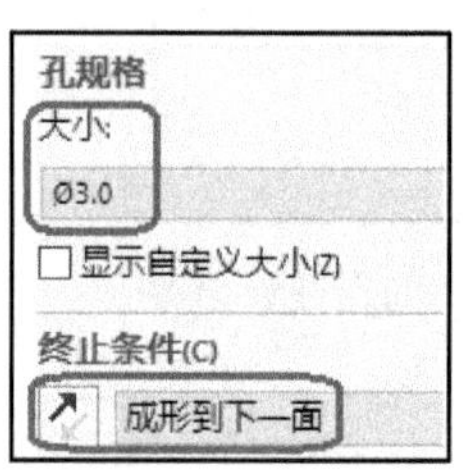

图 1-124　“孔规格”的属性管理器

③ 在“孔规格”属性管理器中，单击“位置”按钮，选择图 1-125 所示的放置面，然后捕捉圆心作为放置点，最后单击“✔”按钮，生成的特征如图 1-126 所示。

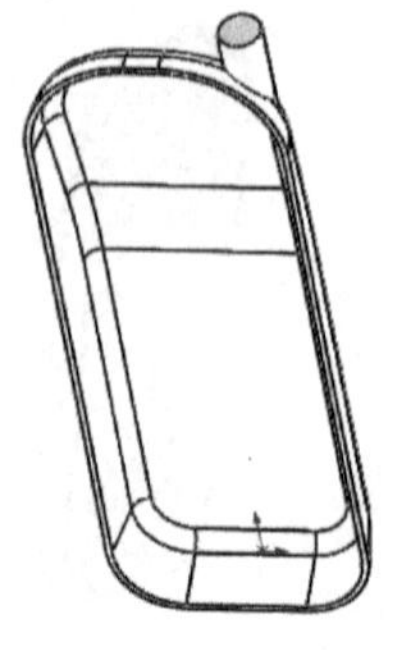

图 1-125　孔放置面

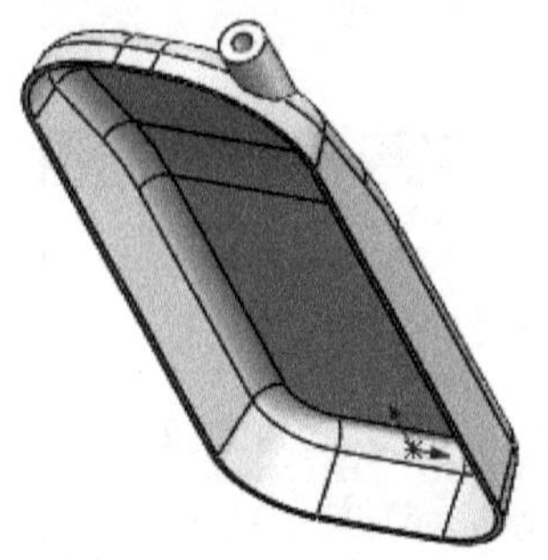

图 1-126　“孔 1”特征

(11) 建立“圆角 5”特征。对如图 1-127 所示的边倒圆角，半径值为 0.75。

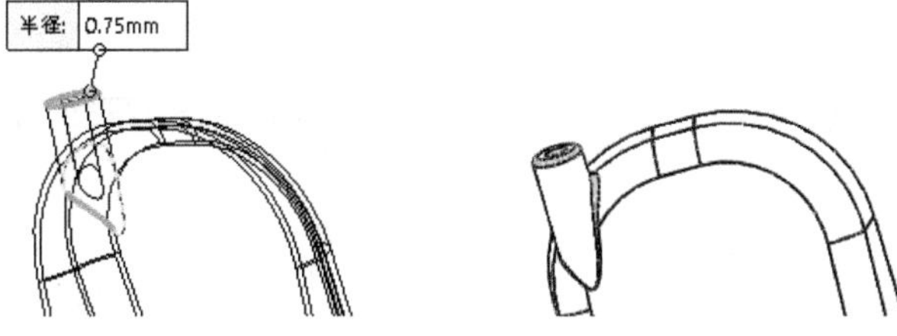

图 1-127　“圆角 5”特征

(12) 建立“凸台-拉伸 3”特征。以图 1-128 所示的后盖开口处的端面为草图平面，草图如图 1-129 所示，拉伸选项参考图 1-130 进行设置。生成的特征如图 1-131 所示。

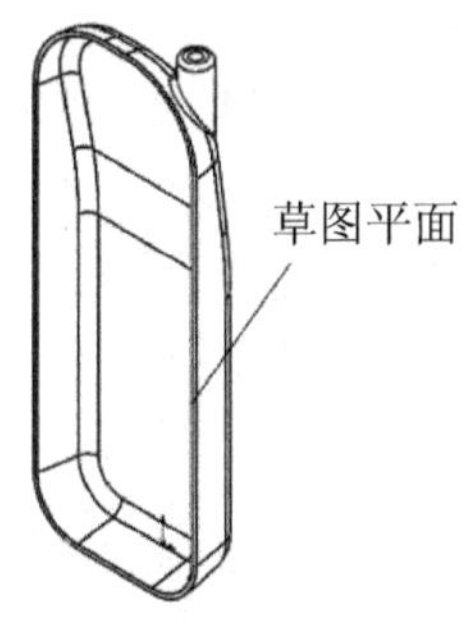

图 1-128　“凸台-拉伸 3”的草图平面

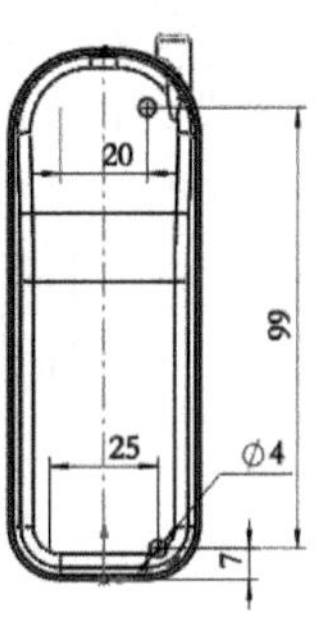

图 1-129　“凸台-拉伸 3”的草图

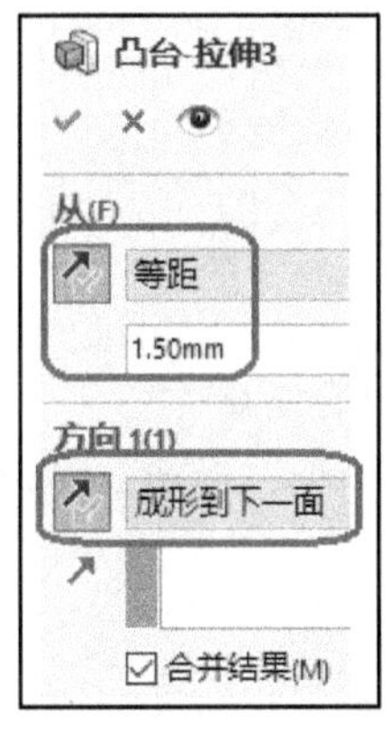

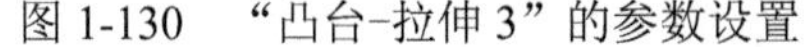

图 1-130　“凸台-拉伸 3”的参数设置

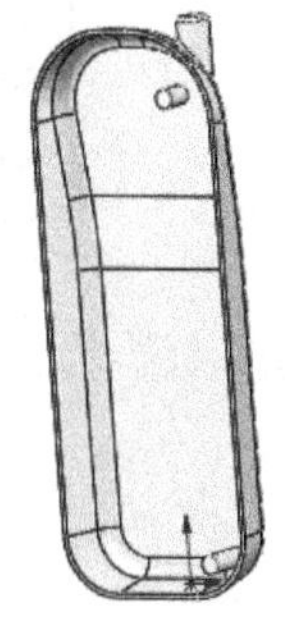

图 1-131　“凸台-拉伸 3”特征

(13) 建立“切除-拉伸 2”特征。以“前视基准面”为草图平面，草图如图 1-132 所示，绘制两个直径为ϕ 3 的图，拉伸深度值设为“6.00”。

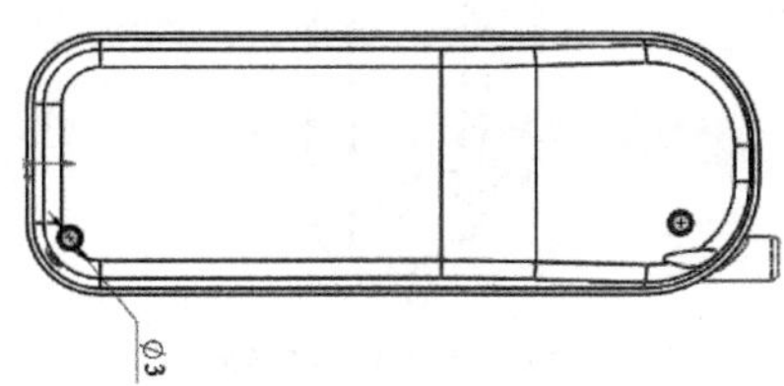

图 1-132　“切除-拉伸 2”的草图

(14) 建立“切除–拉伸 3”特征。以图 1-133 所示的面或“前视基准面”为草图平面，草图如图 1-134 所示，绘制两个直径为φ 2 的圆，拉伸选项为“完全贯穿”。

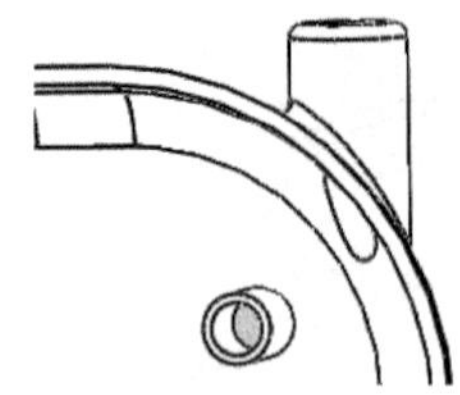

图 1-133　“切除–拉伸 3”的草图平面

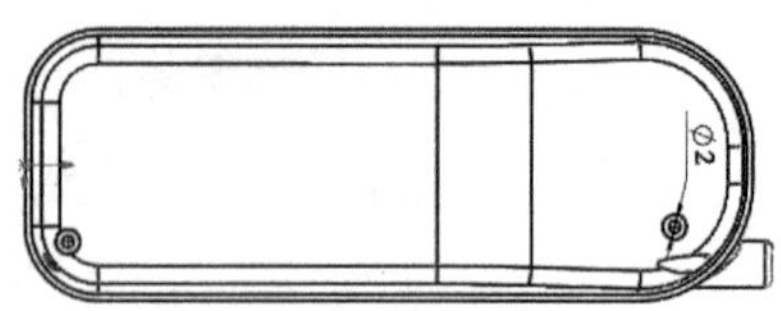

图 1-134　“切除–拉伸 3”的草图

(15) 建立“镜向 1”特征。

① 在“特征”工具栏中，单击“ 镜向”按钮。

② 在图形窗口选择“凸台–拉伸 3”“切除–拉伸 2”和“切除–拉伸 3”作为镜向特征，如图 1-135 所示。

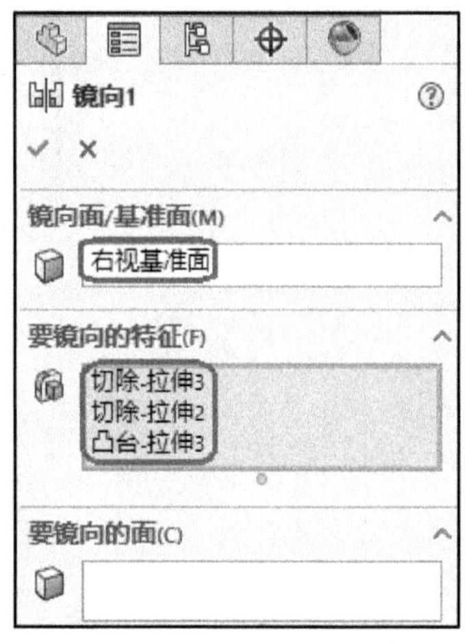

图 1-135　“镜向 1”的属性管理器

③ 选择“右视基准面”为镜向面，最后单击“ ”按钮。生成的特征如图 1-136 所示。

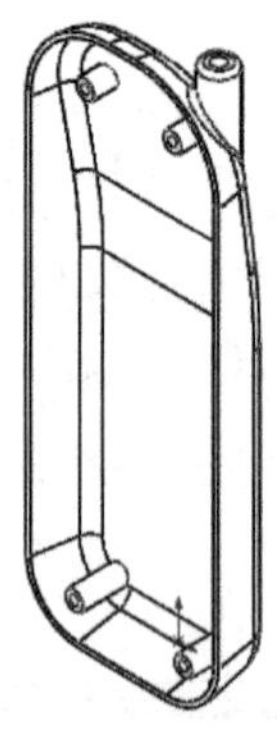

图 1-136　“镜向 1”特征

(16) 建立“圆角 6”特征。在四个圆柱的根部倒圆角，半径值为 0.75。

三、知识拓展

1. 访问方程式

单击菜单“工具”→“方程式”。

2. 创建全局变量

常用的创建全局变量的方法有两种，第一种方法如下：

(1) 在菜单中，单击菜单“工具”→“∑方程式”，在图 1-137 所示的对话框中输入全局变量，然后单击“ 确定 ”按钮。

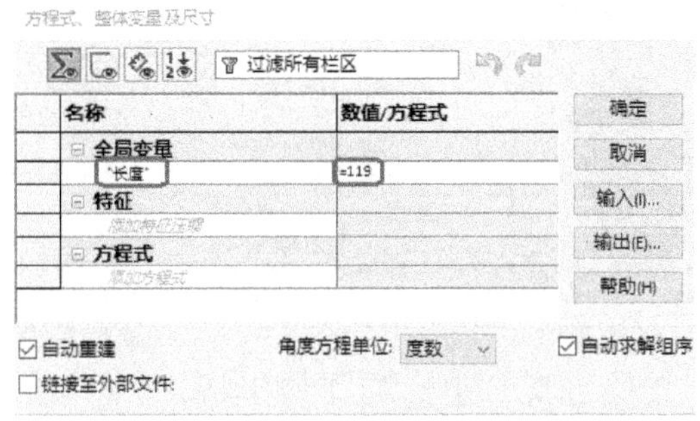

图 1-137 方程式、整体变量及尺寸

(2) 把“凸台-拉伸 1”的尺寸“119”设置成全局变量。如图 1-138 所示，双击尺寸“119”，在弹出的“修改”对话框中输入“=”，选择“全局变量”“长度 119”。全局变量创建后，草图及设计树如图 1-139 和图 1-140 所示。

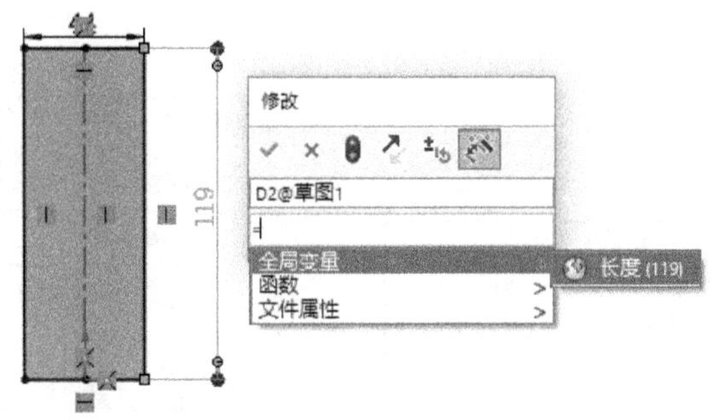

图 1-138 设置全局变量

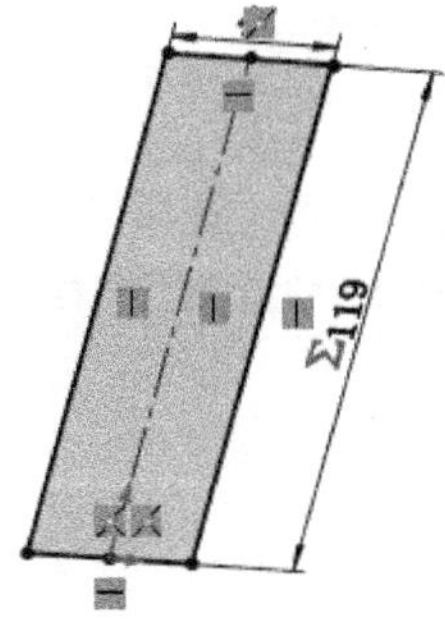

图 1-139 全部变量

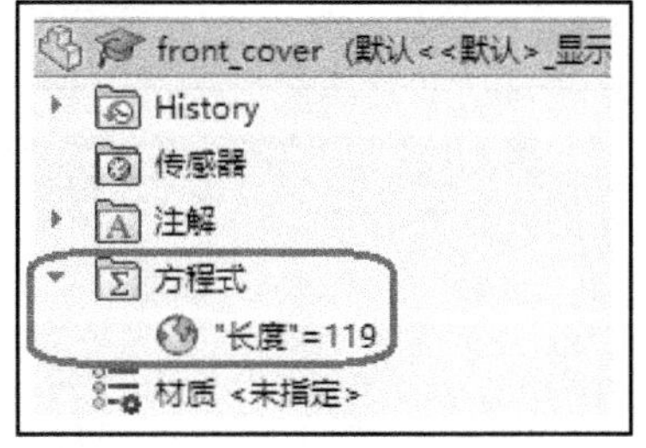

图 1-140 “设计树”中的方程式

第二种全局变量创建的方法：

双击尺寸“119”，在弹出的“修改”对话框中输入“=长度”，以黄色显示，然后单击“”按钮，如图 1-141 所示，最后单击“”按钮。生成的变量为“长度”。

注意：必须输入等号才能将全局变量指派给尺寸。如果不输入等号，则可以创建新的全变量，但它不会指派到尺寸。

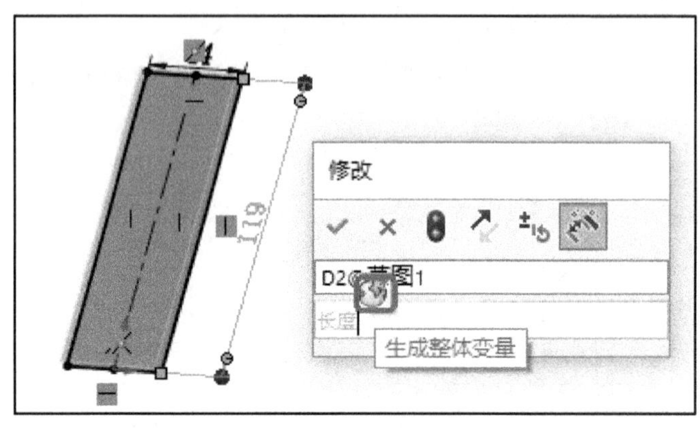

图 1-141　全局变量的创建

3. 编辑及删除方程式

(1) 在“设计树”中，右键单击“方程式”，选择“管理方程式”。如图 1-142 所示。

(2) 在“方程式”对话框中，选取一行或多行包含有想删除的全局变量或方程式，然后单击右键，从弹出式菜单选取“删除方程式”或按“Delete”键。如图 1-143 所示。

(3) 关闭方程式对话框。

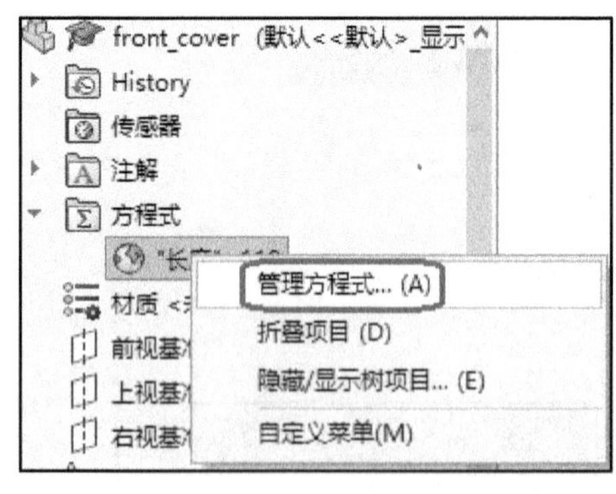

图 1-142　设计树

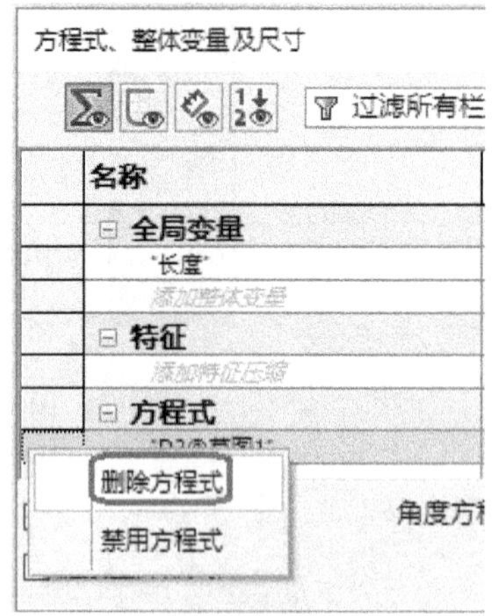

图 1-143　方程式对话框

模块二　零件的装配

下而上设计法是比较传统的方法。在该方法中，先在零件环境中设计并造型零件，然后在装配环境中将零件利用配合组装在一起。这种设计方法可使设计者更专注于单个零件的设计，装配关系也比较简单，很适合简单装配设计。设计者如果想更改零件，必须单独编辑零件，同时装配体也会发生相应的改变。该模块包括 2 个任务，分别是装配玩具手提电话、创建玩具手提电话的爆炸图。

任务一　装配玩具手提电话

Phone 装配

一、任务分析

在 SLIDWORKS 中，按配合要求完成的零部件的装配模型称为装配体。

本任务以“玩具手提电话”为实例，采用自下而上的装配方法。在此重点介绍装配的常用方法和操作过程。装配时一定要了解装配体的工作原理，零件之间的连接关系，这样才能在装配时合理地定义配合。

图 1-144 是玩具手提电话的各个零件，图 1-145 是添加配合装配后的模型。

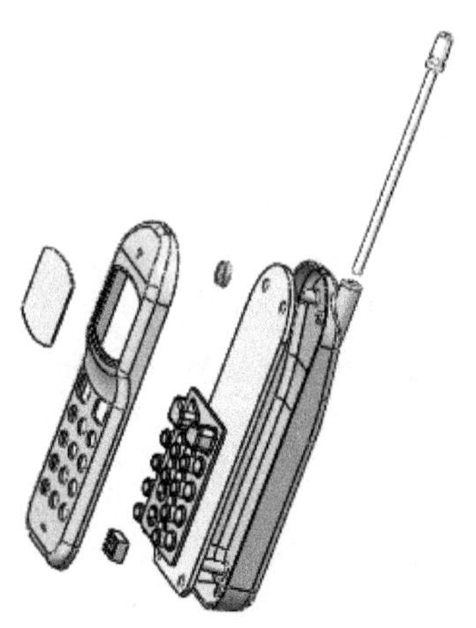

图 1-144　玩具手提电话的零件

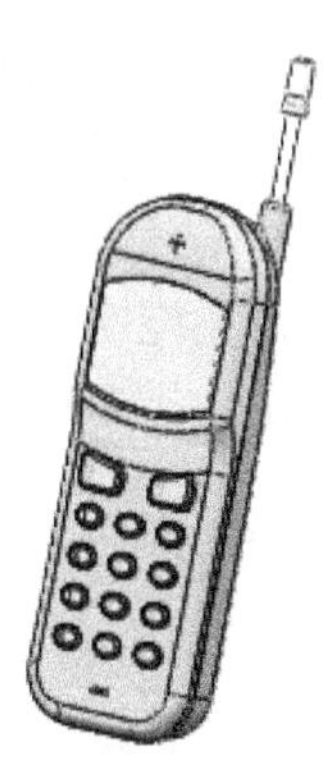

图 1-145　玩具手提电话的组装模型

二、任务实施

(1) 建立装配文件。在标准工具栏中单击“🗋”，则出现如图 1-146 所示的“新建 SOLIDWORKS 文件”对话框，选择“gb_assembly”模板，然后单击“确定”按钮。

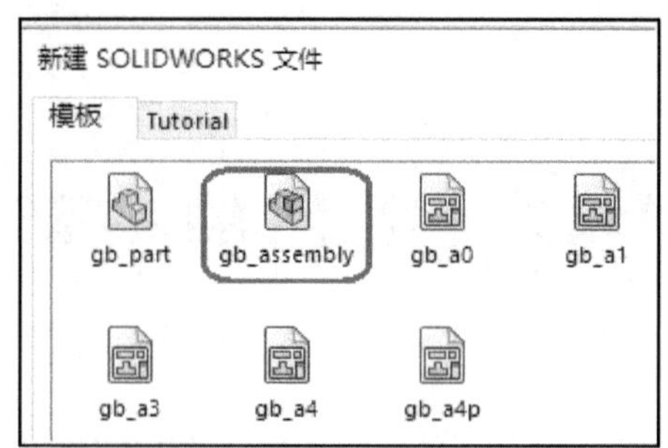

图 1-146　“新建 SOLIDWORKS 文件”对话框

(2) 保存装配文件。将文件保存为“phone.sldasm”。

(3) 插入零部件。

① 在“装配体”工具栏中，单击“ 插入零部件”按钮。

② 在“打开”对话框中，双击“front_cover.sldprt”文件。

③ 在窗口的合适位置单击放置零件，系统自动添加“固定”的配合约束，如图 1-147 所示。

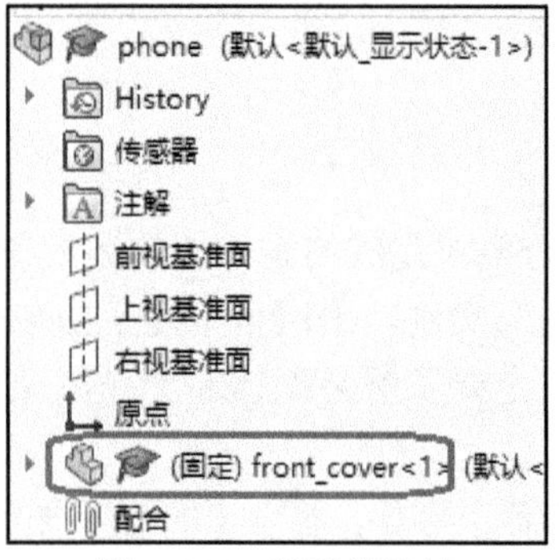

图 1-147　装配设计树

(4) 装配屏幕零件。

① 在“装配体”工具栏中，单击“ 插入零部件”按钮。

② 在“打开”对话框中，双击“lens.sldprt”文件。

③ 在窗口的合适位置单击放置“屏幕”零件。

注意：零件在配合添加前，其位置可以采用如下两种方法改变。

第一种方法：右键单击零件，从弹出的菜单中选择“以三重轴移动”，如图 1-148 所示。

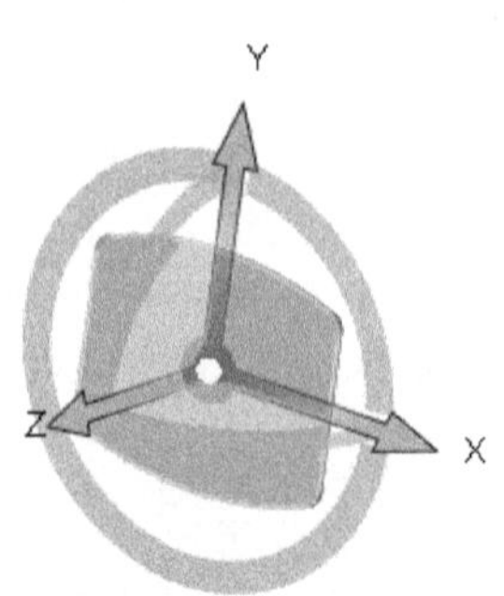

图 1-148　零件的三重轴

• 某一方向平移：鼠标移动到箭头上，按住左键，拖动鼠标，零件则沿着箭头的方向移动。

• 旋转：鼠标移动到半圆上，按住左键，拖动鼠标，零件则绕着其法向旋转。

• 任意方向移动：鼠标移动到中心球上，按住左键，拖动鼠标，零件则可以在任意方向移动。

第二种方法：通过鼠标对零件进行移动、旋转。

• 先单击零件，然后按住鼠标左键移动鼠标，则可以拖动零件。

• 先单击零件，然后按住鼠标右键移动鼠标，则可以旋转零件。

④ 添加“重合 1”配合。在“装配体”工具栏中，单击“配合”，选择如图 1-149 所示的两个面作为配合面，配合选项如图 1-150 所示。

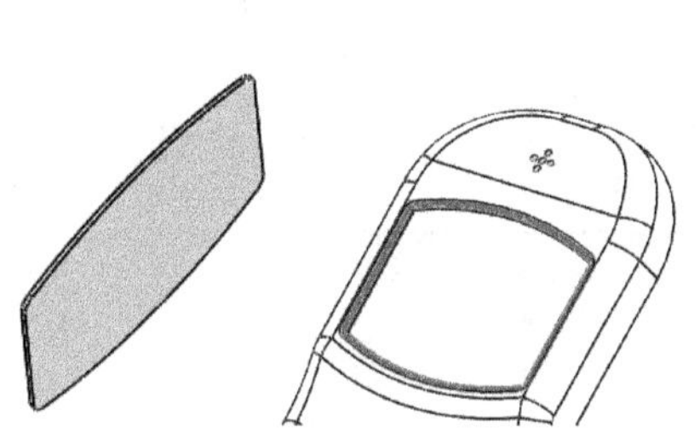

图 1-149　要添加配合的面

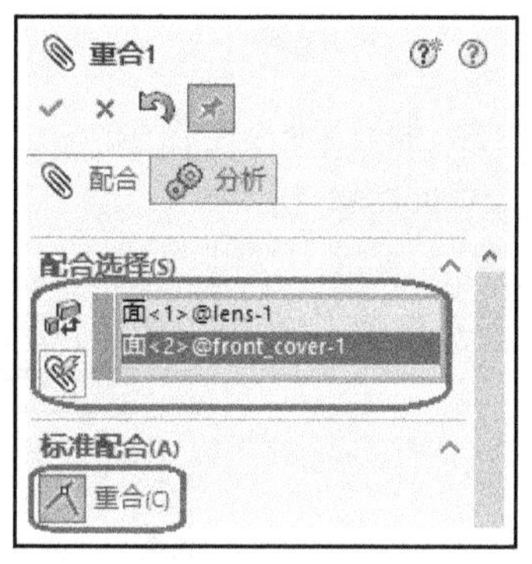

图 1-150　“重合 1”的属性管理器

⑤ 添加“重合 2”配合。按住“Ctrl”键，选取如图 1-151 所示的两个配合面，松开“Ctrl”键，从弹出的工具按钮中选择“”。

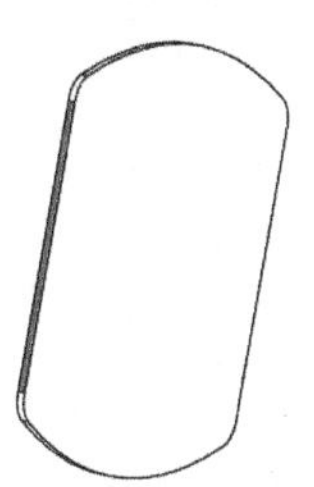

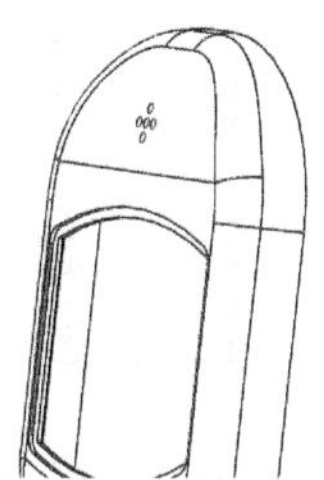

图 1-151　“重合 2”配合的面

⑥ 添加“同轴心”配合。按住“Ctrl”键选取如图 1-152 所示的两个配合面，松开“Ctrl”键，从弹出的工具按钮中选择“◎”。零件装配后的状态和设计树中的“配合”如图 1-153 和图 1-154 所示。

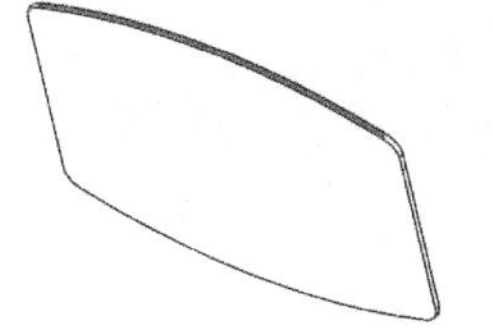

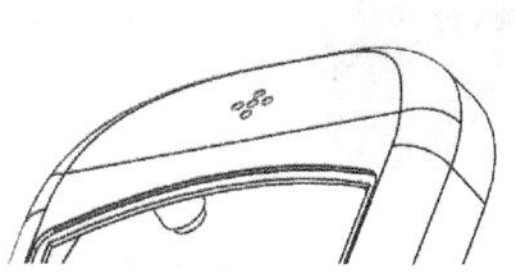

图 1-152　“同轴心”配合的面

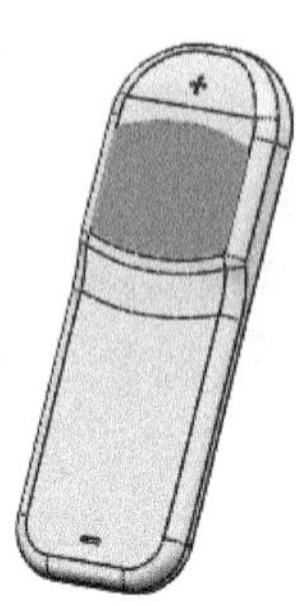

图 1-153　屏幕零件装配后的状态

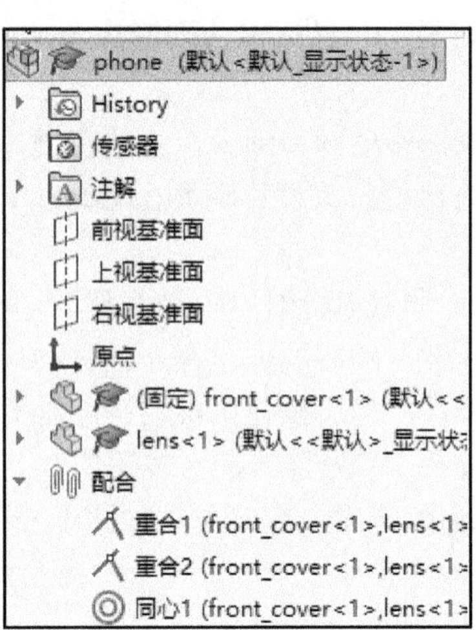

图 1-154　设计树中的“配合”

(5) 装配听筒零件。

① 在任务窗口，单击“ ”按钮，然后单击“ ”按钮，在“选取文件夹”中选择零件文件所在目录，则出现如图 1-155 所示的“设计库”。

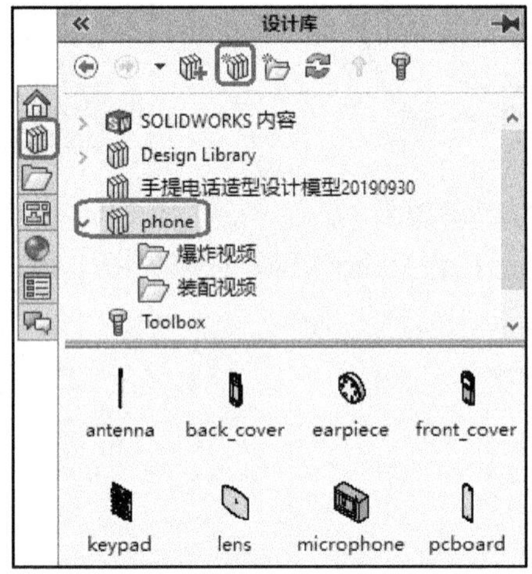

图 1-155　设计库

② 在“设计库”任务窗口中，拖动“earpiece”零件到图形窗口。

③ 添加“重合 1”配合。按住“Ctrl”键，选取如图 1-156 所示的两个配合面，松开“Ctrl”键，从弹出的工具按钮中选择“ ”。

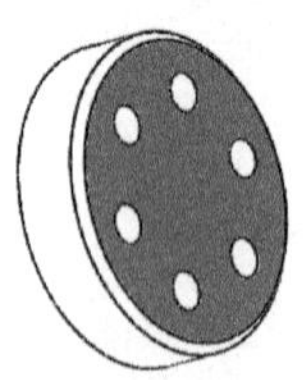
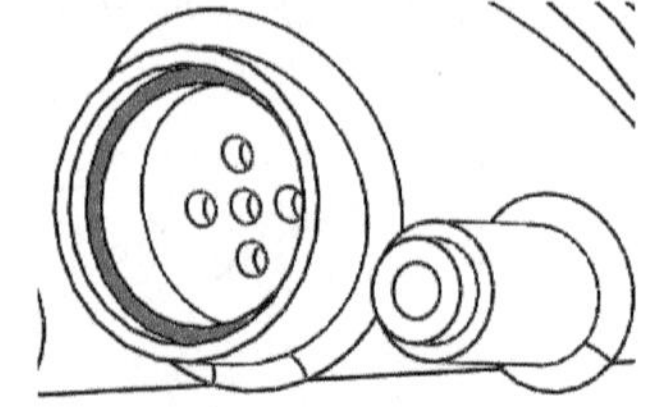

图 1-156　“重合 1”配合的面

④ 添加“同轴心”配合。按住“Ctrl”键，选取如图 1-157 所示的两个配合圆柱面，

松开“Ctrl”键，从弹出的命令按钮中选择“◎”。听筒零件装配后的状态如图 1-158 所示。

注意：“earpiece”零件呈“欠约束”，如图 1-159 所示，零件前面有“(-)”，该零件可以绕着其轴线旋转。

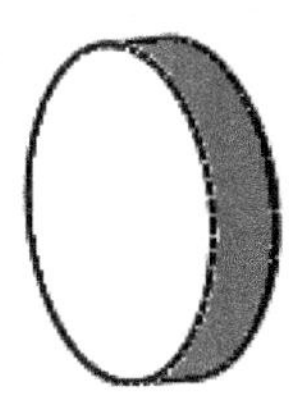
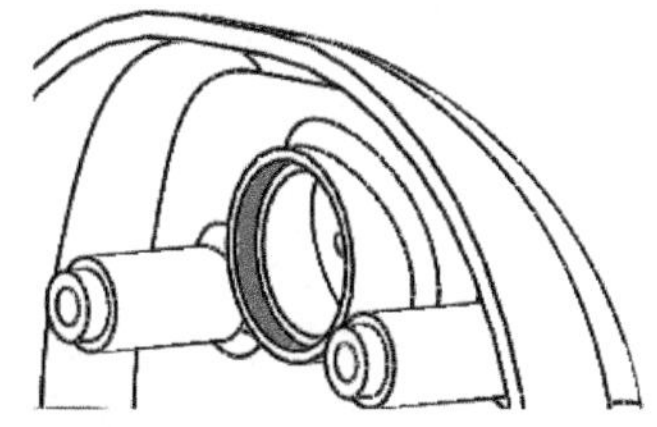

图 1-157　“同轴心”配合的面

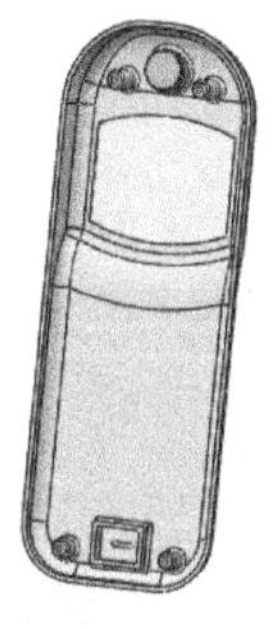

图 1-158　听筒零件装配后的状态

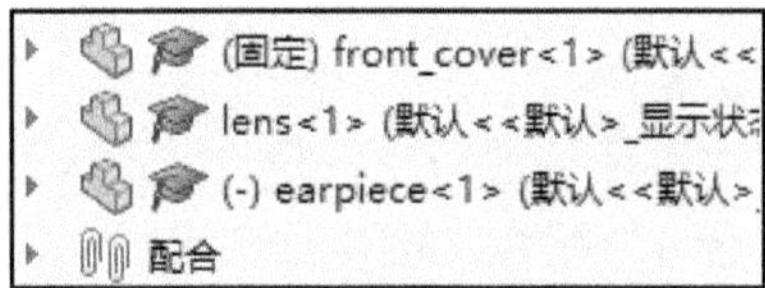

图 1-159　零件约束状态

(6) 装配麦克风零件。

① 在“设计库”任务窗口中，拖动“microphone”零件到图形窗口。

② 添加“重合 1”配合。按住“Ctrl”键，选取如图 1-160 所示的两个配合面，松开“Ctrl”键，从弹出的工具按钮中选择“ ”。

③ 添加“重合 2”配合。按住“Ctrl”键，选取如图 1-161 所示的两个配合面，松开“Ctrl”键，从弹出的工具按钮中选择“ ”。

图 1-160　“重合 1”配合的面

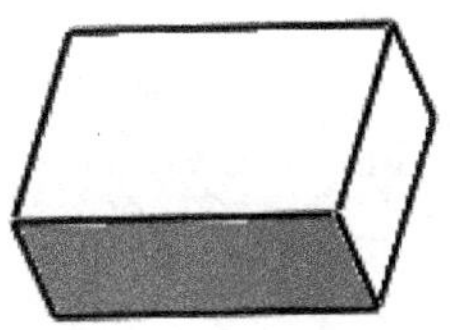
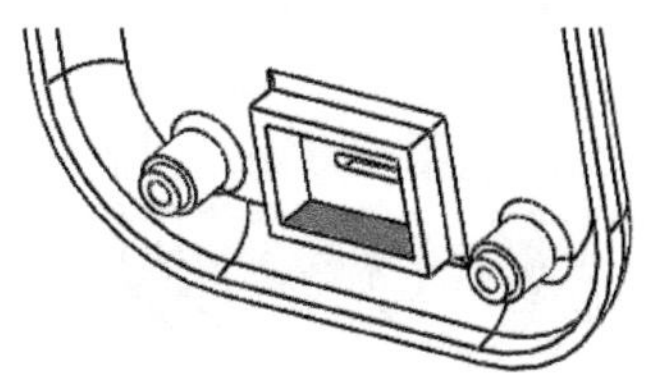

图 1-161　“重合 2”配合的面

④ 添加“重合 3”约束。按住“Ctrl”键，选取如图 1-162 所示的两个配合面，松开“Ctrl”键，从弹出的命令按钮中选择“ ”。麦克风零件装配后的状态，如图 1-163 所示。

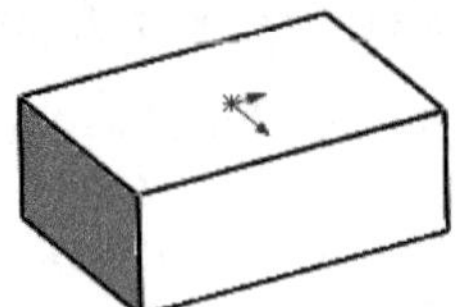

图 1-162　“重合 3”配合的面

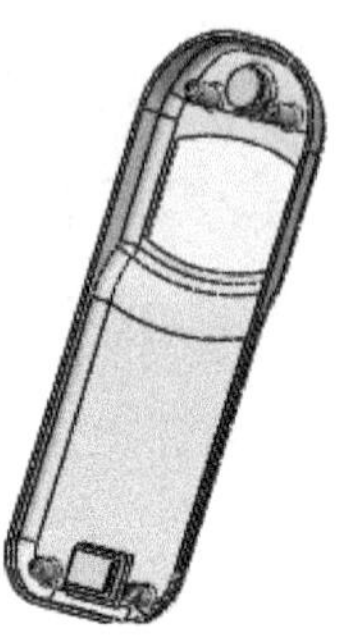

图 1-163　麦克风零件装配后的状态

(7) 装配 PC 板零件。

① 在“设计库”任务窗口中，拖动“pcboard”零件到图形窗口。

② 添加“重合 1”配合。按住“Ctrl”键，选取如图 1-164 所示的两个配合面；松开“Ctrl”键，从弹出的命令按钮中选择“⋏”。

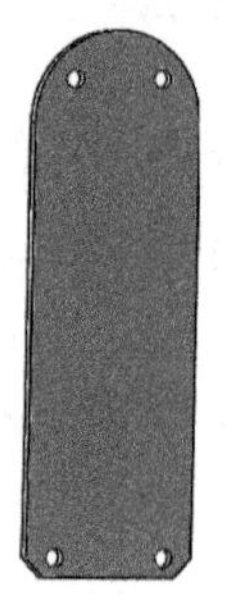
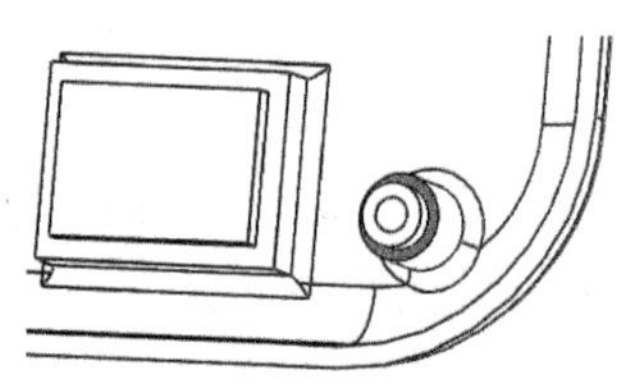

图 1-164　“重合 1”配合的面

③ 添加“重合 2”配合。选取“pcboard”零件的“右视基准面”和“front_cover”零件的“右视基准面”，松开“Ctrl”键，从弹出的命令按钮中选择“⋏”。

④ 添加“同轴心”配合。按住“Ctrl”键，选取“pcboard”零件孔的内表面和前盖圆柱的圆柱面，如图 1-165 所示；松开“Ctrl”键，从弹出的命令按钮中选择“◎”。PC 板零件装配后的状态如图 1-166 所示。

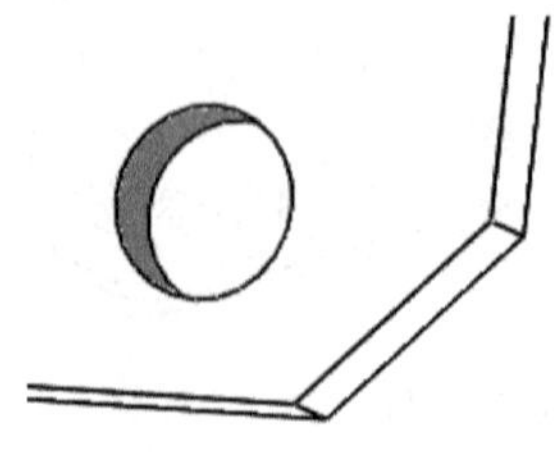
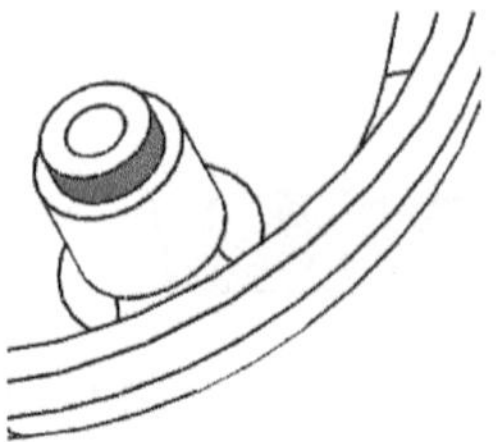

图 1-165　“同轴心”配合的面

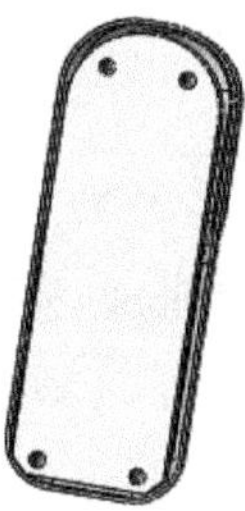

图 1-166　PC 板零件装配后的状态

(8) 装配键盘零件。键盘不是直接装配到前盖上，而是装配到 PC 板，故为装配方便，可以把前盖零件隐藏起来。

① 先在“设计树”中，右键单击“front_cover.sldprt”，然后在弹出的工具按钮中选取“隐藏”。

② 在“设计库”任务窗口中，拖动“keypad”零件到图形窗口。

③ 添加“重合 1”配合。按住“Ctrl”键，选取如图 1-167 所示的两个面；松开“Ctrl”键，从弹出的命令按钮中选择“”。

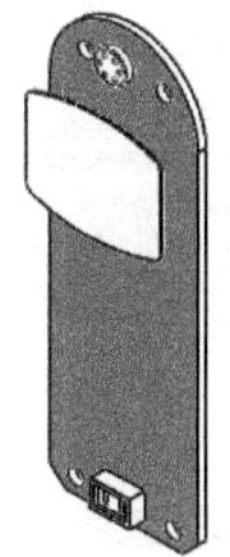

图 1-167　“重合 1”配合的面

④ 添加“重合 2”配合。选取“keypad”零件的“右视基准面”和“PCboard”零件的“右视基准面”；松开“Ctrl”键，从弹出的命令按钮中选择“”。

⑤ 添加“距离”配合。按住“Ctrl”键，选取如图 1-168 所示的两个面；松开“Ctrl”键，从弹出的命令按钮中选择“”，距离值为“10”。键盘零件装配后的状态如图 1-169 所示。

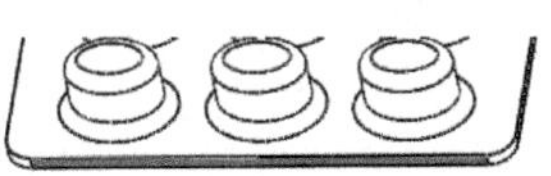

图 1-168　“距离”配合的面

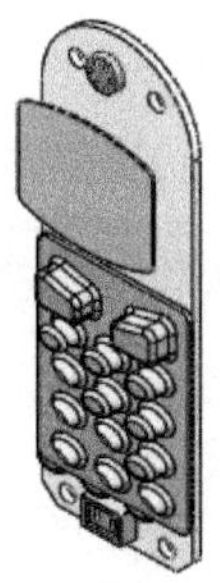

图 1-169　键盘零件装配后的状态

⑥ 显示前盖零件。先在“设计树”中，右键单击“front_cover”，然后在弹出的工具按钮中选取“显示”。

(9) 装配后盖零件。

① 在“设计库”任务窗口中，拖动“back_cover”零件到图形窗口。

② 添加“重合 1”配合。按住“Ctrl”键，选取如图 1-170 所示的两个面；松开“Ctrl”键，从弹出的命令按钮中选择“”。

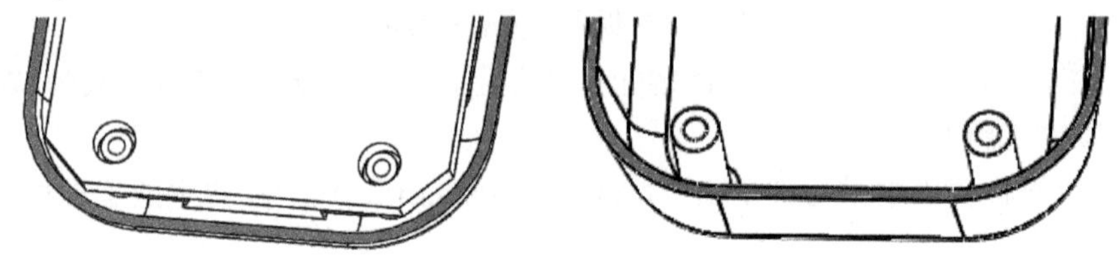

图 1-170　“重合 1”配合的面

③ 添加“重合 2”配合。选取“front_cover”零件的“右视基准面”和“back_cover”零件的“右视基准面”；松开“Ctrl”键，从弹出的命令按钮中选择“”。

④ 添加“重合 3”配合。选取“front_cover”零件的“上视基准面”和“back_cover”零件的“上视基准面”；松开“Ctrl”键，从弹出的命令按钮中选择“”。后盖零件装配后的状态，如图 1-171 所示。

图 1-171　后盖零件装配后的状态

(10) 装配天线零件。

① 在“设计库”任务窗口中，拖动“antenna”零件到图形窗口。

② 添加“重合”配合。按住“Ctrl”键，选取如图 1-172 所示的两个面；松开“Ctrl”键，从弹出的命令按钮中选择“”。

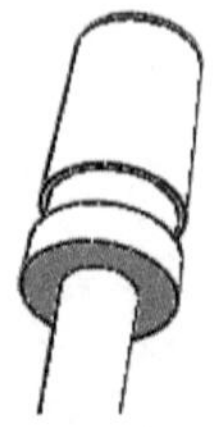

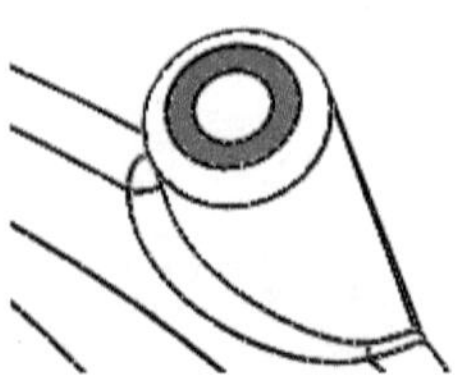

图 1-172　“重合”配合的面

③ 添加”同轴心”配合。按住”Ctrl”键，选取如图 1-173 所示的两个圆柱面；松开“Ctrl”键，从弹出的命令按钮中选择“◎”。天线零件装配后的状态如图 1-174 所示。

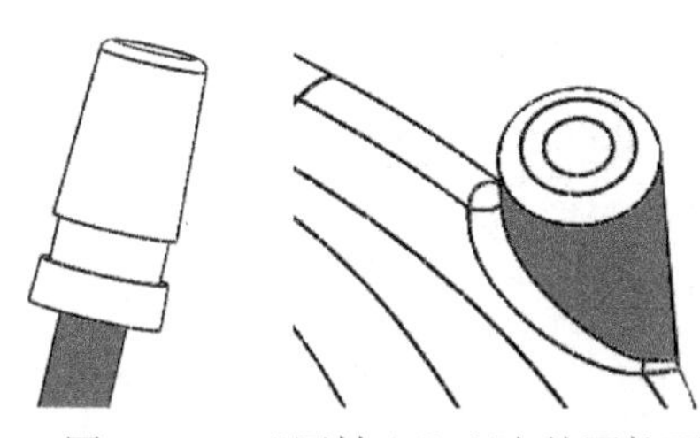

图 1-173　“同轴心”配合的圆柱面

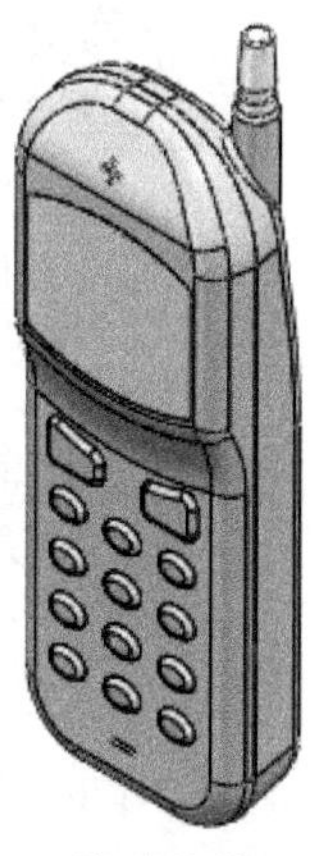

图 1-174　天线零件装配后的状态

(11) 干涉检查。在“评估”工具栏中，单击“干涉检查”按钮。在图 1-175 所示的“干涉检查”属性管理器中，单击“计算(c)”按钮；从结果可看出键盘和前盖零件发生干涉。

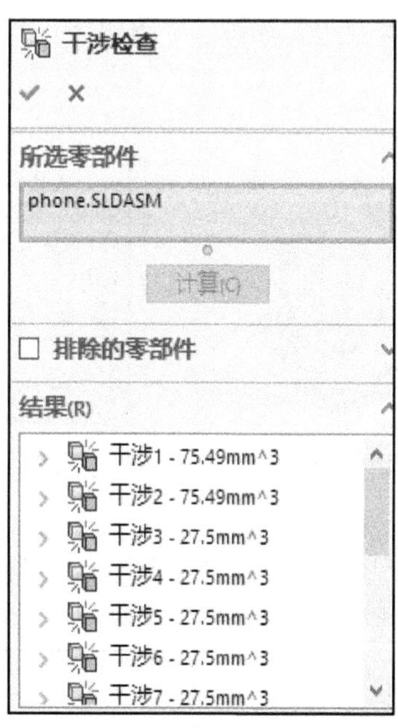

图 1-175　“干涉检查”属性管理器

(12) 处理“keypad”和“front_cover”之间的干涉(为前盖零件创建切口)。

注意：键盘按钮的高度超出手机前盖的厚度，故前盖与键盘会发生干涉。解决的方法之一是使用“切除”，用键盘尺寸修改前盖，孔将作为零件特征传递回前盖零件。

① 为前盖零件创建切口。在“装配体”工具栏中，单击“装配体特征”→“拉伸切除”。

② 选取如图 1-176 所示的面为草图平面，草图及特征如图 1-177 所示(把按键轮廓向外偏置 0.10)。

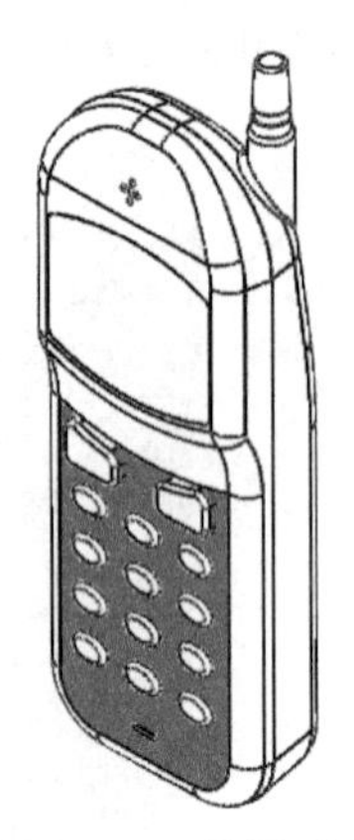
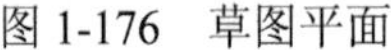

图 1-176　草图平面

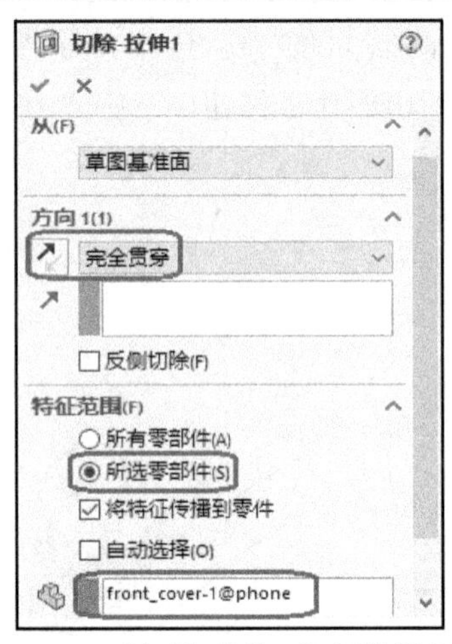

图 1-177　“切除-拉伸 1”属性管理器

③ “拉伸切除”选项参考图 1-177 进行设置，最后单击“ √ ”按钮。

④ 隐藏“keypad”零件，则可看到前盖上的按键孔，如图 1-178 所示。

⑤ 在“装配体”工具栏中，单击“装配体特征”→“线性阵列”，间距分别为 11 和 9，数量分别为 3 和 4。

⑥ 参考上面的方法，创建另外两个按键，草图如图 1-179 所示。所有按键孔创建完成后如图 1-180 所示。

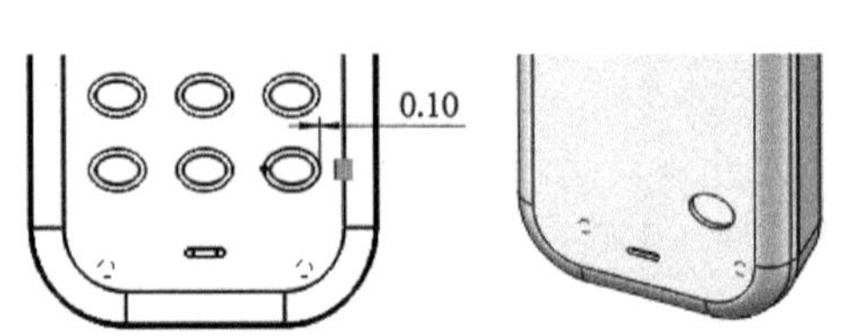

图 1-178　“拉伸切除”的草图及特征

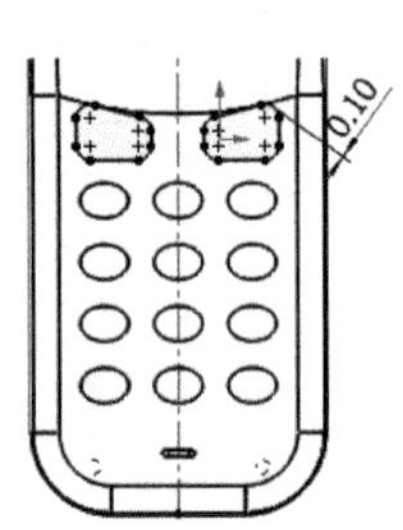

图 1-179　按键孔的草图

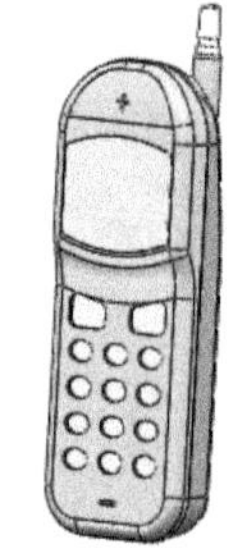

图 1-180　前盖按键孔

(13) 零件配合的快速查看及编辑。

① 单击零件“antenna”，则显示出该零件的配合，如图 1-181 所示。

② 右键单击“ ◎ ”按钮，则弹出相应的工具按钮及菜单，如图 1-182 所示。

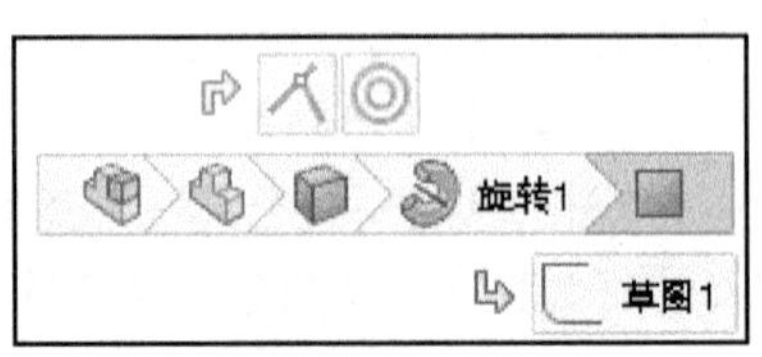

图 1-181　零件“antenna”的配合

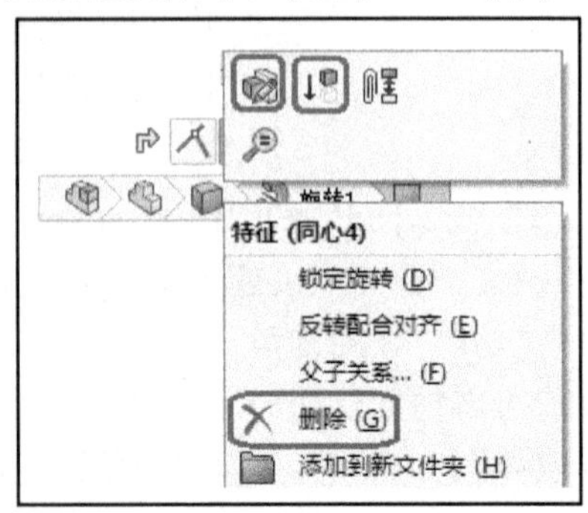

图 1-182　快捷工具按钮及菜单

③ 右键单击“ ”按钮，从弹出的菜单中选择“ 编辑特征”，修改配合为“ ”，距离值设为“20.00 mm”，如图 1-183 所示。编辑后的装配如图 1-184 所示。

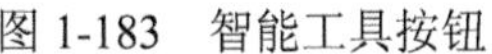
图 1-183　智能工具按钮

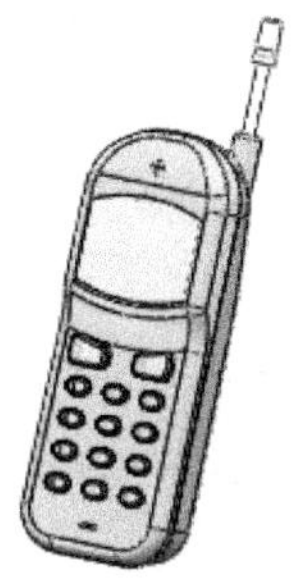
图 1-184　编辑后的装配

(14) 零件的打开、编辑修改。在“设计树”中，右键单击零件“antenna”，从弹出的工具按钮中选择“ ”，如图 1-185 所示，则零件打开，进入零件模式。此时就可以对零件进行编辑修改。

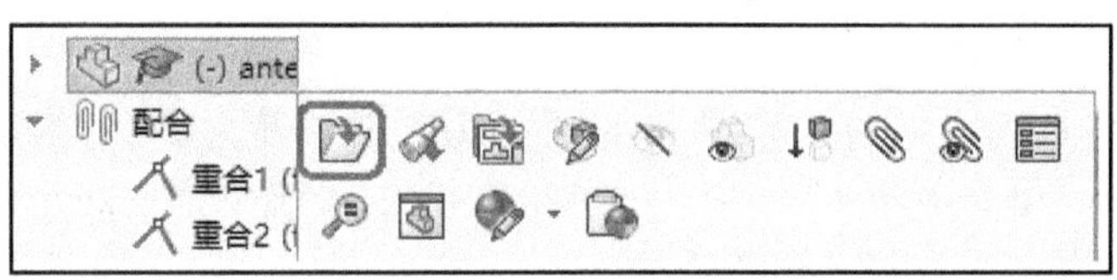

图 1-185　零件的快捷工具栏

三、知识拓展

1. 切换零部件的显示状态

(1) 在“设计树”或图形窗口中，单击零件，从弹出的菜单中选择“ ”或“ ”。

(2) 快捷键：将鼠标移动到要隐藏的零部件的上方，然后按“Tab”，则该零部件隐藏；将鼠标移动到包含隐藏零部件的区域的上方，然后按“Shift+Tab”，则隐藏的零部件重新显示。

2. 切换零部件的透明状态

在“设计树”或图形窗口中，单击零件，从弹出的菜单中选择“ ”。

3. 零件的固定或浮动

在默认情况下，装配体中的第一个零件是固定的，但是可以随时将之浮动。右键单击“front_cover”零件，从弹出的工具栏中选择“浮动”。

建议至少有一个装配体零部件是固定的，或者与装配体基准面或原点具有配合关系。

- 在“设计树”中，一个固定的零部件有一个“(固定)”的符号会出现在名称之前。
- 在“设计树”中，一个欠定义的零部件有一个“(-)”的符号会出现在名称之前。
- 完全定义的零部件则没有任何前缀。如图 1-186 所示。

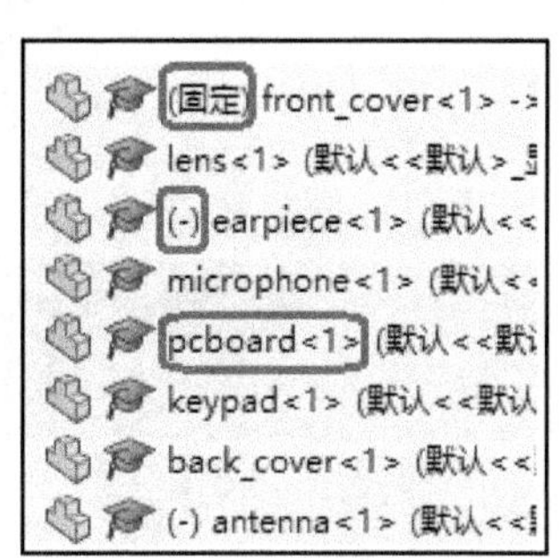

图 1-186　装配设计树

任务二　创建玩具手提电话的爆炸图

Phone 爆炸

一、任务分析

装配就是把零件按一定的配合进行定位，但零件配合后就看不到装配体的内部结构。通过爆炸可以看到装配体的内部结构。爆炸视图不会影响零件配合或最终的零件位置。

二、任务实施

(1) 创建装配体的爆炸视图。

① 在工具栏中，单击“装配体”→“爆炸视图”。

② 单击“lens”零件，如图 1-187 所示；按住“箭头 Z”并拖动到合适的位置，然后单击鼠标左键，“爆炸步骤 1”结束。

③ 单击“front_cover”零件，如图 1-188 所示；按住“箭头 Z”并拖动到合适的位置，然后单击鼠标左键，“爆炸步骤 2”结束。按同样的方法，爆炸零件“keypad”“microphone”“earpiece”“back_cove”，如图 1-189 所示。

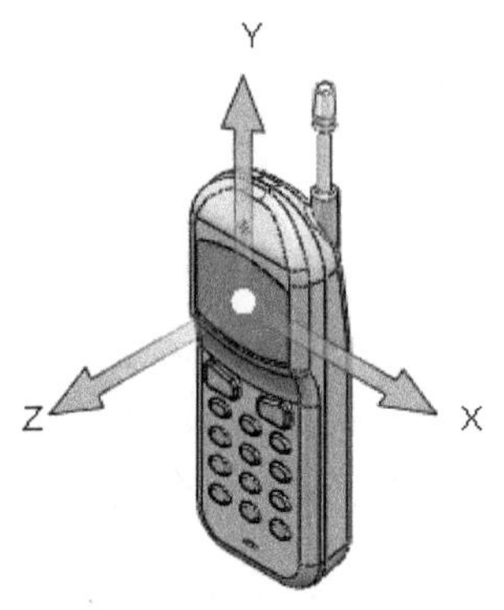

图 1-187　爆炸步骤 1

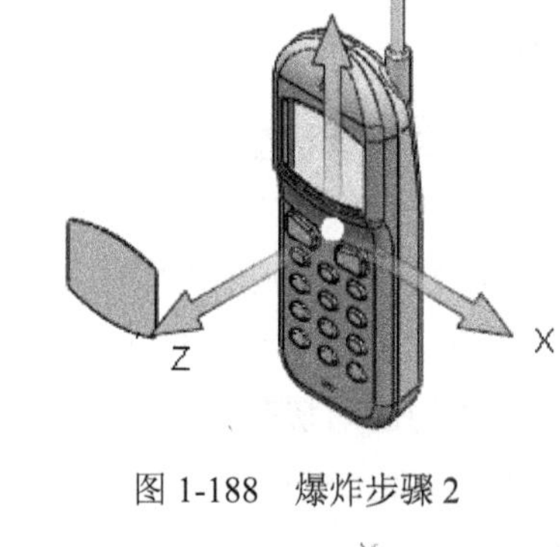

图 1-188　爆炸步骤 2

图 1-189　爆炸步骤 3、4、5 和 6

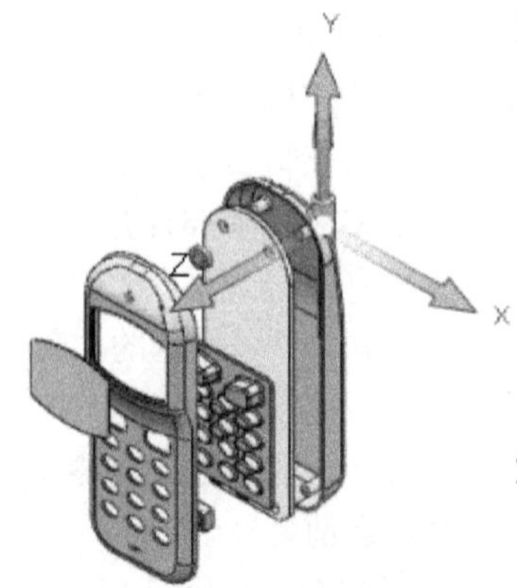

图 1-190　爆炸步骤 7

④ 单击“atenna”零件，如图 1-190 所示；按住“箭头 Y”并拖动到合适的位置，然后单击鼠标左键，“爆炸步骤 7”结束。“爆炸”属性管理器如图 1-191 所示，最后单击“✓”按钮，爆炸完成。

⑤ 在“设计树”中，可查看爆炸视图及步骤，如图 1-192 所示。

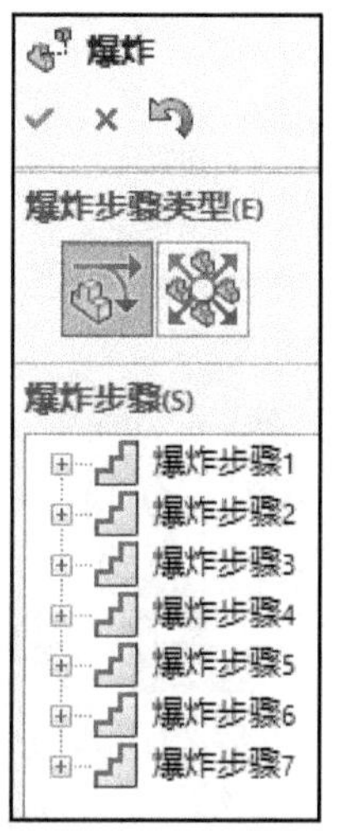

图 1-191　“爆炸”属性管理器

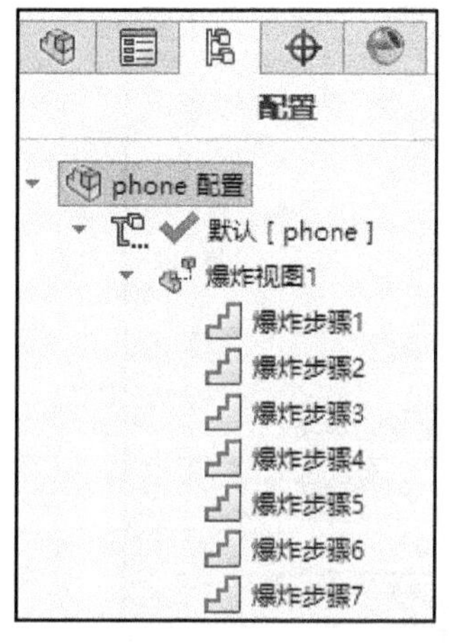

图 1-192　“设计树”中的“配置”

(2) 解除爆炸视图。在“设计树”中，右键单击“爆炸视图 1”，选择“解除爆炸”，如图 1-193 所示，则“爆炸视图 1”呈灰色。

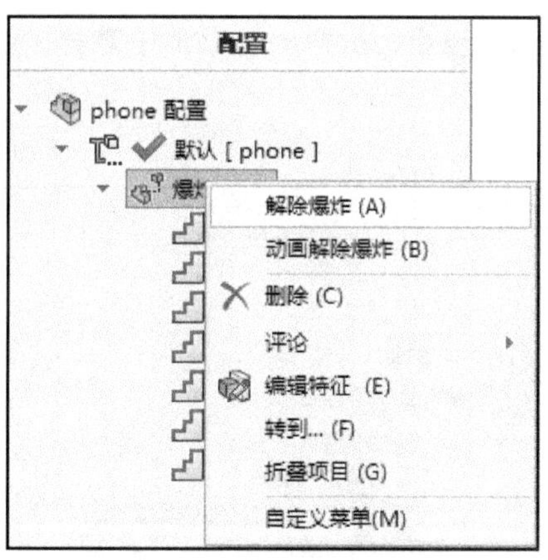

图 1-193　解除爆炸

在“设计树”中，右键单击“爆炸视图 1”，选择“动画解除爆炸”，如图 1-193 所示，则可以动画的方式显示爆炸过程。

(3) 恢复爆炸视图。在“设计树”中，双击“爆炸视图 1”，则装配恢复爆炸状态。

三、知识拓展

1. 自动间距爆炸零部件

(1) 在“设计树”或图形窗口中，选择两个或更多零部件。

(2) 在“爆炸”属性管理器中，选择“拖动时自动调整零部件间距”，如图 1-194 所示。

(3) 拖动三重轴的臂杆来爆炸零部件，在零部件间保持等间距，如图 1-195 所示。

图 1-194　“爆炸”属性管理器

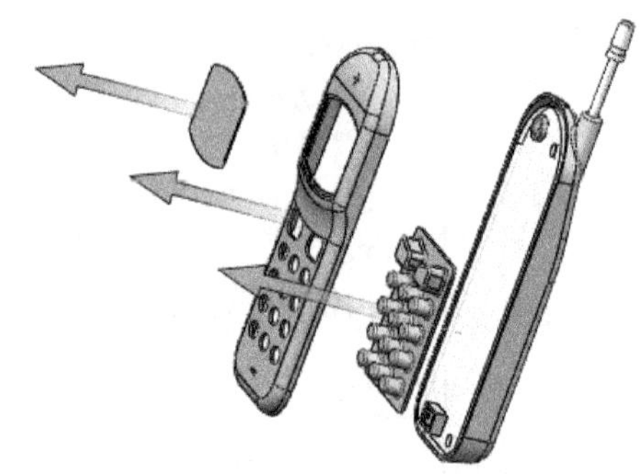

图 1-195　自动间距爆炸零部件

2. 编辑爆炸步骤

(1) 右键单击“爆炸步骤 1”按钮，从弹出的菜单中选择“编辑爆炸步骤”，如图 1-196 所示。

(2) 拖动“控标”移动零件。

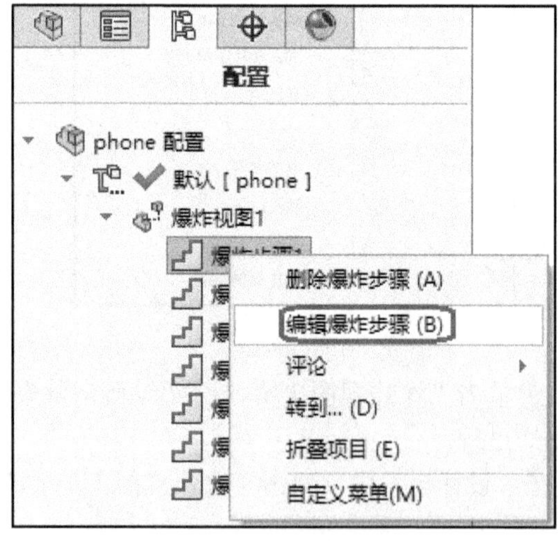

图 1-196　编辑爆炸步骤

3. 删除爆炸

右键单击“爆炸步骤 1”按钮，从弹出的菜单中选择“删除爆炸步骤”。

模块三　零件的工程图

SOLIDWORKS 可以根据 3D 模型创建工程图，从而将 3D 模型的尺寸、注释等信息直接传递到绘图页面上的视图中。

目前，虽然世界上各国都采用正投影原理表达机件结构，但具体的投影方法不同，如德国、俄罗斯和中国采用第一角画法，而美国、日本等国家采用第三角画法。下面将以我国使用的第一角投影法介绍工程图的创建。国家在《技术制图与机械制图》标准中规定的视图通常包含有基本视图、向视图、局部视图和斜视图。SOLIDWORK 有多种视图，其中包括：模型视图、投影视图、辅助视图、剖面视图和局部视图等。该模块包括 4 个任务，分别是创建听筒零件的工程图、创建天线零件的工程图、创建 PC 板零件的工程图、创建玩具手提电话的工程图。

任务一　创建听筒零件的工程图

任务一(earpiece 工程图)

一、任务分析

听筒零件的工程图如图 1-197 所示，其中包括三个视图：主视图、俯视图和模型视图，其中俯视图采用全剖。

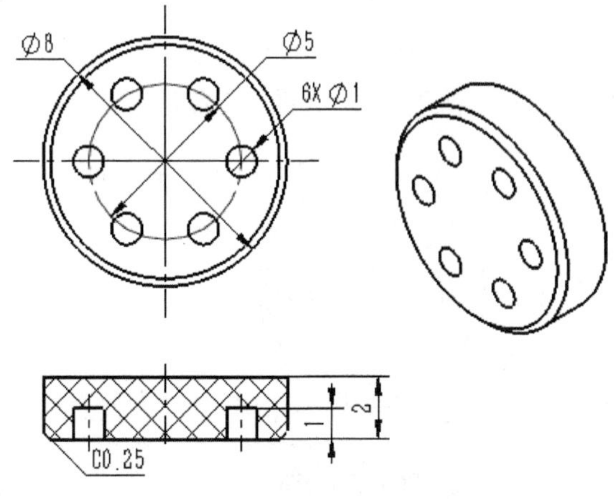

图 1-197　听筒零件的工程图

二、任务实施

(1) 新建 A4 图纸文件。单击“ ”按钮，创建国标模板的 A4 图纸。如图 1-198 所示。

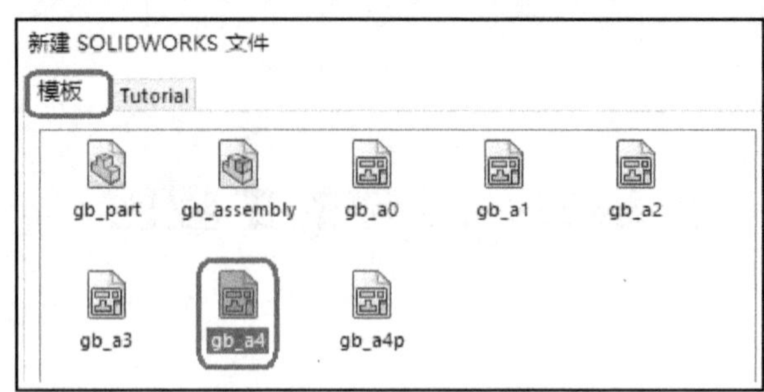

图 1-198　新建 A4 图纸文件

(2) 保存文件，文件名为“earpiece.slddrw”。

(3) 创建主视图。

① 在“视图布局”工具栏中，单击“模型视图”按钮。

② 在“模型视图”视图管理器中，单击“浏览(B)...”，打开文件“earpiece.sldprt”，参照图 1-199 对视图的“方向”(图(b))以及“显示样式”“比例”(图(c))进行设置。

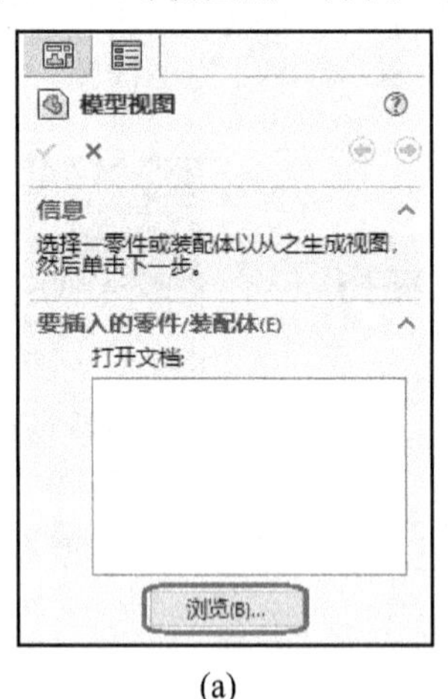

(a)

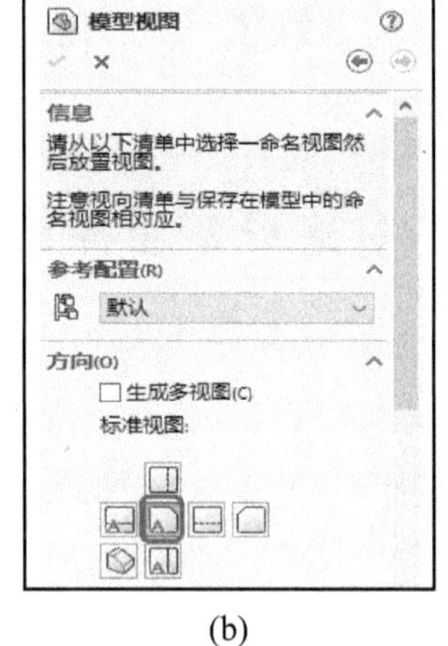

(b)

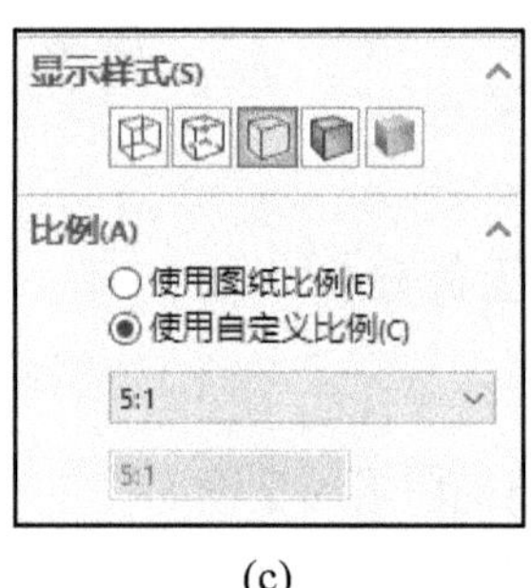

(c)

图 1-199　“模型视图”属性管理器

③ 在图纸的合适位置单击放置“前视图”，如图 1-200 所示。

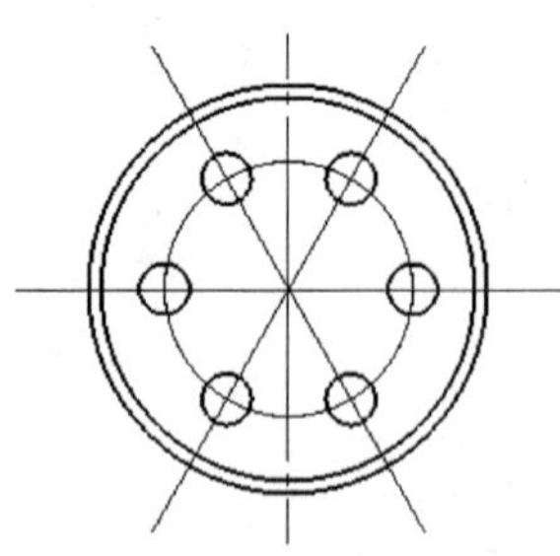

图 1-200　前视图

(4) 全剖俯视图。

① 在“视图布局”工具栏中，单击“剖面视图辅助”按钮。如图 1-201 所示。

② 在“剖面视图辅助”属性管理器中选择“切割线”，然后单击“前视图”的中心作为剖切位置。如图 1-202 所示。

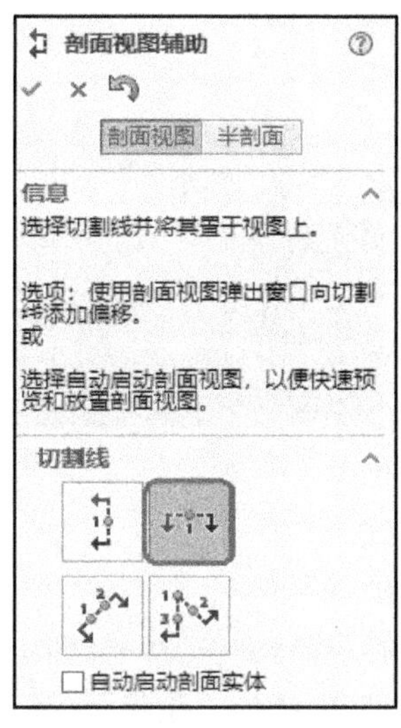

图 1-201　“剖面视图辅助”属性管理器

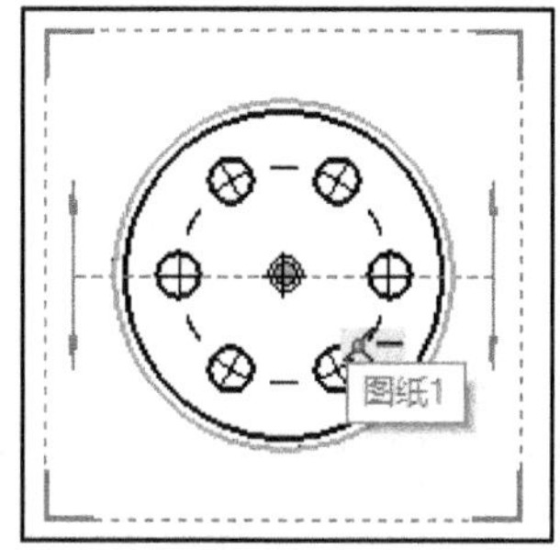

图 1-202　剖切位置

③ 在如图 1-203 所示的属性管理器中，设置剖切视图的名称为“A”。

④ 在图纸合适位置单击放置剖切视图，如图 1-204 所示。

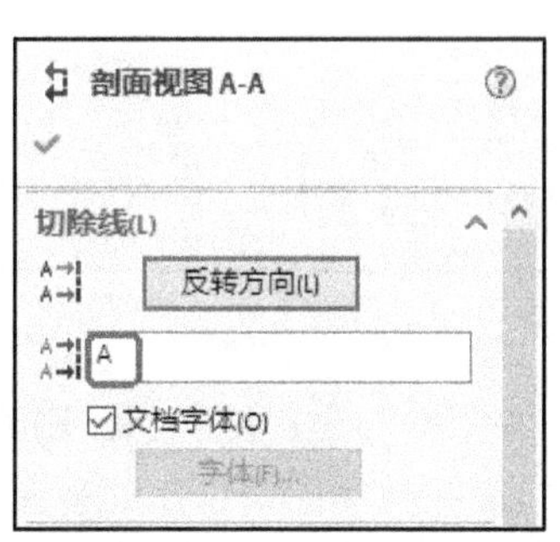

图 1-203　剖面视图 A-A

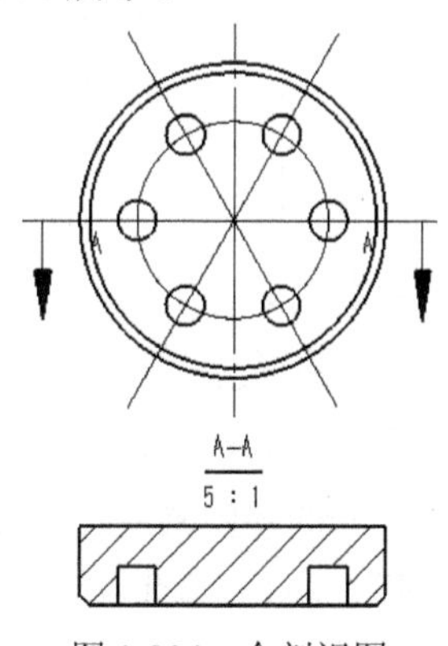

图 1-204　全剖视图

(5) 创建三维模型视图。

① 在“视图布局”工具栏中，单击“模型视图”按钮。

② 在如图 1-205 所示的属性管理器中，双击“打开文档”中的零件“earpiece”。

③ 在图 1-205 中，选择“”视图，比例是“5∶1”。

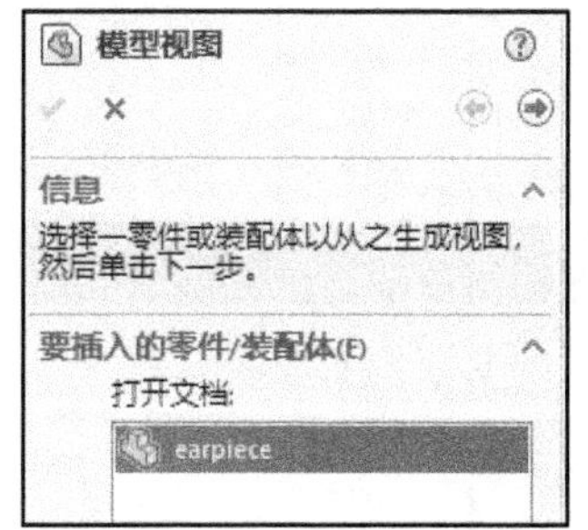

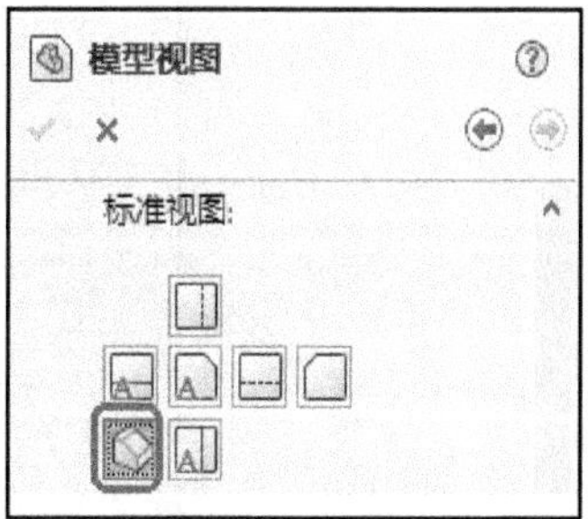

图 1-205　“模型视图”属性管理器

④ 在图纸中的合适位置放置视图，如图 1-206 所示。

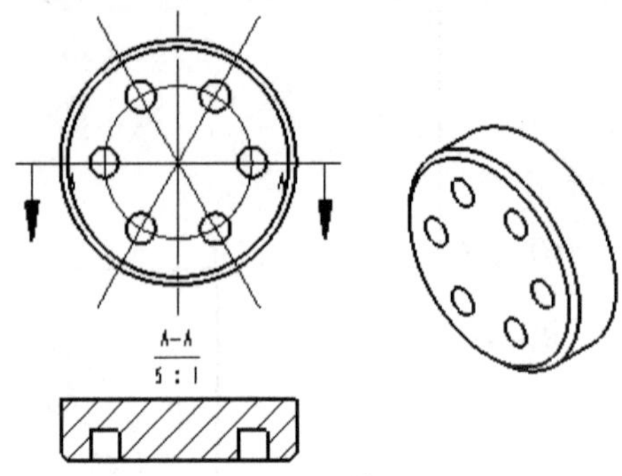

图 1-206　三维模型视图

(6) 视图的编辑。

① 视图比例、显示样式修改。双击视图，在视图管理器中设置，如图 1-207 所示。

② 绘图视图的删除。右键单击视图，从弹出的菜单中选择“删除”，或直接按键盘上的“Delete”键，此视图被删除，如图 1-208 所示。

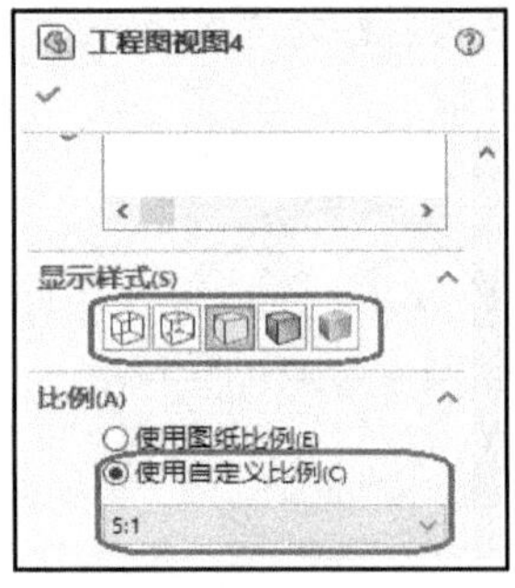

图 1-207　视图的编辑

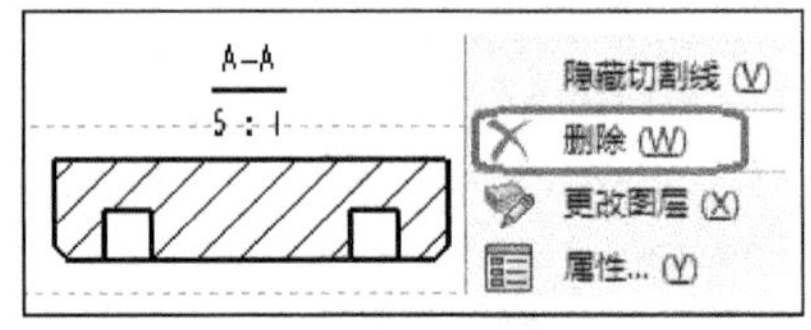

图 1-208　视图删除

注意：如果选取的视图具有投影视图，则投影视图会与该视图一起被删除。

③ 绘图视图的移动。先选取要移动的视图，然后按住视图边框拖动视图。

④ 剖面线的编辑。双击剖面线，弹出“区域剖面线”的属性管理器，参考图 1-209 进行设置。

图 1-209　“区域剖面线”的属性管理器

(7) 中心线。

① 在“注解”工具栏，先单击“中心线”按钮，如图 1-210 所示；然后单击剖视图，则显示中心线，或者单击孔或圆柱的两条边创建中心线。

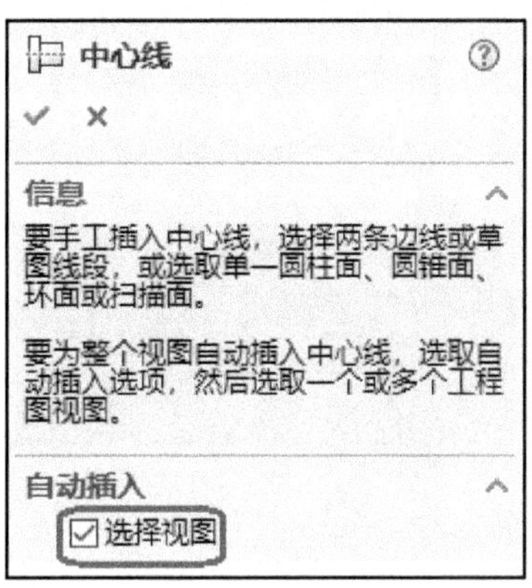

图 1-210　中心线

② 双击前视图的中心线，参考图 1-211 设置“中心符号线”的属性管理器。编辑及添加的中心线及中心符号线如图 1-212 所示。

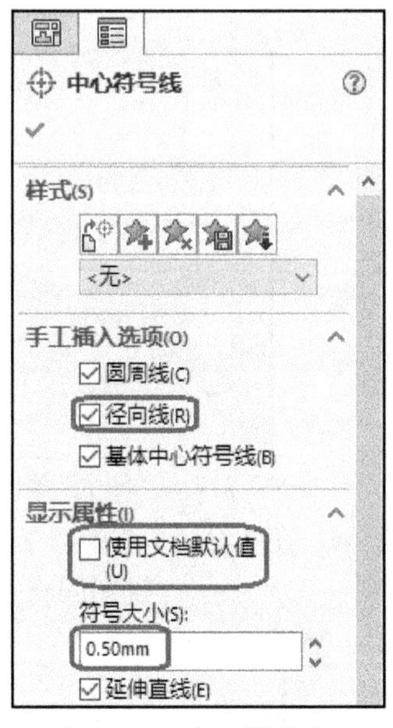

图 1-211　中心符号线

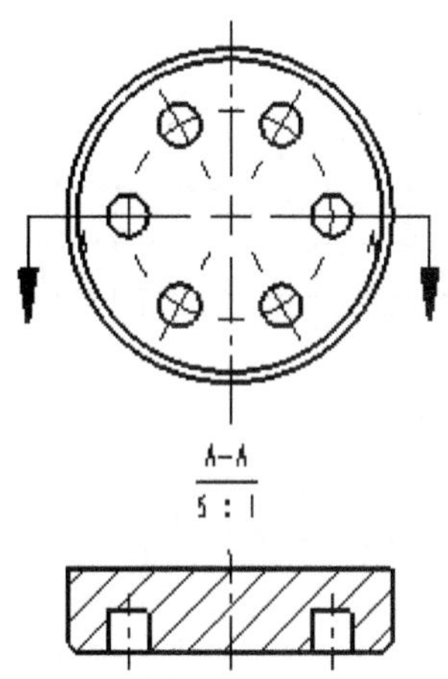

图 1-212　中心线及中心符号线

(8) 尺寸标注。

① 在工具栏中，先单击“注解”→“模型项目”，参考图 1-213 进行设置；然后在窗口中选择“前视图”和“剖视图”，则尺寸自动标注，如图 1-214 所示。

② 右键单击尺寸“45°”和“0.25”，从弹出的菜单中选择“隐藏”。

注意：隐藏尺寸只是使尺寸从视图中消失，但不会将其从模型中删除。

③ 在“注解”工具栏中，单击“智能尺寸”→“倒角尺寸”，选择如图 1-215 所示的两条边标注倒角尺寸。

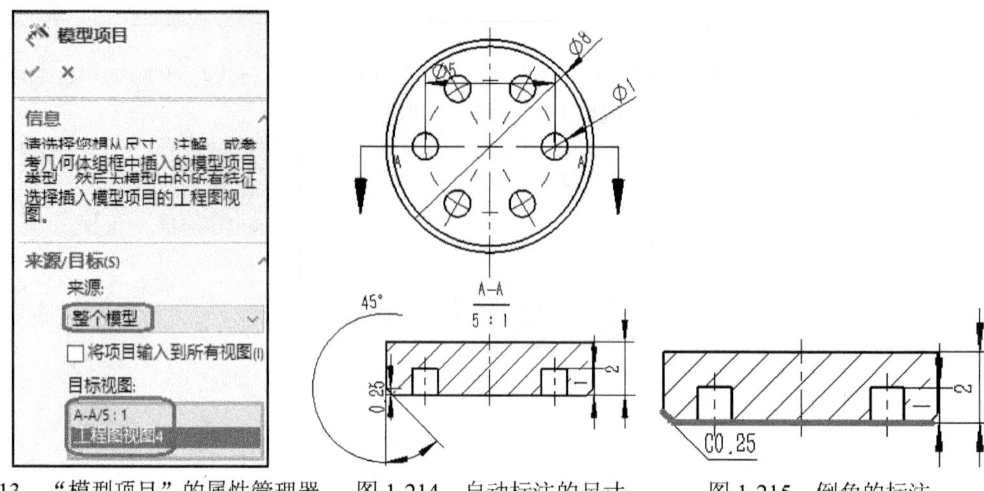

图 1-213　“模型项目”的属性管理器　图 1-214　自动标注的尺寸　图 1-215　倒角的标注

(9) 尺寸的编辑。

① 尺寸位置的移动。单击尺寸并拖动。

② 更改尺寸箭头方向。双击尺寸，然后单击尺寸端的小圆点，如图 1-216 所示。

③ 尺寸属性的编辑。双击尺寸“Ø1”，在“尺寸”属性管理框的“标注尺寸文字”中，在尺寸前面添加“6X”，如图 1-217 所示。

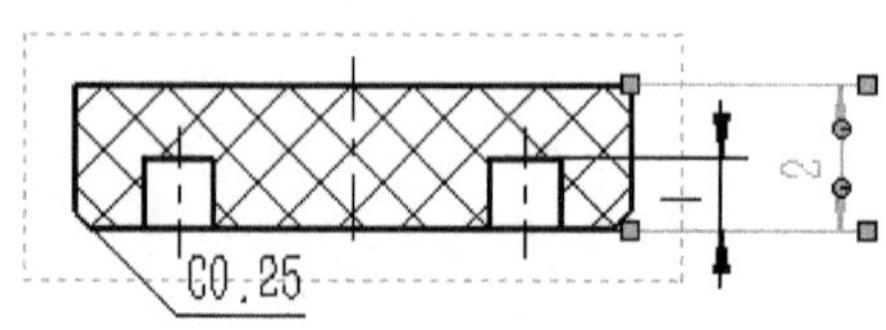

图 1-216　尺寸箭头方向的修改

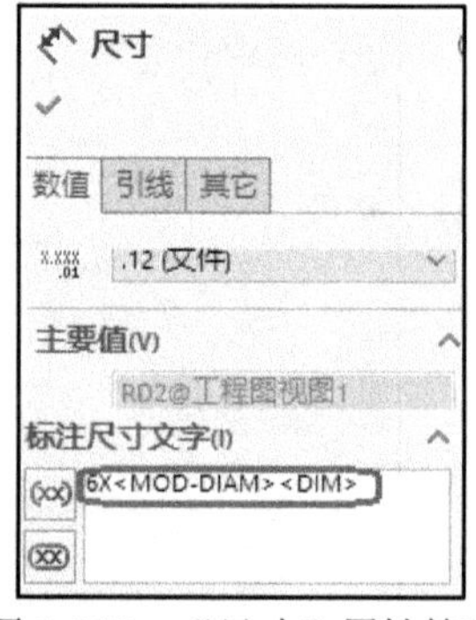

图 1-217　“尺寸”属性管理器

(10) 隐藏切割线。零件呈对称状态，切割线可以隐藏。在“设计树”中，右键单击“切割线 A-A”，从弹出的菜单中选择“隐藏切割线”，如图 1-218 所示。视图编辑修改完后，如图 1-197 所示。

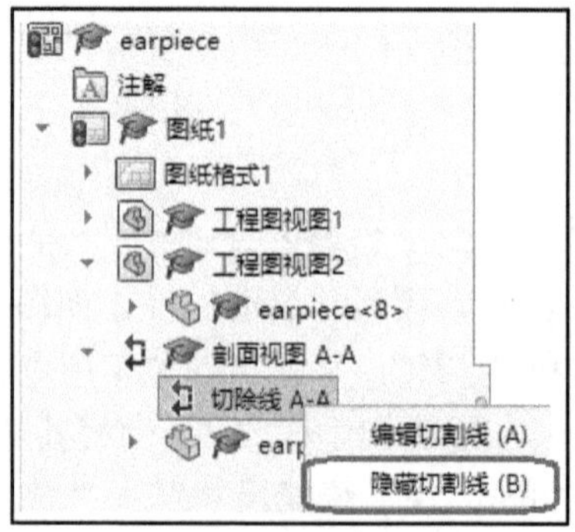

图 1-218　隐藏切割线

三、知识拓展

1. 创建标准三视图

在工具栏中，单击“视图布局”→“标准三视图”，在“标准三视图”属性管理器中，单击“浏览(B)...”按钮，打开文件。

2. 快捷更改图纸比例

在状态栏中，单击图纸比例，然后选择比例，如图 1-219 所示。

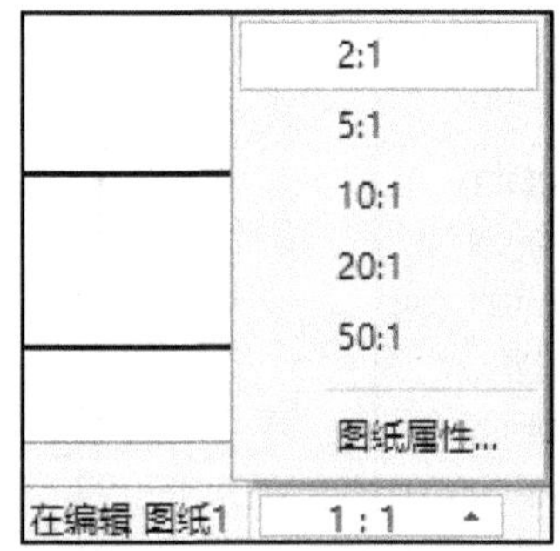

图 1-219　图纸比例

任务二(antenna 工程图)

任务二　创建天线零件的工程图

一、任务分析

天线零件的工程图如图 1-220 所示，其中包括三个视图：主视图、局部放大图和轴测图。

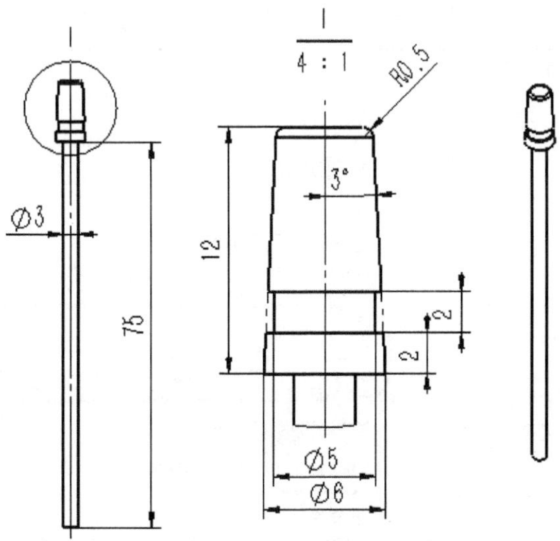

图 1-220　天线零件的工程图

二、任务实施

(1) 新建工程图文件“antenna.slddrw”。以国标 A4 为图纸模板。

(2) 图纸属性编辑。在“设计树”中，右键单击“图纸格式 1”，从弹出的菜单中选择“属性”。在弹出的“工程图视图属性”中，可以编辑图纸的模板、比例、视角等。图纸属性的编辑如图 1-221 所示。

(3) 创建前视图和轴测图。在工具栏中，单击“视图布局”→“模型视图”，分别创建“前视图”和“轴测图”，如图 1-222 所示。

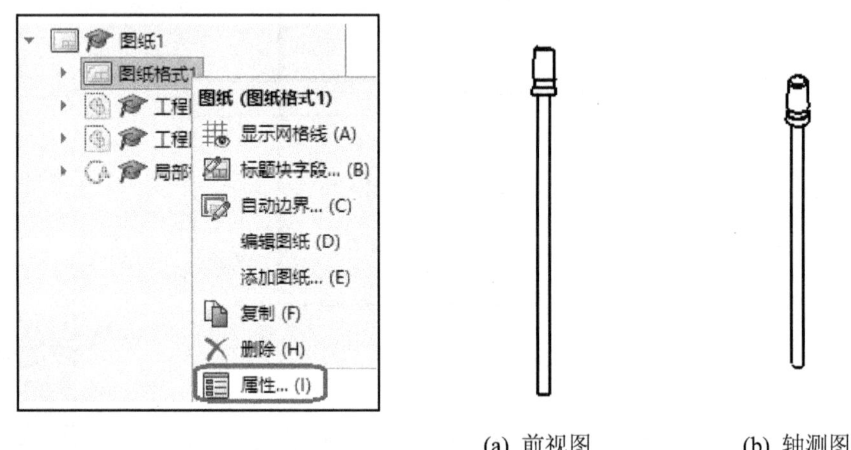

(a) 前视图　　(b) 轴测图

图 1-221　图纸属性的编辑　　图 1-222　两个视图

(4) 局部视图的标注字体及大小设置。在窗口顶部的菜单中，单击“工具”→“选项”，或单击工具“⚙”按钮。

(5) 创建局部视图。局部视图即局部放大图。局部放大图是指在另一个视图中放大显示模型的其中一小部分视图。

① 如图 1-223 所示，在工具栏中单击“视图”→“局部视图”。

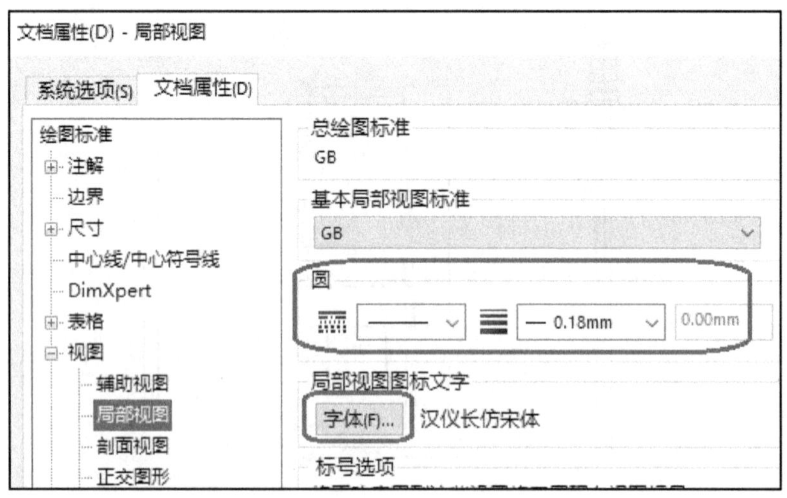

图 1-223　局部视图标准的设置

② 先在“前视图”中，绘制一个圆，然后在图纸合适位置单击放置局部视图，如图 1-224 所示。

③ 双击“局部视图”，在其属性管理器中设置比例及其它选项，如图 1-225 所示。

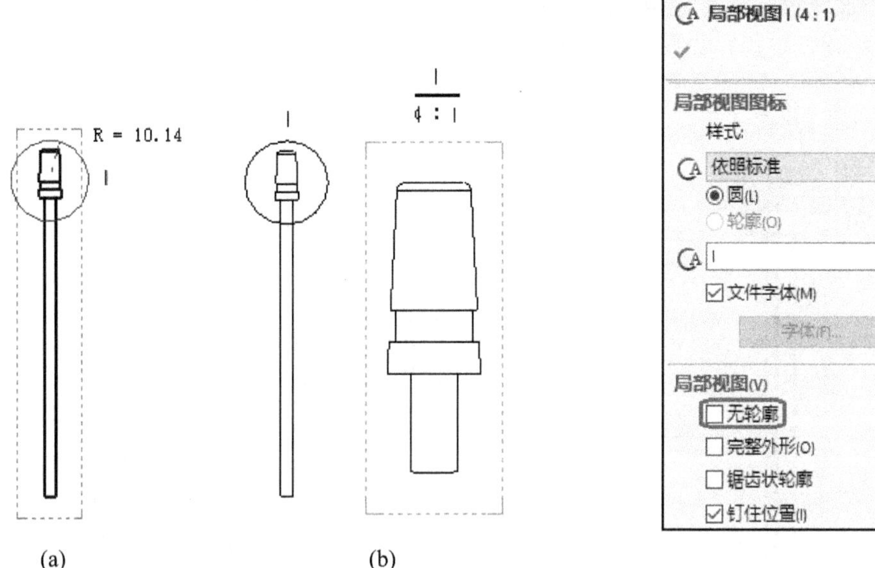

(a)　(b)

图 1-224　局部视图　　图 1-225　“局部视图”的属性管理器

(6) 尺寸标注的字体和箭头的大小设置。在窗口顶部的菜单中，单击“工具”→“选项”，或单击工具按钮“⚙”。在如图 1-226 所示的对话框中，设置尺寸的字体、箭头的大小、各种尺寸的标注形式等。

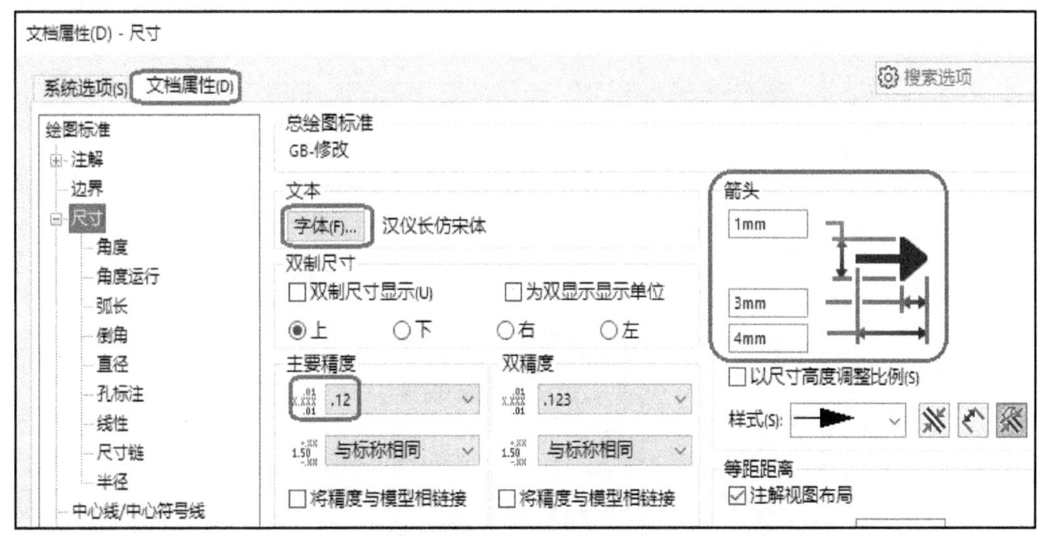

图 1-226　“文档属性”对话框

(7) 显示中心线。在工具栏中，单击“注解”→“中心线”，选择圆柱的两条投影边创建中心线。

(8) 尺寸标注。

① 在工具栏中，单击“注解”→“模型项目”，在窗口中选择“前视图”进行尺寸自动标注，如图 1-227 所示，尺寸堆叠在一起，看不清楚，需要通过拖动或移动到另外一个视图来调整尺寸。

② 把一部分尺寸从前视图，拖动到局部视图。按住“Shift”键，拖动尺寸从前视图到局部视图，拖动调整后，如图 1-228 所示。

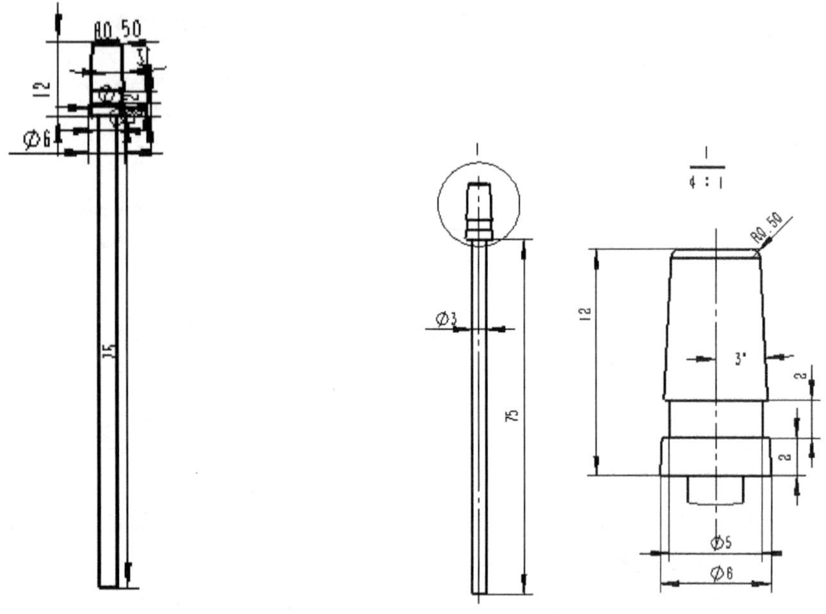

图 1-227　自动标注的尺寸　　　　图 1-228　调整后的尺寸

③ 角度尺寸标注的设置。在窗口顶部的菜单中，单击“工具”→“选项”，或单击工具“”按钮，按图 1-229 进行设置。

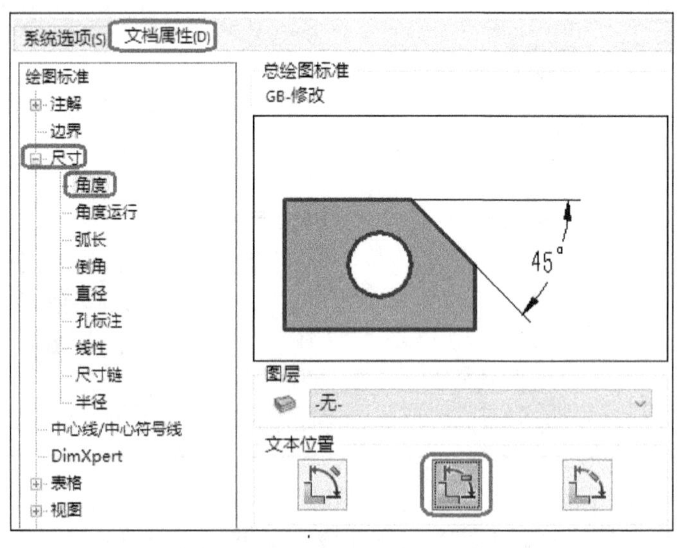

图 1-229　角度尺寸标注的设置

三、知识拓展

1. 局部视图编辑

(1) 在“设计树”中，右键单击“局部视图 I (4 : 1)”按钮，从弹出的菜单中选择“编辑特征”。

(2) 在“局部视图 I (4 : 1)”属性管理器中，设置“局部视图”选项。

① 勾选“完整外形”选项，如图 1-230(a)所示。

② 勾选“锯齿形轮廓”选项，如图 1-230(b)所示。

③ 勾选“钉住位置”选项。更改视图比例时，固定局部视图，使局部视图在工程图图纸上保留在同一相对位置。

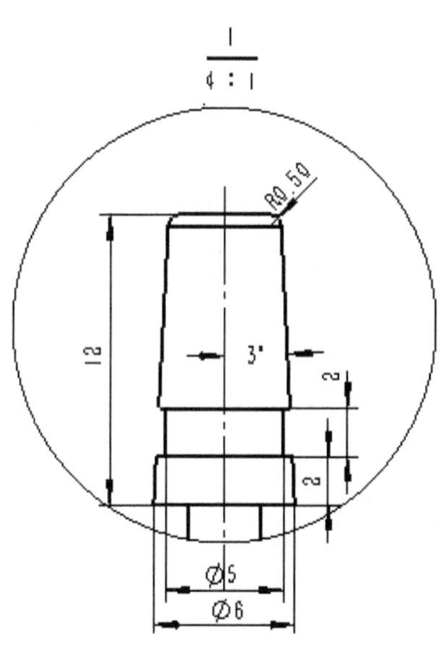

(a) “完整外形”选项

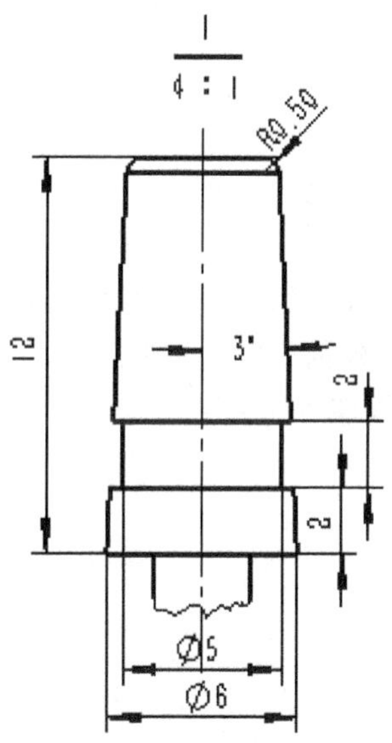

(b) “锯齿形轮廓”选项

图 1-230　局部视图的不同设置

2. 改变轮廓的位置或大小

当鼠标位于局部圆轮廓上时，鼠标形状会变成“ ”，拖动圆，改变局部区域的大小，或拖动中心点改变位置，局部视图随轮廓的更改而更改。

任务三　创建 PC 板零件的工程图

任务三(PCboard 工程图)

一、任务分析

PC 板零件的工程图如图 1-231 所示，其中包括三个视图：主视图、左视图、模型视图，左视图采用局部剖。

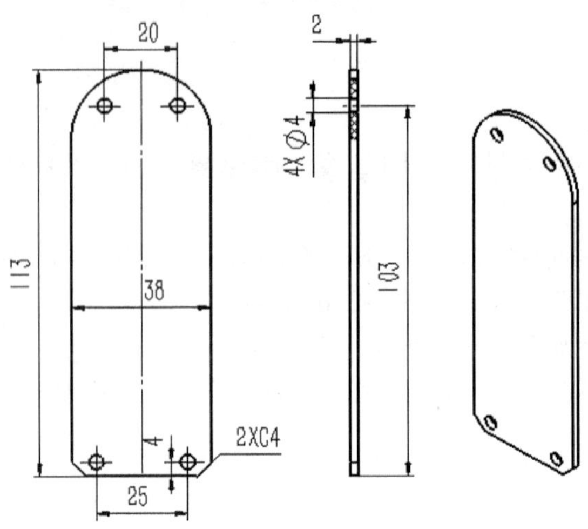

图 1-231　PC 板零件工程图

二、任务实施

(1) 新建工程图文件“PCboard.slddrw”。以国标 A4 为图纸模板创建工程图文件。

(2) 创建前视图、左视图和轴测视图。在“视图布局”工具栏中，单击“模型视图”按钮，先创建“前视图”，然后鼠标向右拖动创建“左视图”，最后创建“轴测视图”，如图 1-232 所示。

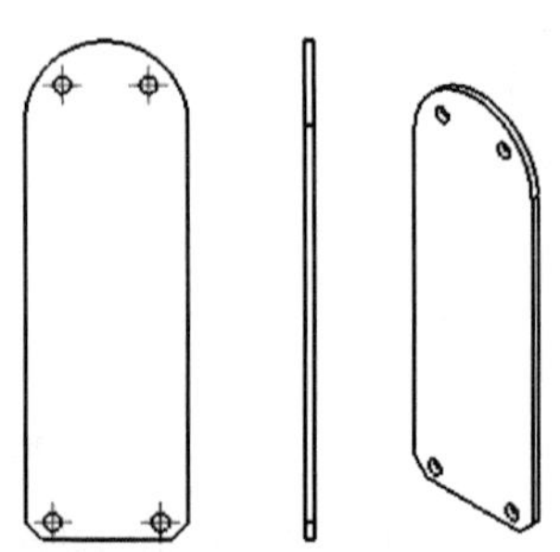

图 1-232　三个视图

(3) 设置视图切边不显示。右键单击“左视图”，按图 1-233 进行设置。

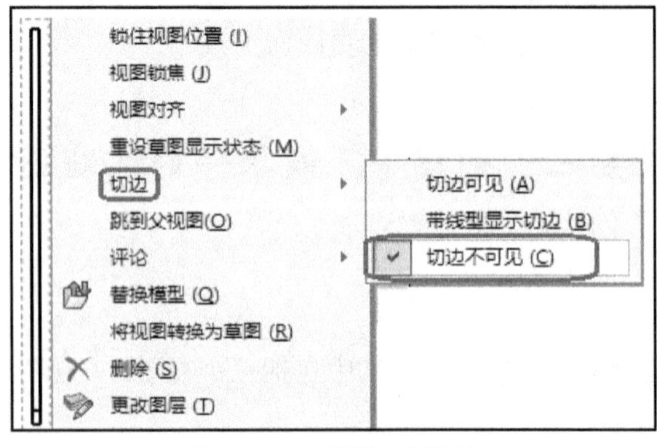

图 1-233　视图切边设置

(4) 创建断开的剖视图。

① 在工具栏中，单击“视图布局”→“断开的剖视图”。

② 在左视图的剖切区域绘制一条封闭的样条曲线，然后单击“前视图”右侧的圆作为剖切位置，如图 1-234 所示。

③ 单击“断开的剖视图”属性管理器中的“✔”按钮，断开的剖视图如图 1-235 所示。

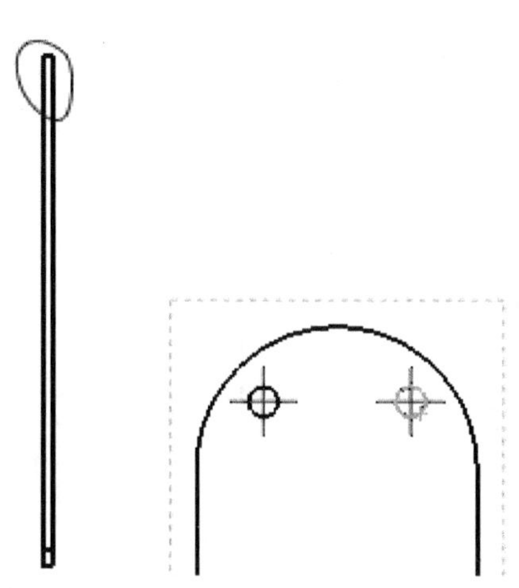

图 1-234　剖切区域中心点及剖切区域

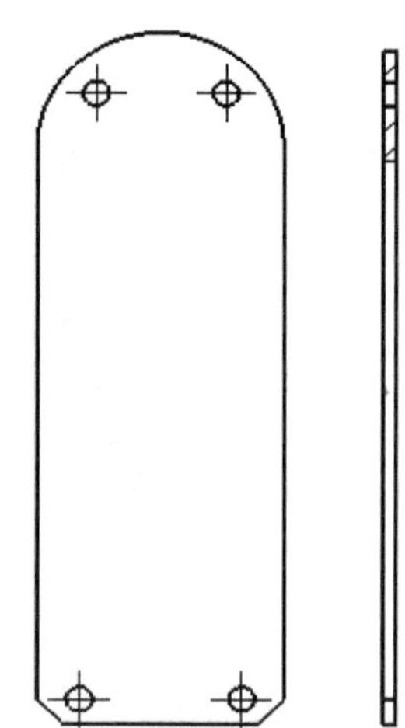

图 1-235　断开的剖视图

④ 双击剖面线，剖面线的类型修改为“ISO Plastic”，剖面线图样比例设为“3”。

(5) 显示中心线。在“注解”工具栏中，先单击“中心线”按钮，选择如图 1-236 所示的两条边，创建中心线；然后单击中心线，拖动线条边缘的方框，调整中心线长度。

(6) 标注尺寸。在“注解”工具栏中，单击“智能尺寸”按钮，参照图 1-237 进行尺寸标注，或者单击“注解”→“模型项目”，选择前视图和左视图，进行自动尺寸标注。

图 1-236　中心线

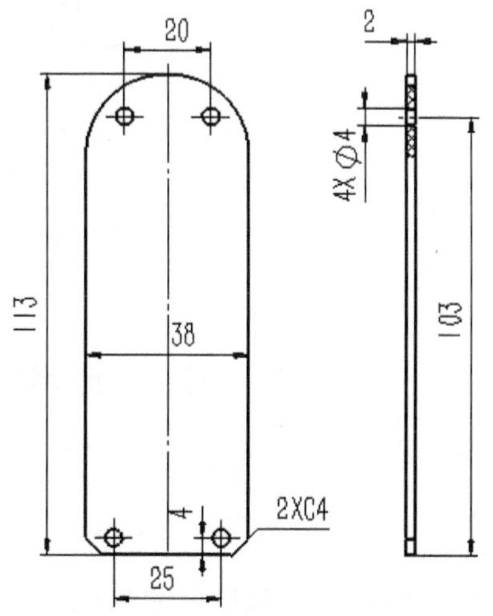

图 1-237　尺寸标注好的视图

三、知识拓展

1. 编辑断开剖视图的剖切位置

(1) 在“设计树”中，右键单击“断开的剖视图 1”，从弹出的菜单中选择“编辑定义”，如图 1-238 所示。

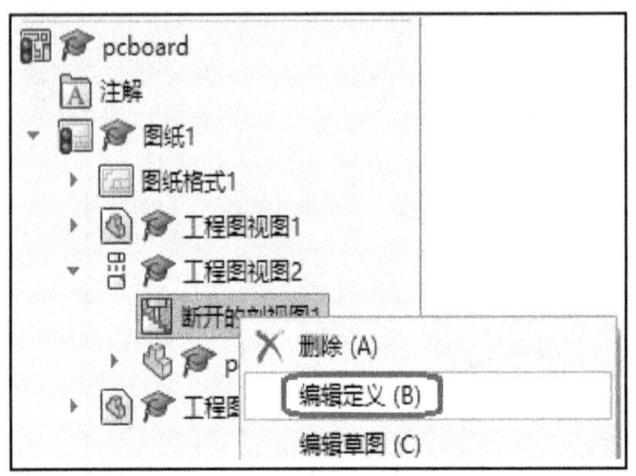

图 1-238　工程图的“设计树”

(2) 在“断开的剖视图”的属性管理器中，重新选择“剖切深度”。

2. 编辑断开剖视图的草图

(1) 在“设计树”中，右键单击“断开的剖视图 1”，从弹出的菜单中选择“编辑草图”。

(2) 如图 1-239 所示剖切草图，拖动样条曲线。

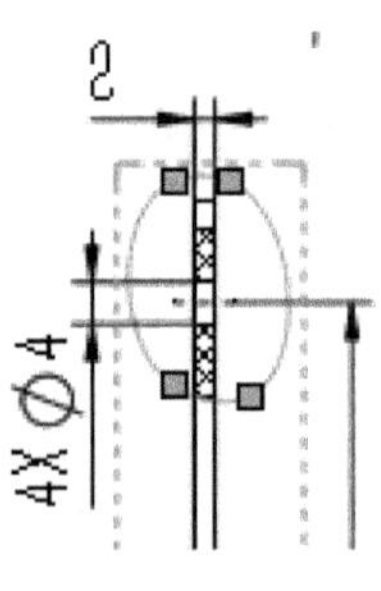

图 1-239　剖切草图

任务四　创建玩具手提电话的工程图

任务四(装配体工程图)

一、任务分析

如图 1-240 所示，该图是装配体的工程图，装配工程图中包括视图、明细栏和零件序号。

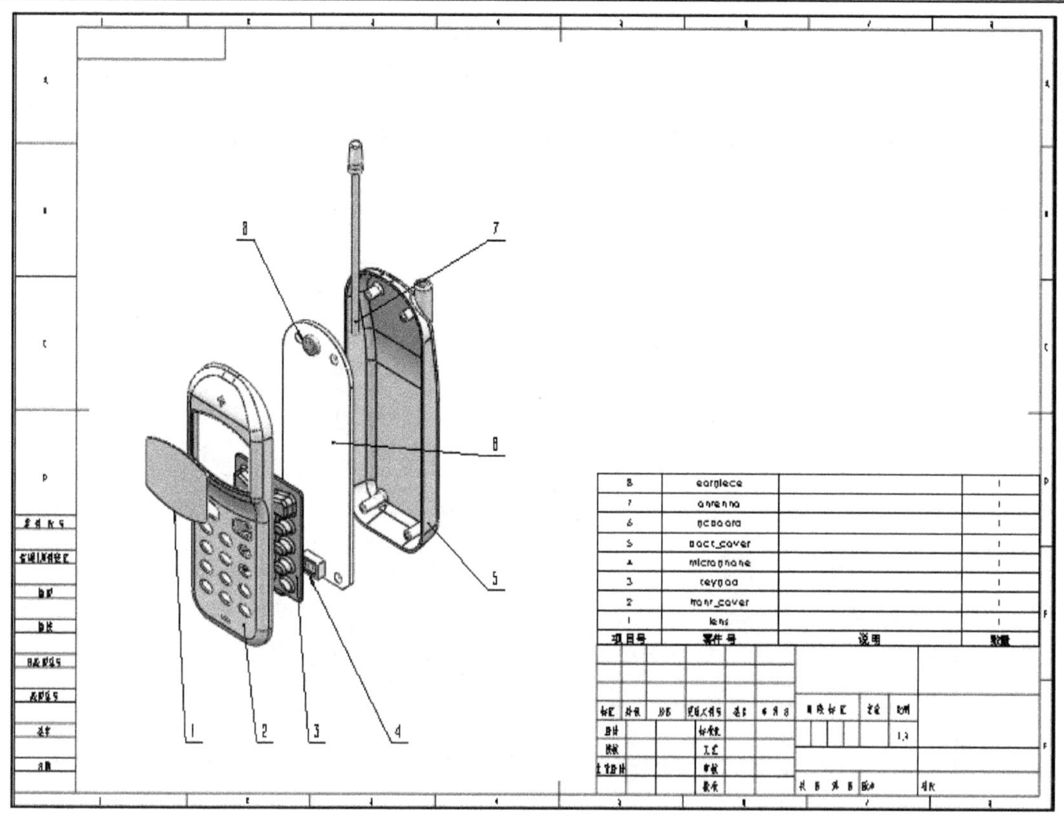

图 1-240　装配体的工程图

二、任务实施

(1) 打开文件“phone.sldprt”。

(2) 新建工程图文件。如图 1-241 所示，创建文件，模板选择“gb-a3”。

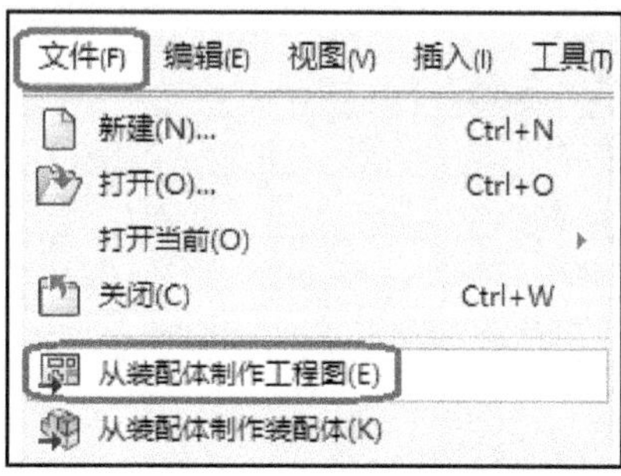

图 1-241　“文件”菜单

(3) 创建视图。

从“视图调色板”中拖动“爆炸等轴测”到图纸窗口，如图 1-242 所示。

(4) 创建明细栏。

① 单击菜单“插入”→“表格”→“材料明细表”，或在工具栏中，单击“表格”→“材料明细表”。

② 选择视图，先参考图 1-243 设置“材料明细表”属性管理器的各个选项，然后单击“✔”按钮。

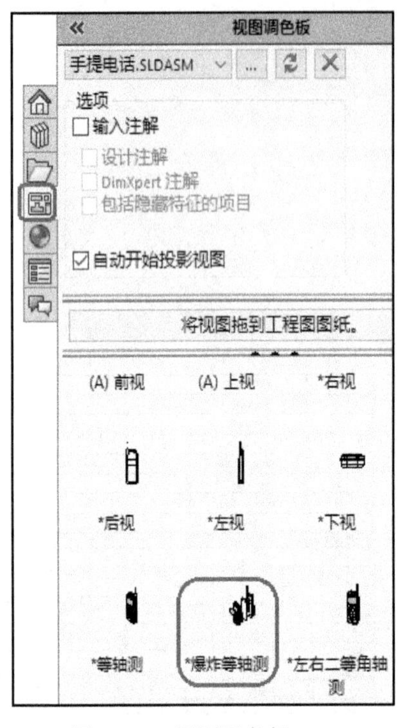

图 1-242　视图调色板

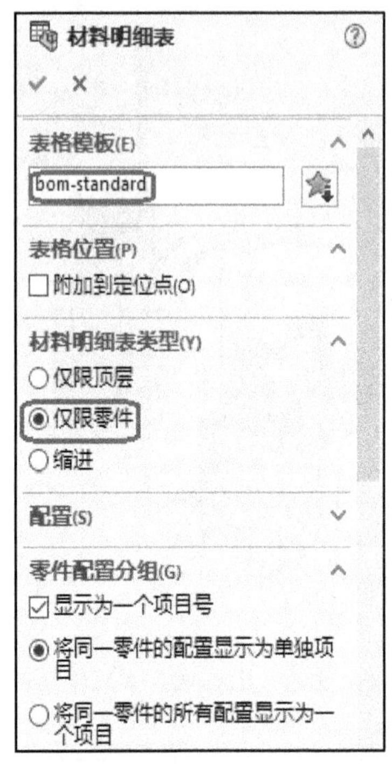

图 1-243　“材料明细表”的属性管理器

③ 在图纸窗口单击放置材料明细表。

④ 单击标题栏，弹出图 1-244 所示的工具按钮，单击“▦”按钮，使标题在下面。

A	B	C	D
项目号	零件号	说明	数量
1	lens		1
2	earpiece		1
3	front_cover		1
4	keypad		1
5	microphone		1
6	antenna		1
7	pcboard		1
8	back_cover		1

图 1-244　材料明细表

(5) 创建零件序号。

① 在“注解”工具栏中，单击“自动零件序号”按钮。

② 单击选择“轴测视图”。

③ 参考图 1-245 对属性管理器中的选项进行设置，然后单击“✔”按钮。

④ 调整零件序号的位置。单击序号，拖动“矩形”光标到合适位置，如图 1-246 所示。

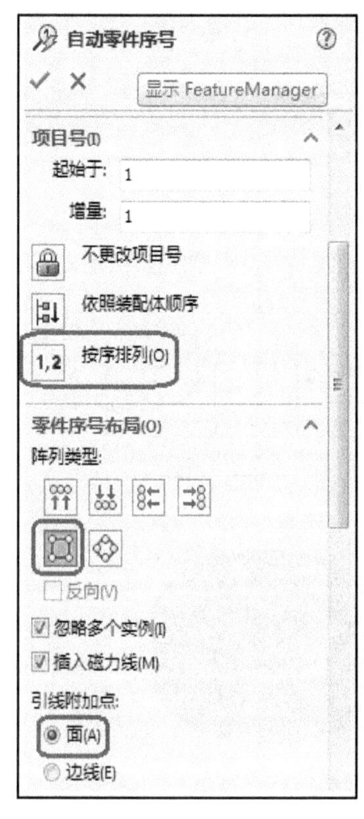

图 1-245　自动零件序号

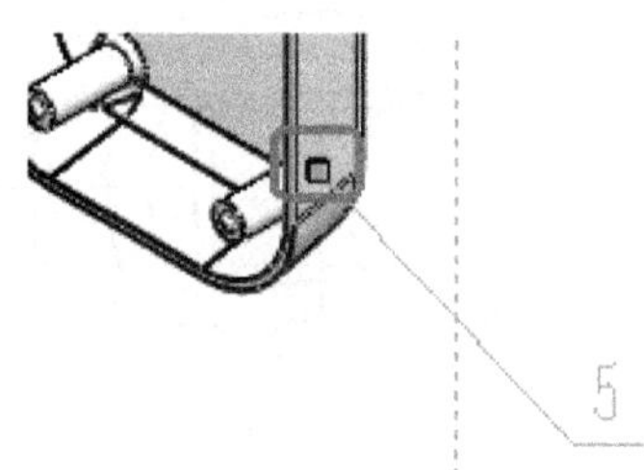

图 1-246　零件序号的位置调整

⑤ 调整零件序号的字体大小。单击菜单“工具”→“选项”，或单击“ ”按钮，按图 1-247 所示进行设置。

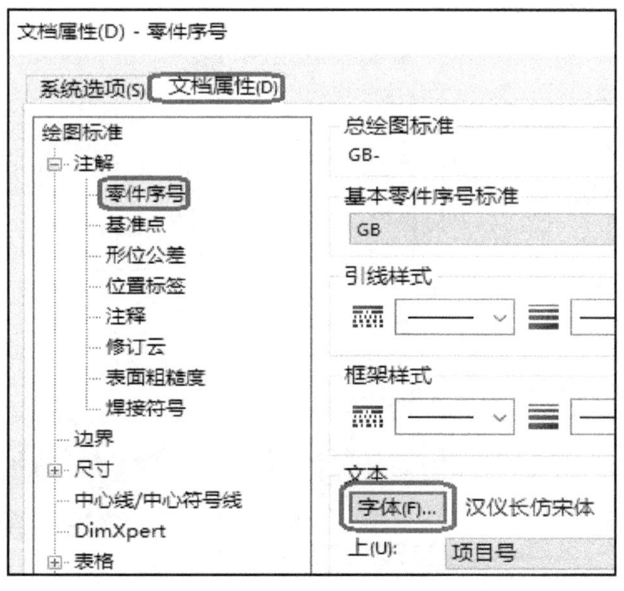

图 1-247　零件序号字体大小设置

拓 展 练 习 一

1. 利用拉伸建立如图1-248所示的实体模型，并创建工程图，模型的体积是23 229.46 mm^3。

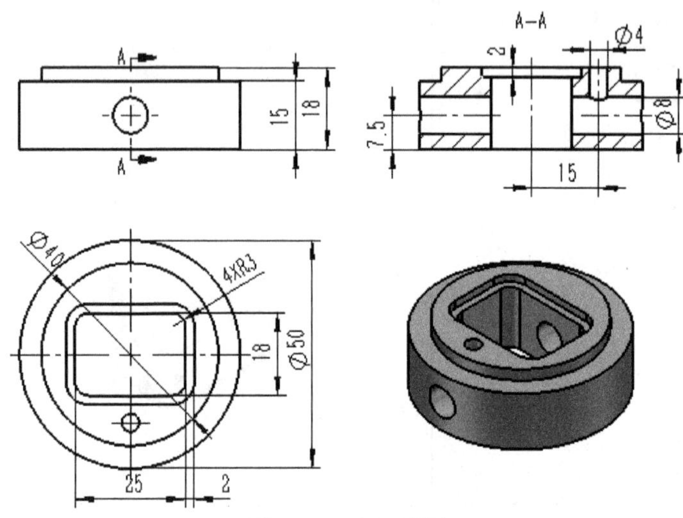

图 1-248　题 1 附图

2. 利用拉伸、孔特征建立如图 1-249 所示的实体模型。

参数：A = 126　B = 19　C = 87　D = 5　E = 91　F = 106　T = 3.8

模型的体积是：103 350.43 mm^3。

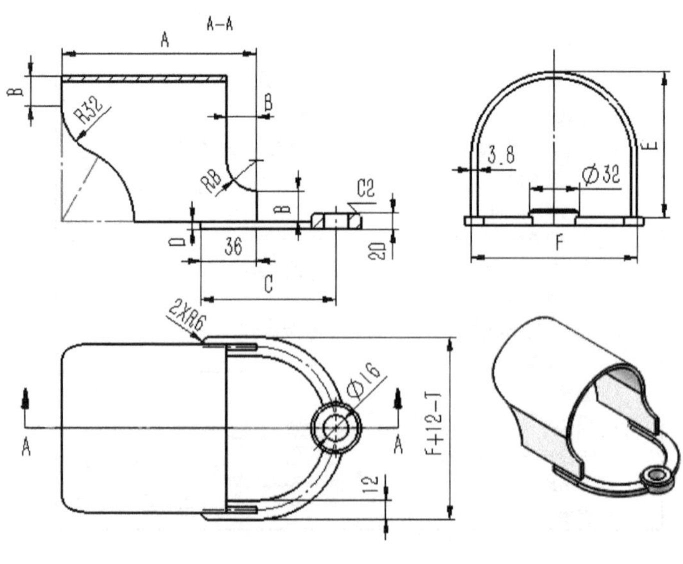

图 1-249　题 2 附图

3. 利用带拔模斜度的拉伸、圆周阵列等特征建立如图 1-250 所示的实体模型。

参数：A = 120　B = 60　C = 36　D = 40　E = 80　F = 8　H = 65

模型的体积是：760 773.06 mm^3。

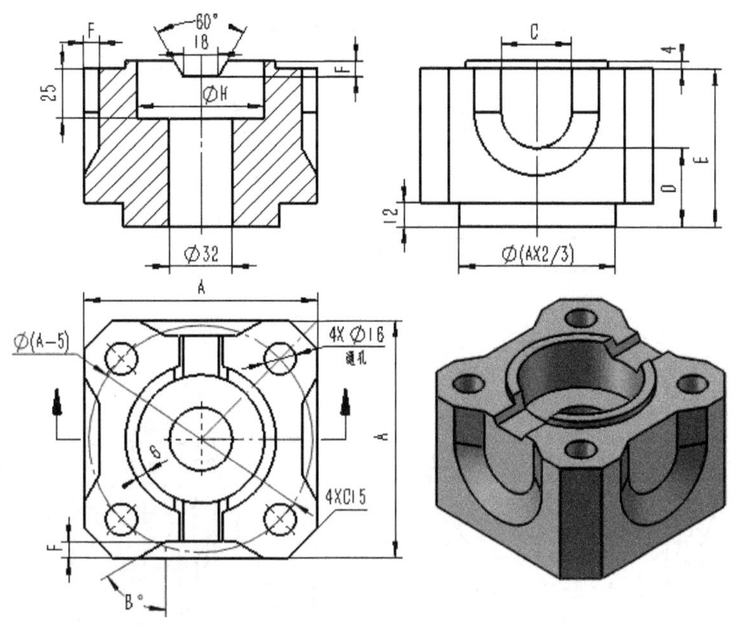

图 1-250　题 3 附图

4. 利用拉伸、旋转、圆周阵列等特征建立如图 1-251 所示的实体模型。

要求：(1) 测量模型的体积(114 717.02 mm^3)；(2) 创建零件的工程图。

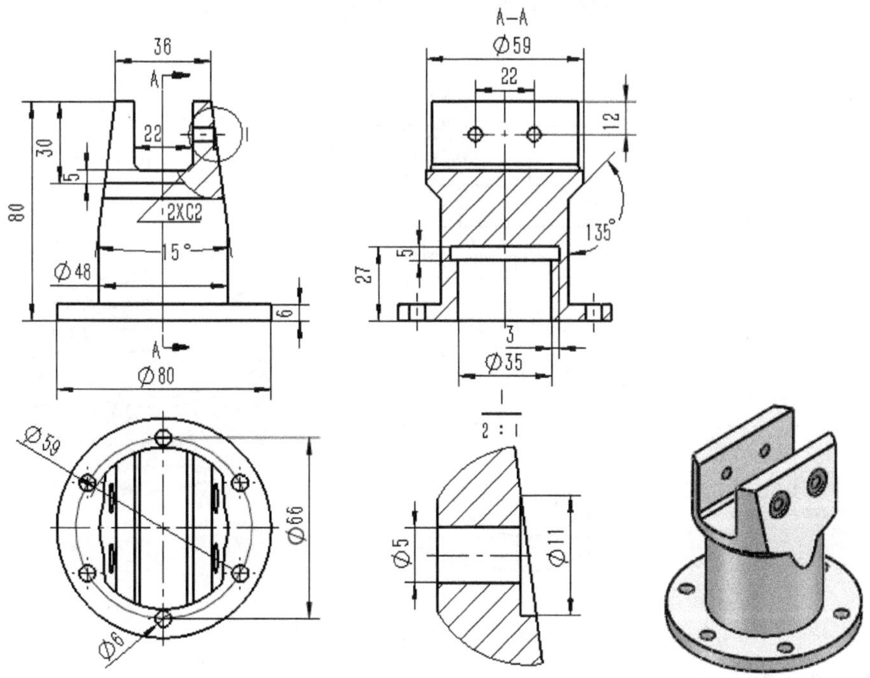

图 1-251　题 4 附图

5. 利用拉伸、旋转、阵列等特征建立如图 1-252 所示的实体模型，模型的体积是 201 786.03 mm^3。

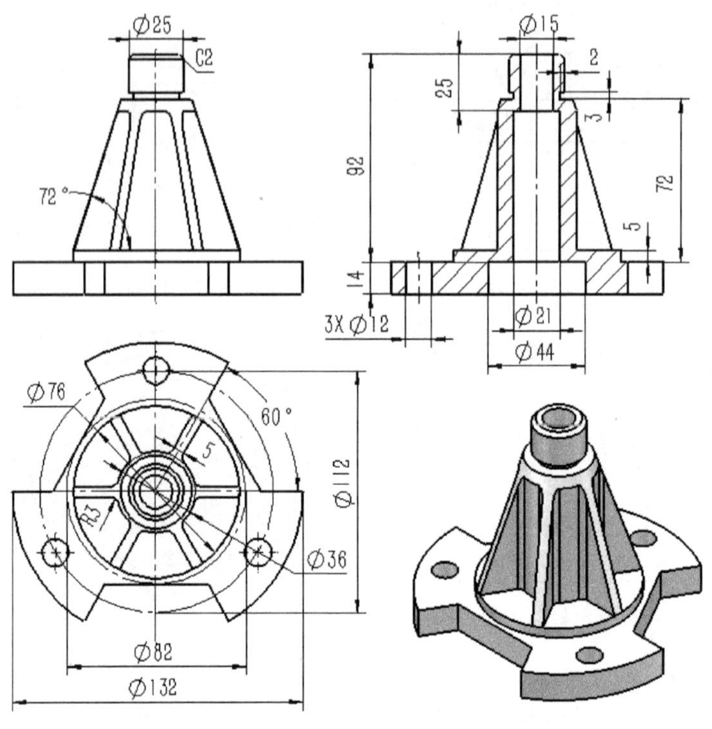

图 1-252　题 5 附图

6. 利用拉伸、旋转和阵列等特征建立如图 1-253 所示的实体模型，模型的体积是 226 436.97 mm^3。

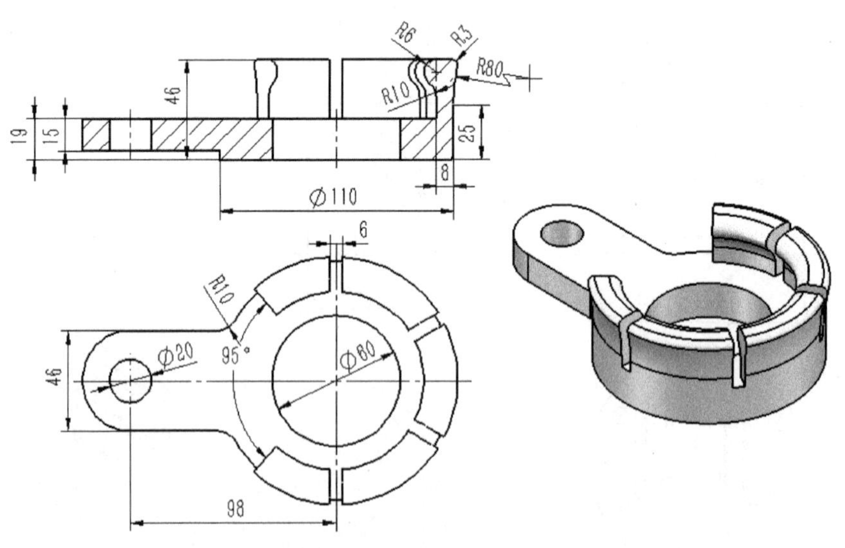

图 1-253　题 6 附图

7. 根据图 1-254，利用旋转特征建立实体模型，模型的体积是 42 511.791 mm^3。

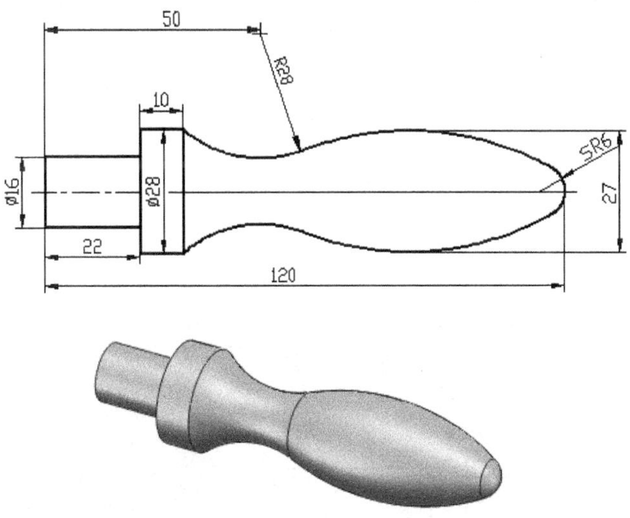

图 1-254　题 7 附图

8. 根据图 1-255，利用旋转、阵列等特征建立实体模型，模型的体积是 36 702.442 mm^3。

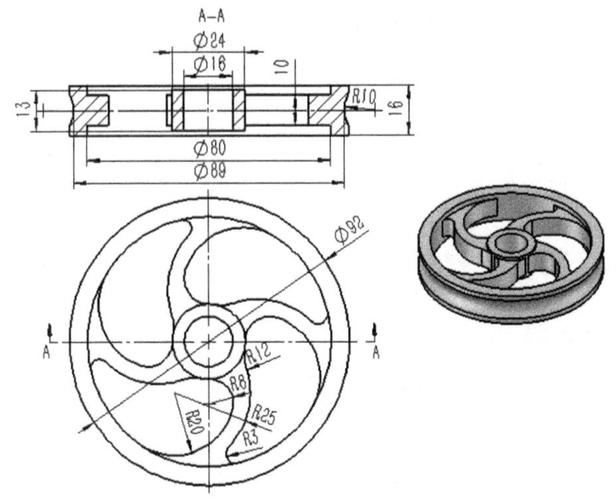

图 1-255　题 8 附图

9. 根据图 1-256，利用拉伸、旋转、阵列等特征建立实体模型，模型的体积是 163 062 mm^3。

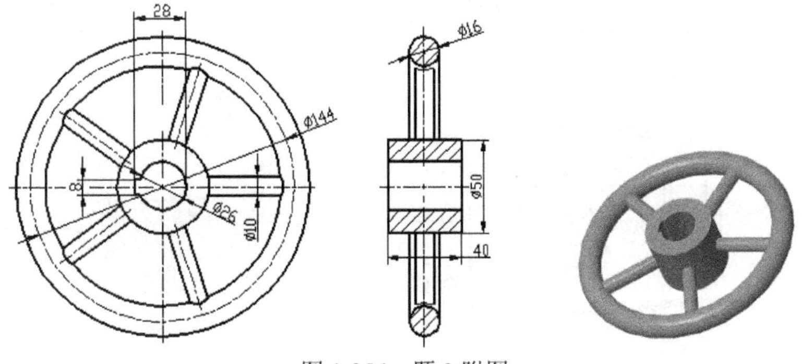

图 1-256　题 9 附图

10. 根据图 1-257，利用旋转、拉伸、抽壳、孔等特征建立实体模型，模型的体积是 18 254.96 mm^3。

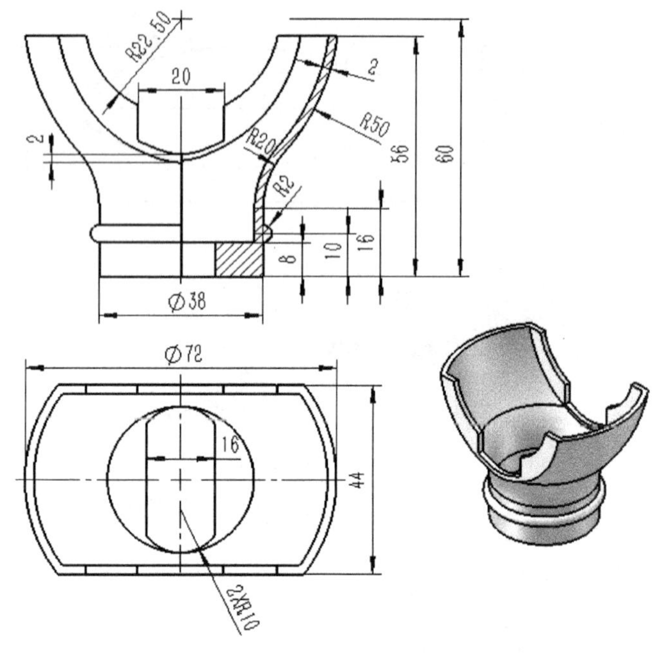

图 1-257　题 10 附图

11. 根据图 1-258，利用旋转、拉伸、抽壳、孔等特征建立实体模型，变量 T=3，模型的体积是 14 126.39 mm^3。

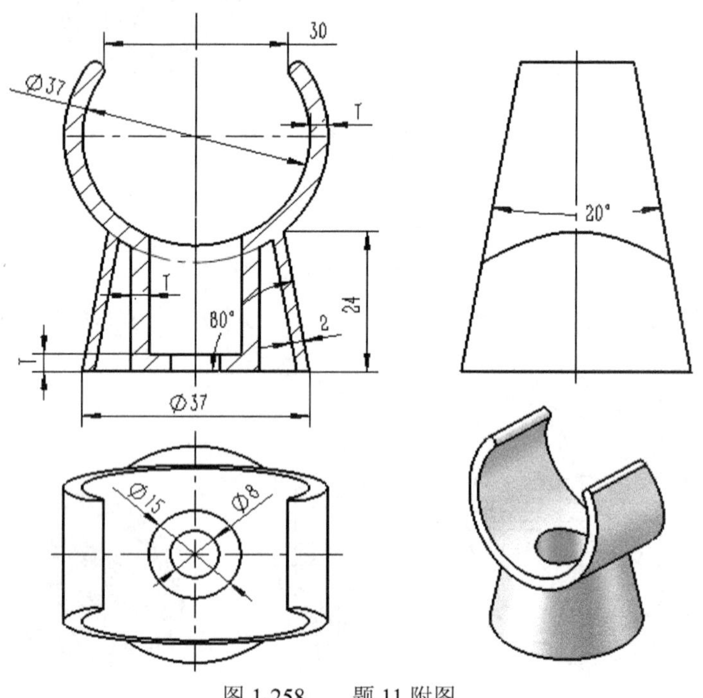

图 1-258　　题 11 附图

12. 根据图 1-259，利用旋转、拉伸等特征建立实体模型，并创建工程图，模型的体积是 2 335.81 mm^3。

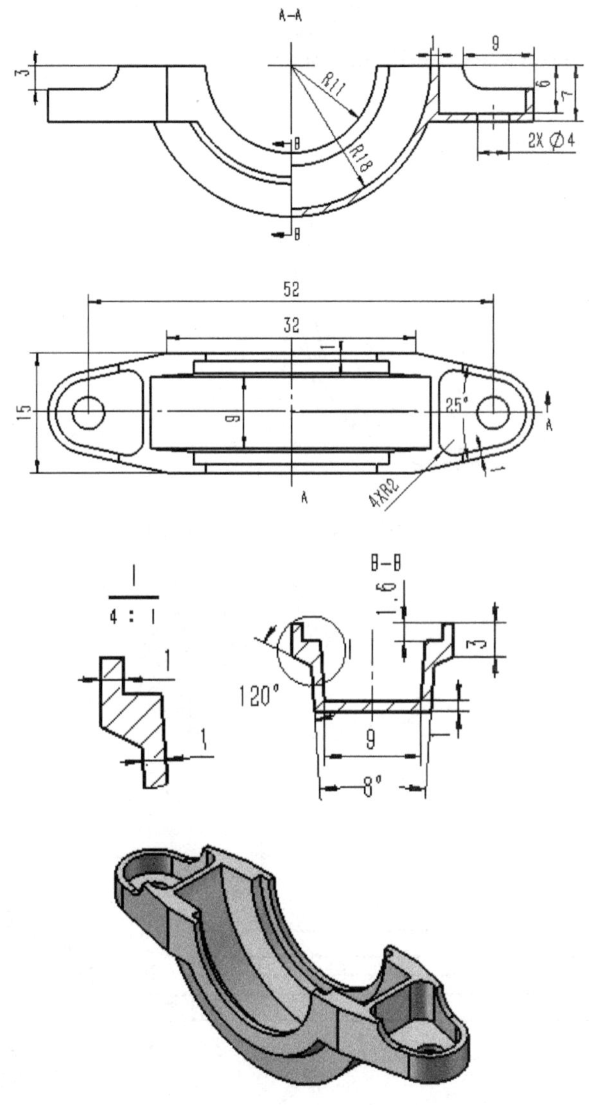

图 1-259　题 12 附图

13. 按图 1-260、图 1-261、图 1-262、图 1-263 画各零件模型，并按图 1-264 进行装配，并创建装配体工程图。

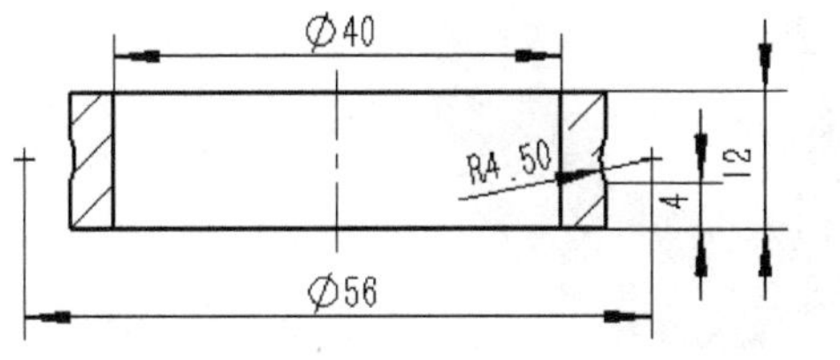

图 1-260　题 13 附图 1(内环)

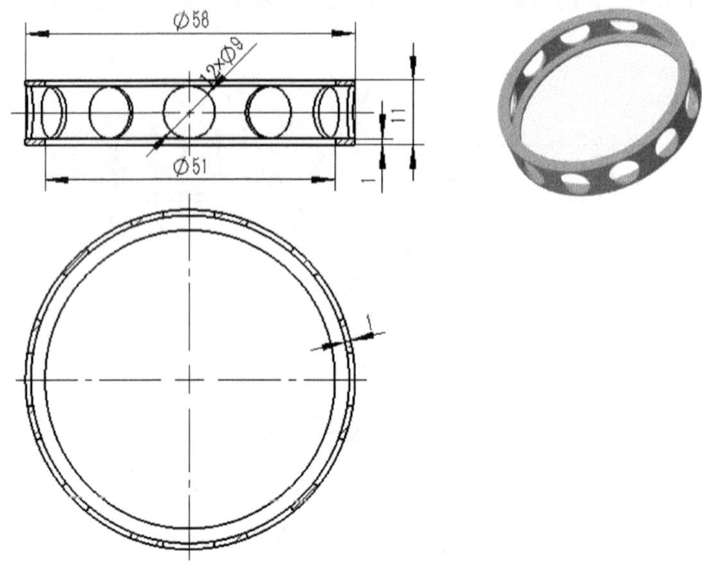

图 1-261　题 13 附图 2(保持架)

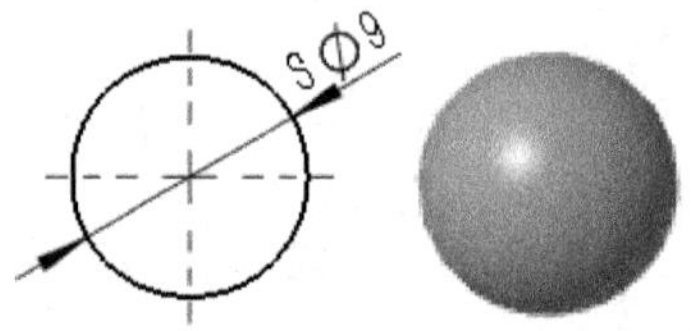

图 1-262　题 13 附图 3(球)

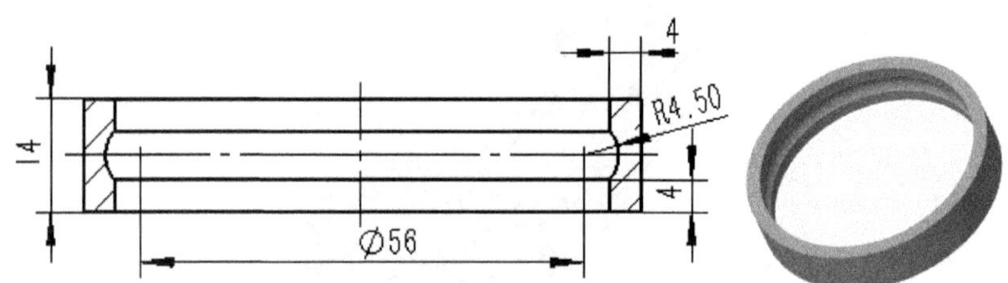

图 1-263　题 13 附图 4(外环)

图 1-264　题 13 附图 5(轴承)

14. 按图 1-265、图 1-266、图 1-267、图 1-268 画各零件模型，并按图 1-269 进行装配；装配完后，测量距离“X”。(X = 28.41 mm)

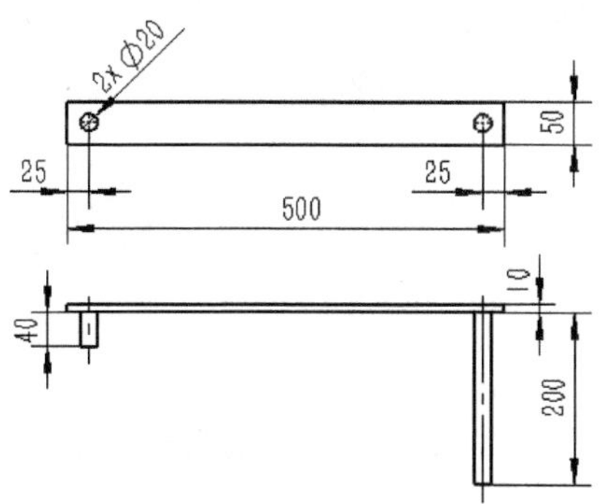

图 1-265　题 14 附图 1(底座)

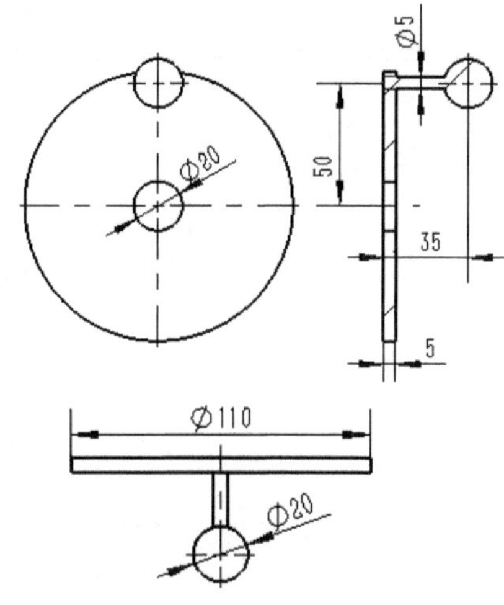

图 1-266　题 14 附图 2(轮子)

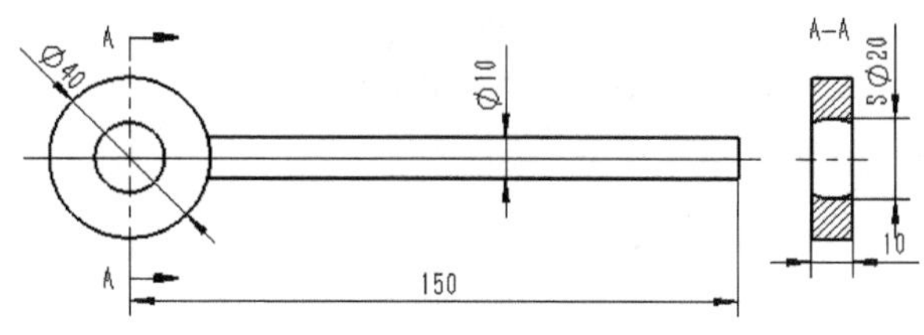

图 1-267　题 14 附图 3(连杆)

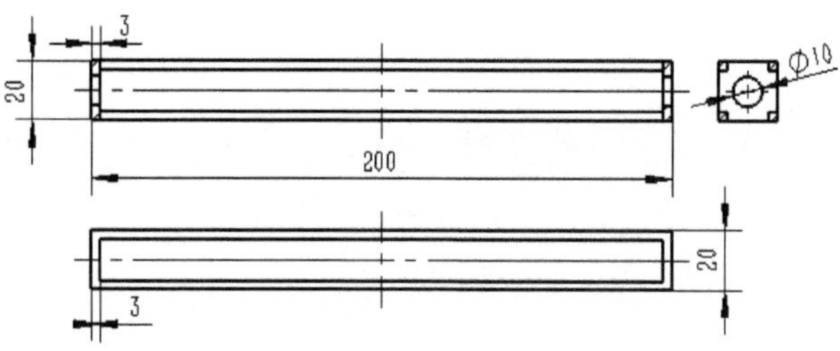

图 1-268　题 14 附图 4(连接块)

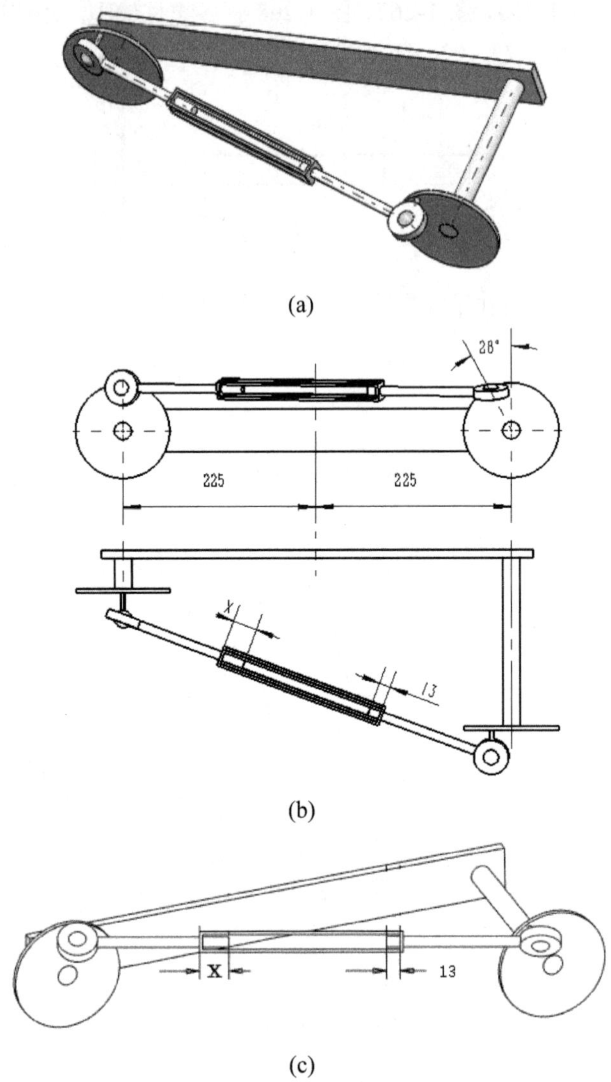

图 1-269　题 14 附图 5(机构)

项目二　救援钳的结构设计

本项目主要介绍救援钳各个零件的设计及装配方法。该项目分为三大模块，模块一是救援钳零件的建模，其中包括 10 个任务：设计把手、设计钳头、设计钳臂、设计传动件、设计连接件、设计活塞杆、设计活塞、设计套筒内环、设计中部套筒、设计中部外壳；模块二是救援钳零件的装配，其中包括 2 个任务：装配救援钳、救援钳的爆炸图；模块三是救援钳零件的工程图，其中包括创建钳头零件的工程图、创建钳臂的工程图。通过救援钳的建模及装配，读者能熟练地应用特征创建相对复杂的模型，并根据机械结构的工作原理进行装配。该救援钳的结构如图 2-1 和图 2-2 所示。

图 2-1　救援钳各零件　　图 2-2　救援钳模型

 知识目标

(1) 掌握扫描特征的创建；
(2) 掌握基准面的创建；
(3) 掌握阵列特征的创建；
(4) 掌握装饰螺纹的创建；
(5) 掌握零件高级配合的创建；
(6) 掌握 toolbox 中的标准件的调用。

 技能目标

(1) 熟练使用基础特征和工程特征进行建模；
(2) 熟练对特征进行编辑；
(3) 熟练对相对复杂的产品进行装配并创建装配体的爆炸视图；
(4) 熟练根据零件结构及形状，采用合理的视图表达方法创建工程图。

模块一　救援钳零件的建模

对于该项目来说，零件的建模是基础。该模块包括 10 个任务，分别是把手、钳头、钳臂、传动件、连接件、活塞杆、活塞、套筒内环、中部套筒和中部外壳的三维模型创建，零件的结构相对复杂。

任务一　设计把手零件

把手

一、任务分析

把手零件如图 2-3 所示，文件名为“把手.sldprt”。该零件可以通过拉伸、扫描和镜向特征来建立，建模过程见表 2-1。

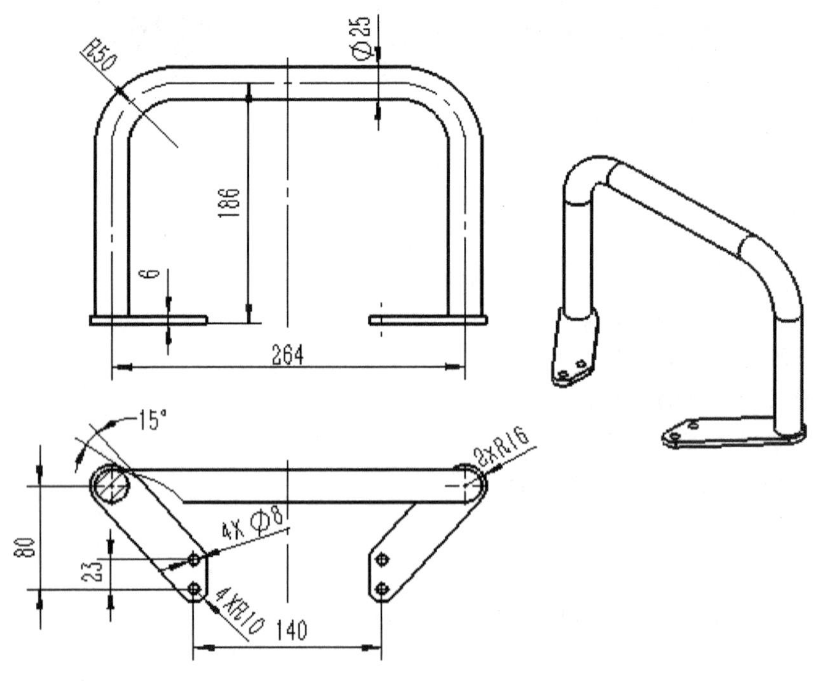

图 2-3　把手零件

表 2-1　把手零件的建模分析

编号	特征	三维模型
1	凸台拉伸 1	
2	扫描 1	
3	镜向 1	

二、任务实施

(1) 建立文件“把手.sldprt”，单位为“mm”。

(2) 建立“凸台-拉伸 1”特征。

以“上视基准面”作为草图的平面，绘制如图 2-4 所示的草图，拉伸的深度值为“6”。“凸台-拉伸 1”特征如图 2-4 所示。

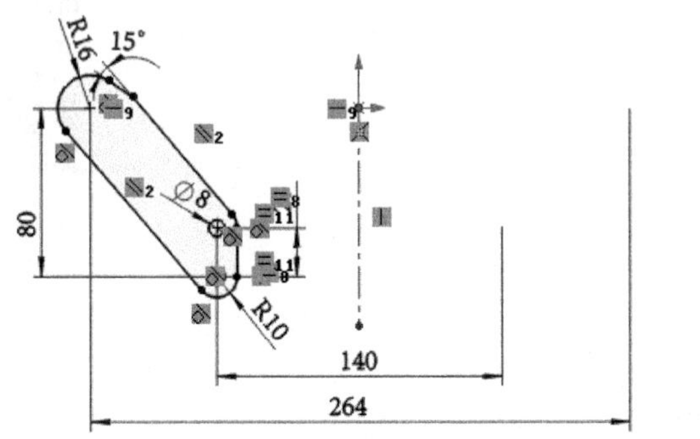

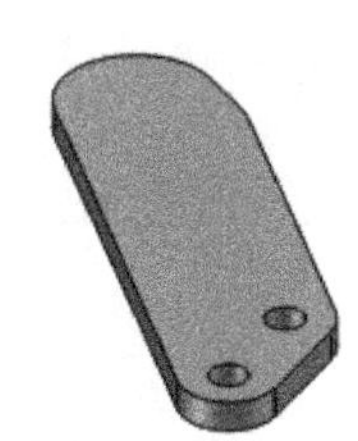

图 2-4　“凸台-拉伸 1”的草图及特征

(3) 建立“扫描 1”特征。

① 绘制扫描路径草图。以“前视基准面”为草图平面，绘制如图 2-5 所示的草图。

② 在工具栏中，单击“特征”→“扫描”，在弹出的“扫描”属性管理器中，参考图 2-6 进行设置。

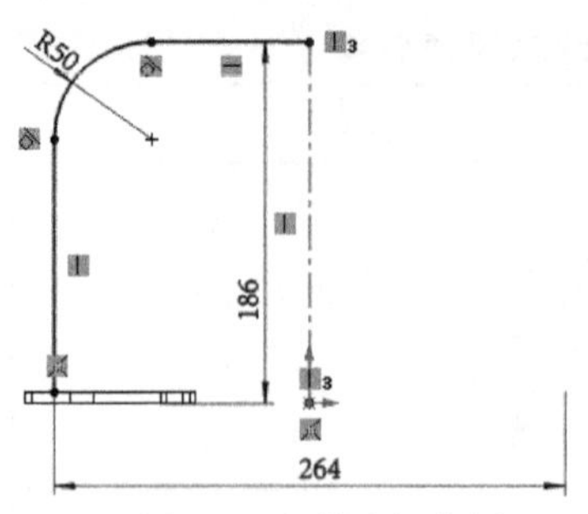

图 2-5　扫描路径草图

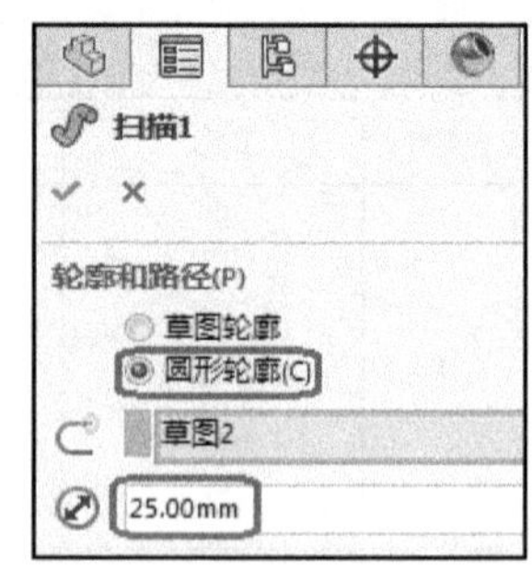

图 2-6　“扫描 1”属性管理器

(4) 建立“镜向 1”特征。

以“右视基准面”为镜向面，镜向“凸台-拉伸 1”和“扫描 1”特征，如图 2-7 所示。把手零件如图 2-8 所示。

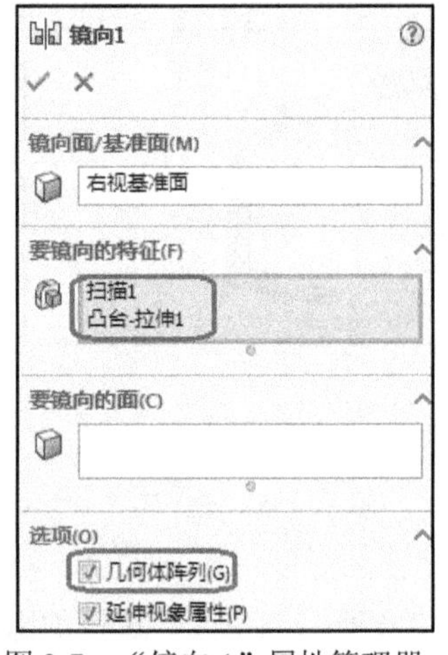

图 2-7　“镜向 1”属性管理器

图 2-8　把手零件

任务二　设计钳头零件

钳头

一、任务分析

钳头零件如图 2-9 所示，文件名为“钳头.sldprt”。

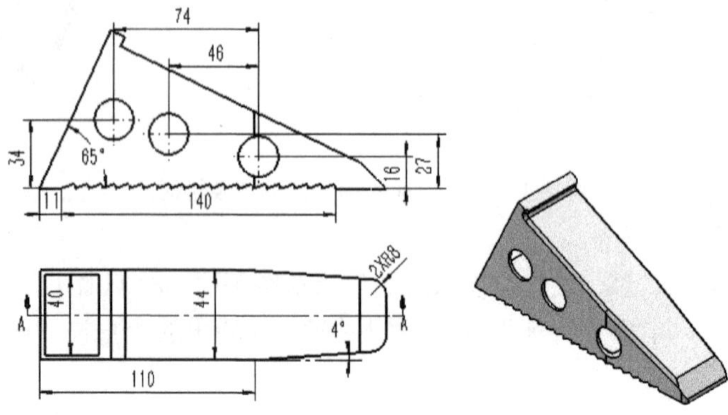

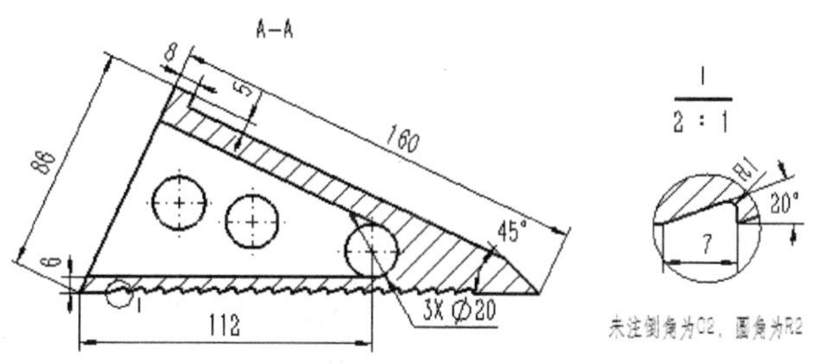

图 2-9 钳头零件

该零件可以通过拉伸、阵列、圆角和倒角等特征来建立，建模过程见表 2-2。

表 2-2 钳头零件的建模分析

编号	特征	三维模型	编号	特征	三维模型
1	凸台拉伸 1		5	切除拉伸 3	
2	切除拉伸 1		6	切除拉伸 4 及镜向	
3	切除拉伸 2		7	圆角 1	
4	阵列 1		8	倒角 1	

二、任务实施

(1) 建立文件“钳头.sldprt”，单位设为“mm”。

(2) 建立“凸台-拉伸 1”特征。

以“前视基准面”作为草图的平面，绘制如图 2-10 所示的草图，拉伸选项为“两侧对称”，深度值设为“44”。

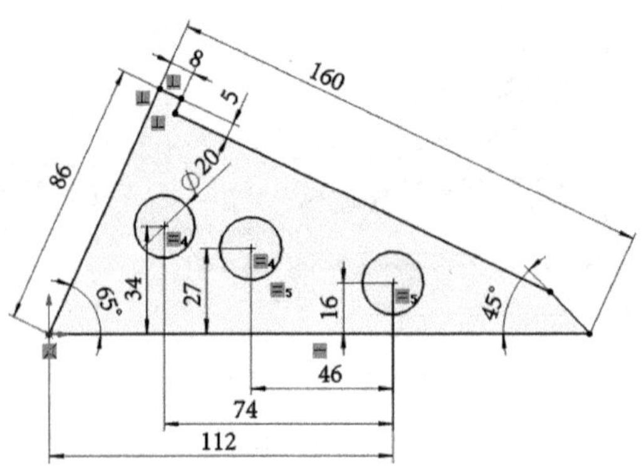

图 2-10　“凸台-拉伸 1”的草图

(3) 建立“切除-拉伸 1”特征。

以“上视基准面”作为草图的平面，绘制如图 2-11 所示的草图，拉伸方向选项为“完全贯穿”。

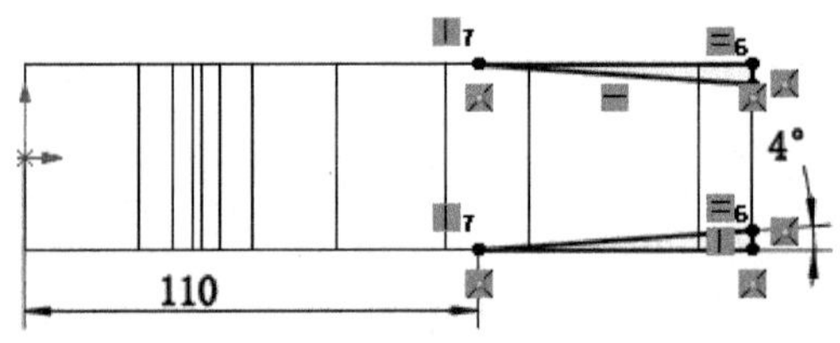

图 2-11　“切除-拉伸 1”的草图

(4) 建立“切除-拉伸 2”特征。

以“前视基准面”作为草图的平面，绘制如图 2-12 所示的草图，拉伸方向选项为“完全贯穿-两者”。

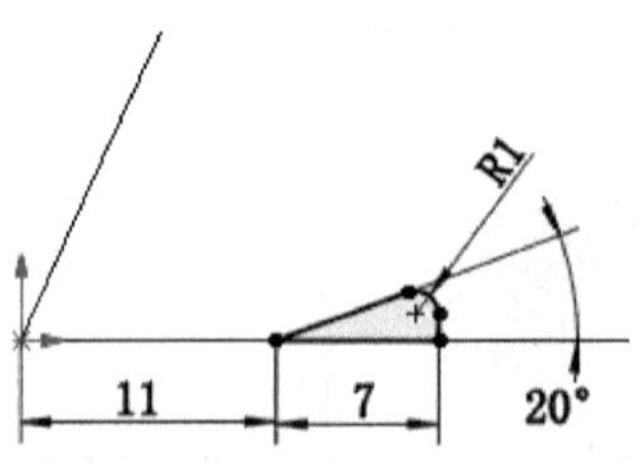

图 2-12　“切除-拉伸 2”的草图

(5) 建立“线性阵列”特征。

① 在工具栏中，单击“特征”→“线性阵列”。

② 选择如图 2-13 所示的边作为“方向 1”，其它阵列参数如图 2-14 所示。阵列特征如图 2-15 所示。

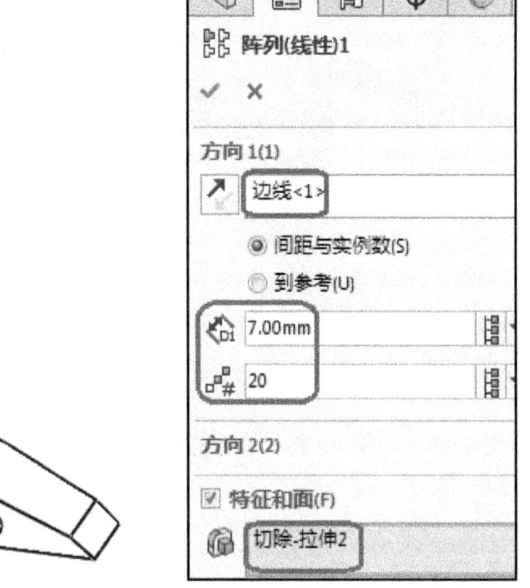

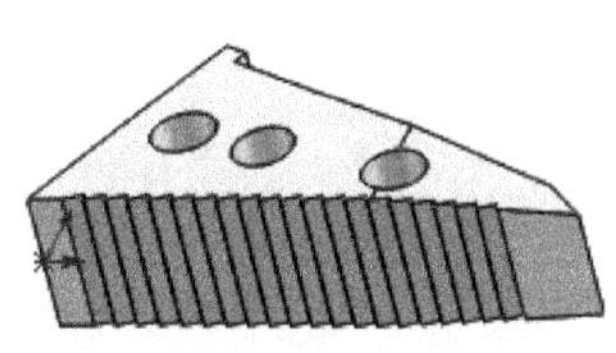

图 2-13 “线性阵列”的方向　图 2-14 “线性阵列”的属性管理器　图 2-15 线性阵列特征

(6) 建立“切除-拉伸 3”特征。

以“前视基准面”作为草图的平面，绘制如图 2-16 所示的草图，拉伸选项为“两侧对称”，深度值设为“40”。

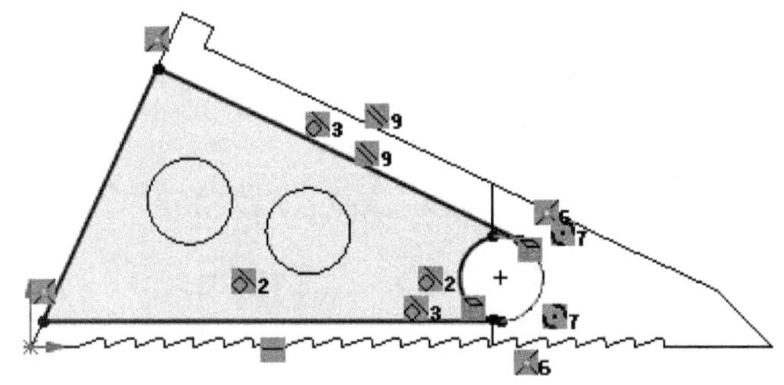

图 2-16 “切除-拉伸 3”的草图

(7) 建立“切除-拉伸 4”特征。

以“上视基准面”作为草图的平面，绘制如图 2-17 所示的草图，拉伸方向的选项为“完全贯穿”。

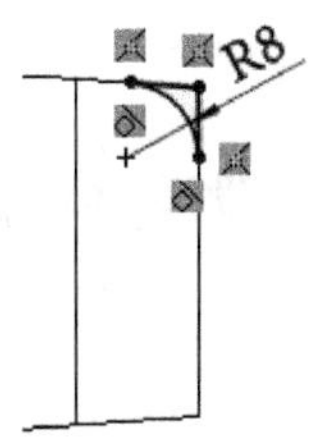

图 2-17 “切除-拉伸 4”的草图

(8) 镜向“切除-拉伸 4”特征。

以“前视基准面”为镜向面，镜向“切除-拉伸 4”。如图 2-18 所示。

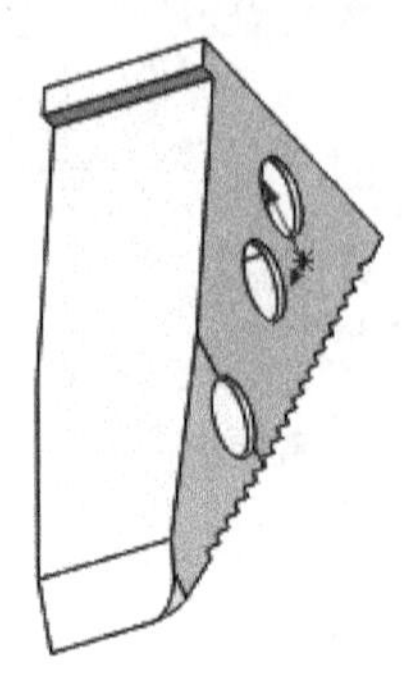

图 2-18　“切除-拉伸 4”特征

(9) 建立“圆角 1”特征。

对图 2-19 所示的 6 条边倒圆角，圆角半径值设为“2”。

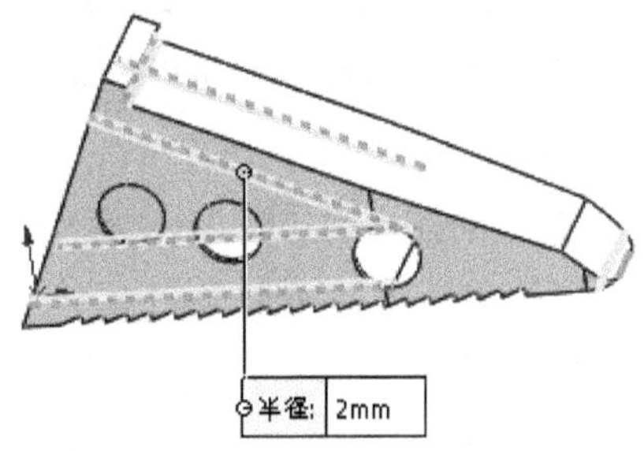

图 2-19　倒圆角的边

(10) 建立“倒角 1”特征。

对图 2-20 所示的 2 条边倒角，倒角值为“2 × 45° ”。

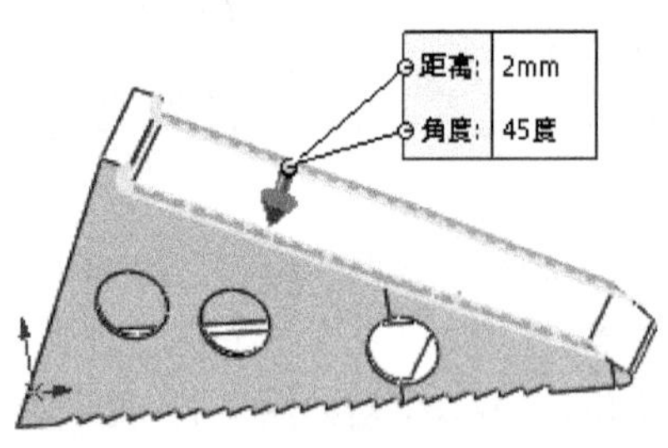

图 2-20　倒角的边

任务三　设计钳臂零件

钳臂

一、任务分析

钳臂零件如图 2-21 所示，文件名为“钳臂.sldprt”。

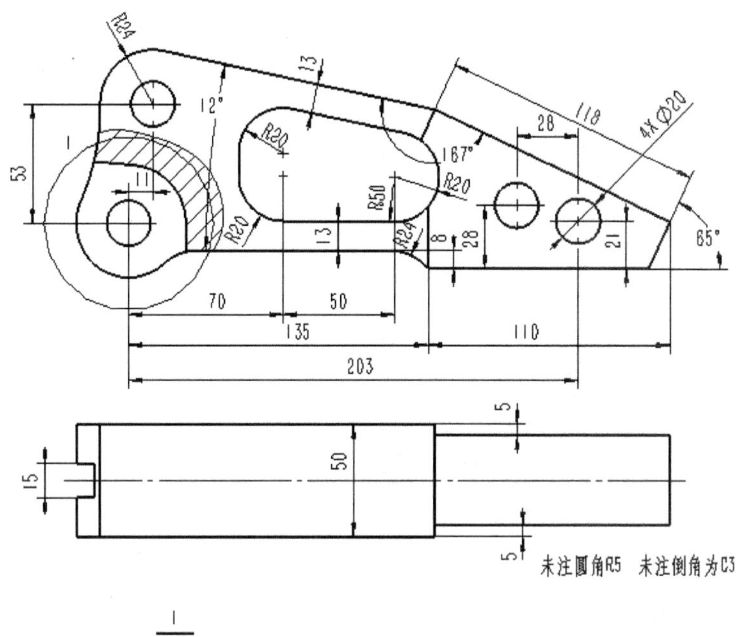

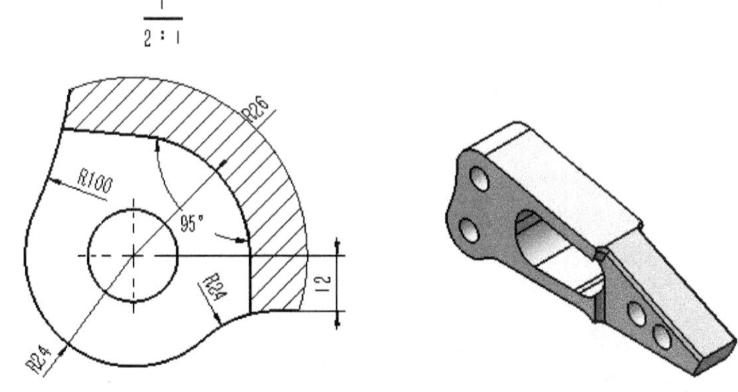

图 2-21　钳臂零件

该零件可以通过拉伸、镜向、圆角、倒角等特征来建立，建模过程见表 2-3。

表 2-3　钳臂零件的建模分析

编号	特征	三维模型	编号	特征	三维模型
1	凸台拉伸 1		3	切除拉伸 2	
2	切除拉伸 1		4	镜向	

续表

编号	特征	三维模型	编号	特征	三维模型
5	切除拉伸 3		7	圆角 1	
6	切除拉伸 4		8	倒角 1	

二、任务实施

(1) 建立文件“钳臂.sldprt”，单位为“mm”。

(2) 建立“凸台-拉伸 1”特征。

以“前视基准面”作为草图的平面，绘制如图 2-22 所示的草图，拉伸选项为“两侧对称”，深度值设为“50”。

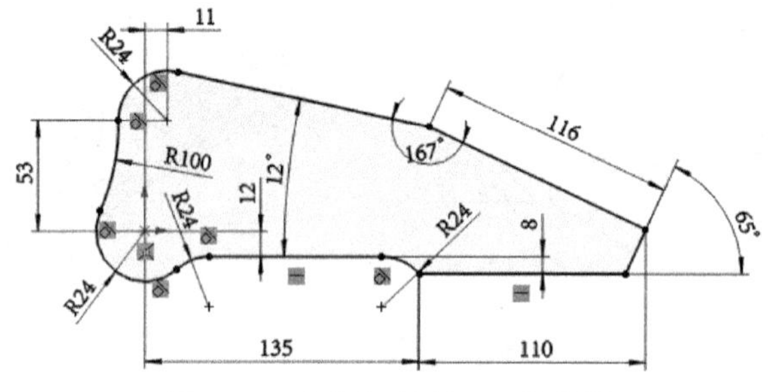

图 2-22　“凸台-拉伸 1”的草图

(3) 建立“切除-拉伸 1”特征。

以“前视基准面”作为草图的平面，绘制图 2-23 所示的草图，拉伸方向选项为“完全贯穿-两者”。

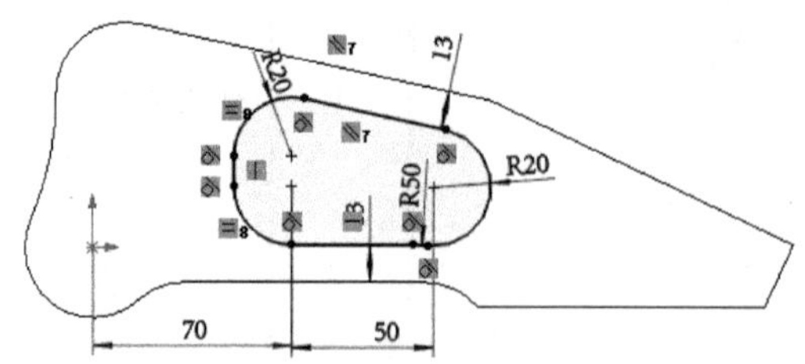

图 2-23　“切除-拉伸 1”的草图

(4) 建立“切除-拉伸 2”特征。

以如图 2-24 所示的面作为草图的平面，绘制如图 2-25 所示的草图，深度值设为“5”。

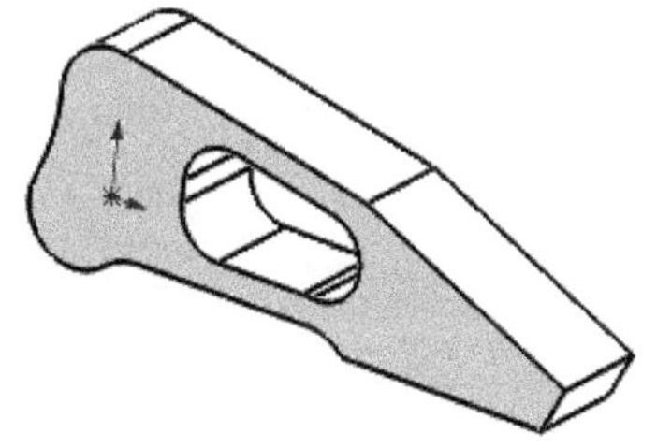
图 2-24 “切除-拉伸 2”草图平面

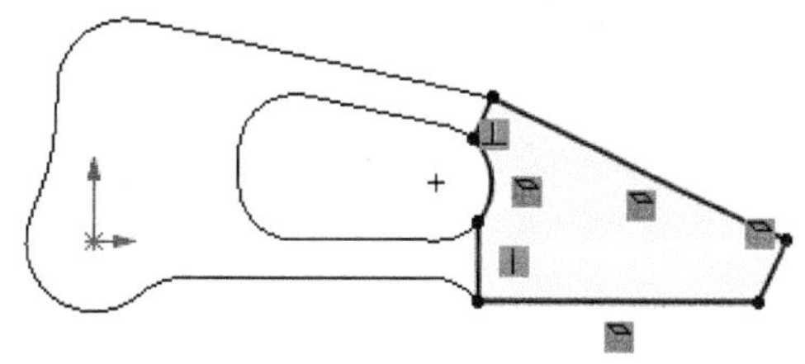
图 2-25 “切除-拉伸 2”的草图

(5) 镜向“切除-拉伸 2”特征。

以“前视基准面”为镜向面，镜向“切除-拉伸 2”特征。

(6) 建立“切除-拉伸 3”特征。

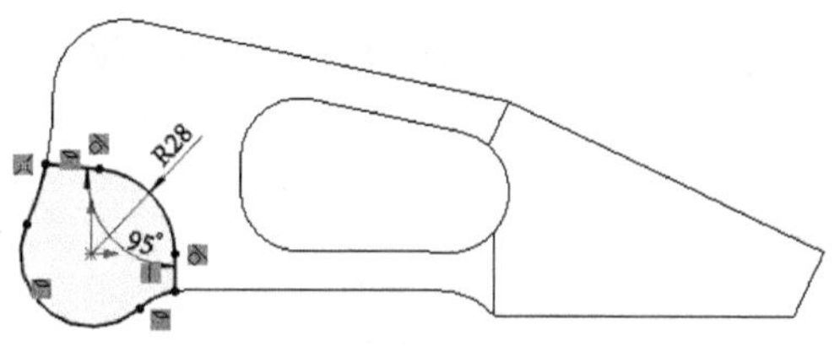

图 2-26 “切除-拉伸 3”的草图

以“前视基准面”作为草图的平面，绘制如图 2-26 所示的草图，拉伸方向选项为“两侧对称”，拉伸深度值设为“15”。

(7) 建立“切除-拉伸 4”特征。

以“前视基准面”作为草图的平面，绘制图 2-27 所示的草图，拉伸方向选项为“完全贯穿-两者”。

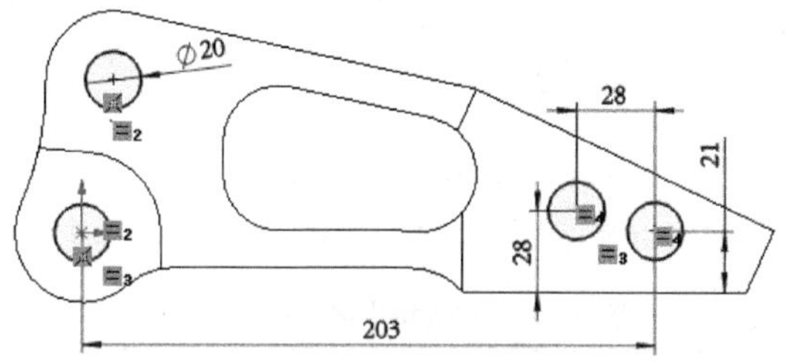

图 2-27 “切除-拉伸 4”的草图

(8) 建立“圆角 1”特征。

对如图 2-28 所示的 4 条边倒圆角，圆角半径值设为“5”。

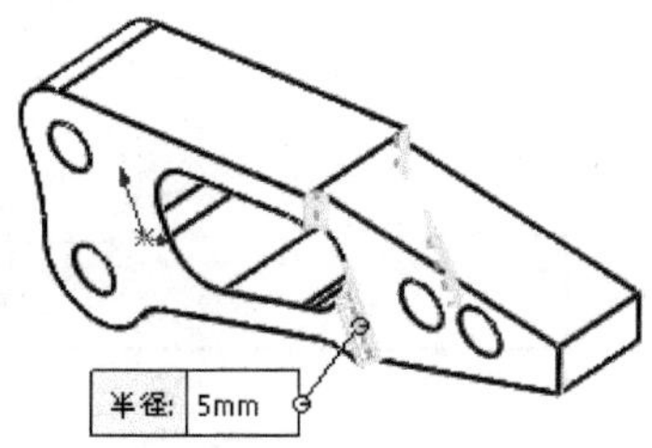

图 2-28 倒圆角的边

(9) 建立“倒角 1”特征。

对如图 2-29 所示的 4 条边倒角，倒角值为“3 × 45° ”。

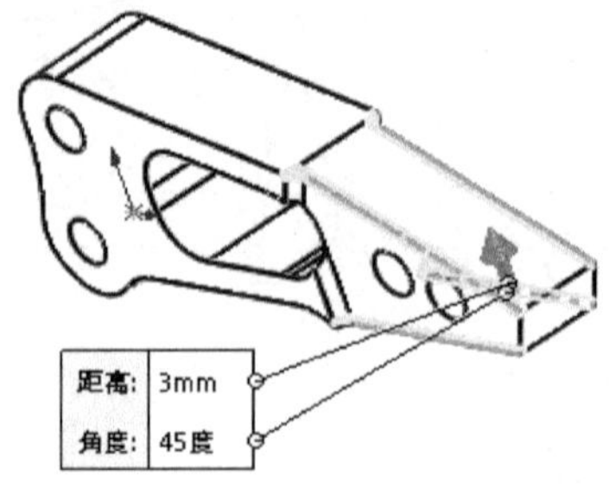

图 2-29　倒角的边

任务四　设计传动件零件

传动件

一、任务分析

传动件零件如图 2-30 所示，文件名为“传动件.sldprt”。

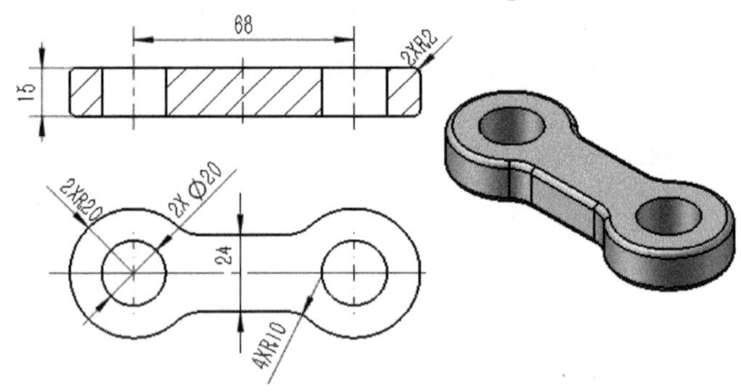

图 2-30　传动件零件

该零件可以通过拉伸、圆角特征来建立，建模过程见表 2-4。

表 2-4　传动件的建模分析

编号	特征	三维模型
1	凸台拉伸 1	
2	圆角 1	
3	圆角 2	

二、任务实施

(1) 建立文件“传动件.sldprt”，单位为“mm”。

(2) 建立“凸台-拉伸 1”特征。

以“上视基准面”作为草图平面，绘制如图 2-31 所示的草图，深度值设为“15”。

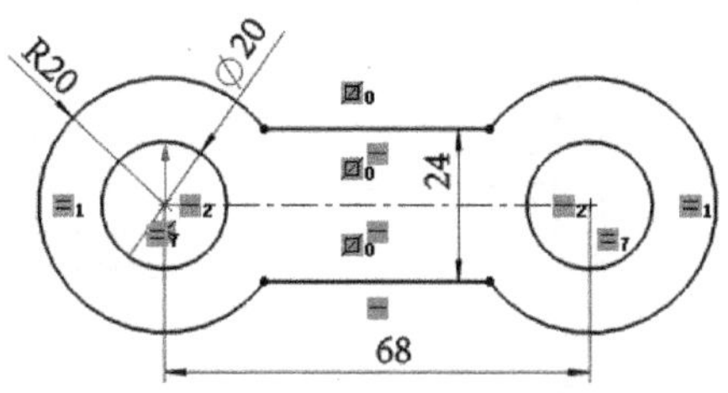

图 2-31　“凸台-拉伸 1”的草图

(3) 建立“圆角 1”。

对如图 2-32 所示的 4 条边倒圆角，圆角半径值设为“10”。

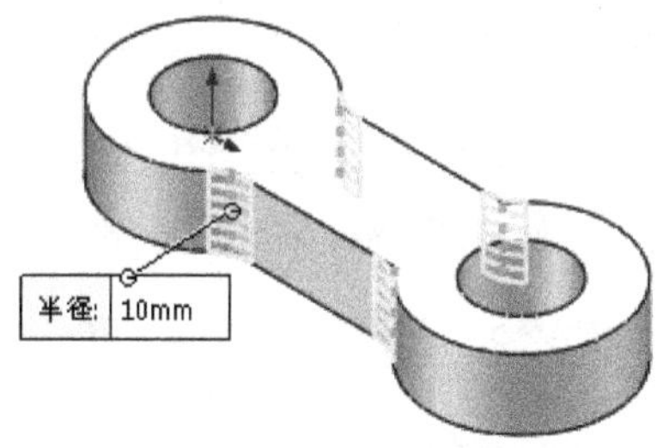

图 2-32　圆角 R10

(4) 建立“圆角 2”。

对如图 2-33 所示的 2 条相切的连续边倒圆角，圆角半径值设为“2”。

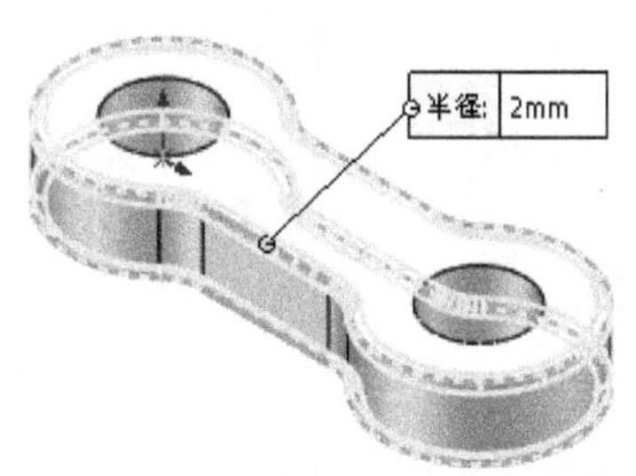

图 2-33　圆角 R2

任务五　设计连接件零件

连接件

一、任务分析

连接件零件如图 2-34 所示，文件名为“连接件.sldprt”。

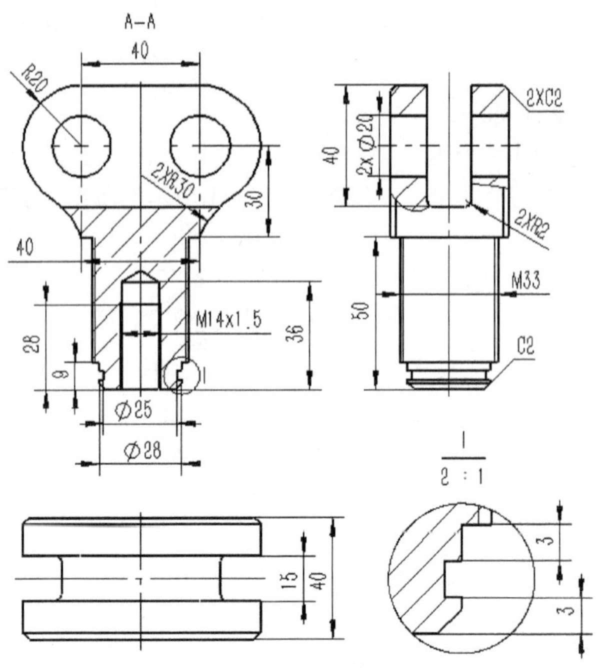

图 2-34　连接件零件

该零件可以通过拉伸、倒角、圆角等特征来建立，建模过程见表 2-5。

表 2-5　连接件的建模分析

编号	特征	三维模型	编号	特征	三维模型
1	凸台拉伸 1		5	装饰螺纹线	
2	圆角		6	切除旋转 1	
3	切除拉伸 1		7	螺纹孔	
4	凸台拉伸 2		8	倒角及圆角	

二、任务实施

(1) 建立文件“连接件.sldprt”，单位为“mm”。

(2) 建立“凸台-拉伸 1”特征。

① 在工具栏中，单击 “特征”→“ 拉伸凸台”工具按钮。

② 在图形窗口选择“前视基准面”为草图平面，草图如图 2-35 所示。

③ “凸台-拉伸 1”属性管理器的设置如图 2-36 所示。

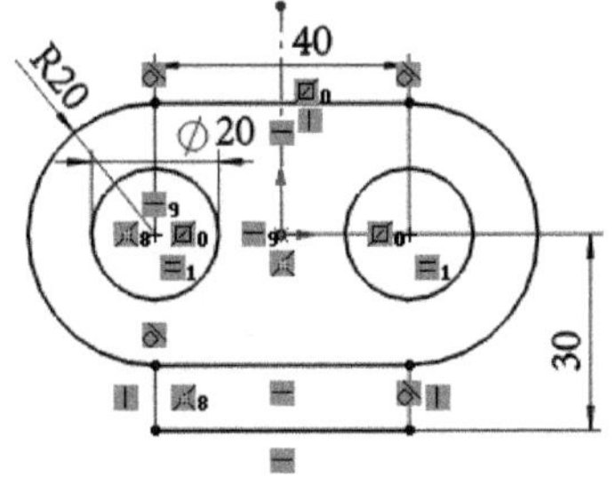

图 2-35　“凸台-拉伸 1”的草图

图 2-36　“凸台-拉伸 1”属性管理器

注意：草图有自相交叉的轮廓线，所以拉伸区域要在草图中选取。

(3) 建立“圆角 1”特征。

对图 2-37 中的两条边倒圆角，圆角半径值设为“30”。

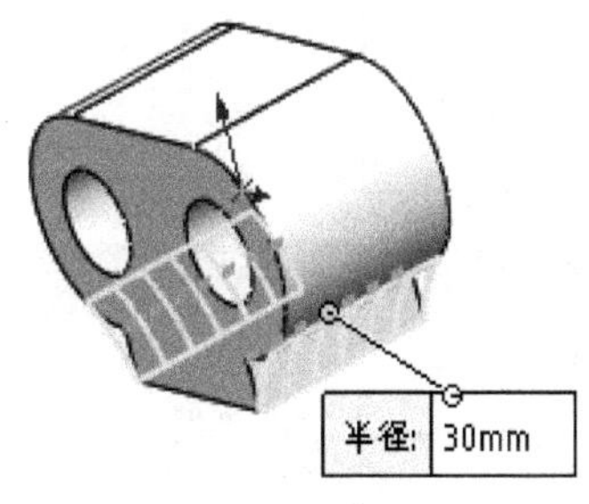

图 2-37　圆角 R30

(4) 建立“切除-拉伸 1”特征。

以如图 2-38 所示的平面为草图平面，草图如图 2-39 所示，拉伸值设为“40”。

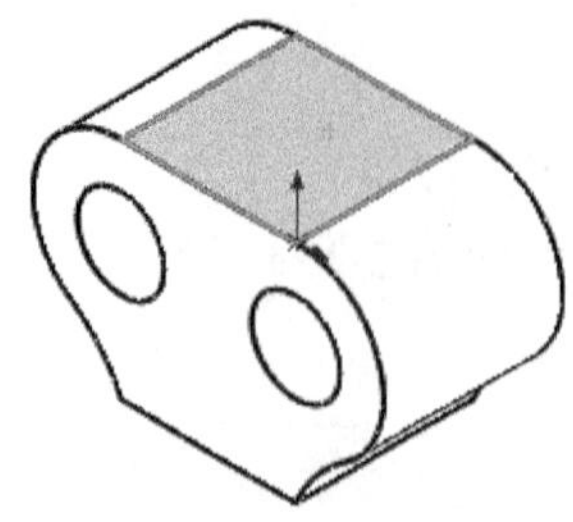

图 2-38 “切除-拉伸 1”的草图平面

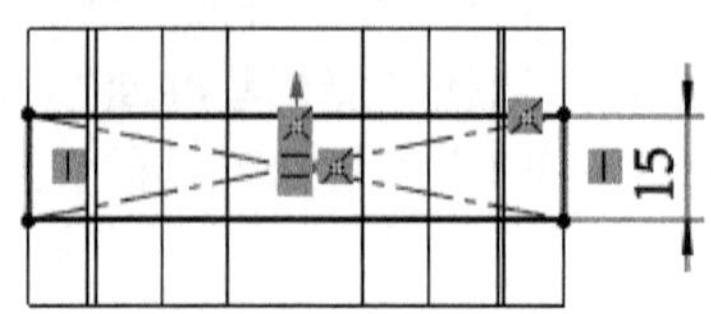

图 2-39 “切除-拉伸 1”的草图

(5) 建立“凸台-拉伸 2”特征。

以“上视基准面”为草图平面，绘制如图 2-40 所示的草图，拉伸方向及选项设置如图 2-41 所示。

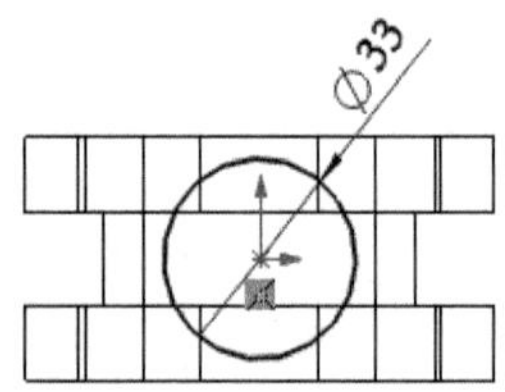

图 2-40 “凸台-拉伸 2”草图

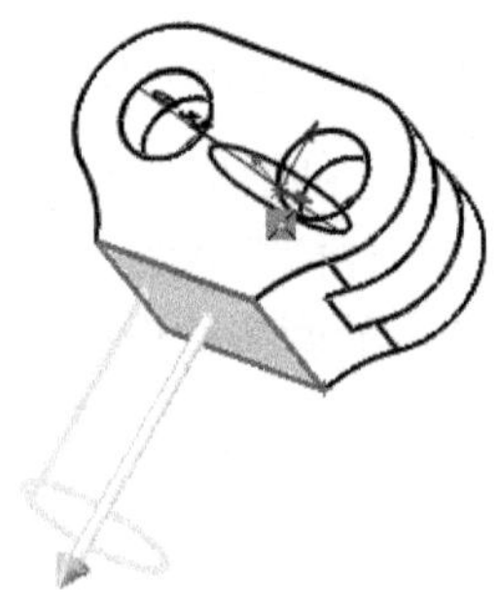

图 2-41 “凸台-拉伸 2”的选项

(6) 建立“装饰螺纹线”特征。

① 在菜单中，单击“插入”→“注解”→“装饰螺纹线”。

② 选择圆柱底面的边线。

③ “装饰螺纹线”属性管理器设置如图 2-42 所示。

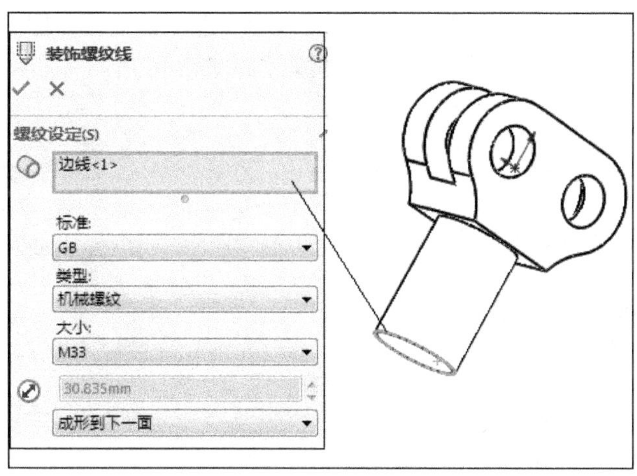

图 2-42　“装饰螺纹线”属性管理器

(7) 建立“切除-旋转 1”特征。

以“前视基准面”为草图平面，绘制图 2-43 所示的草图，旋转角度值设为“360”。

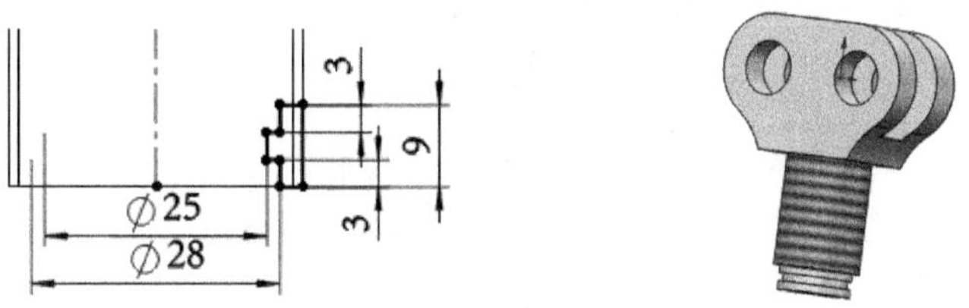

图 2-43　“切除-旋转 1”的草图及特征

(8) 建立“螺纹孔”特征。

① 在工具栏中，单击“特征”→“异形孔向导”，在“孔规格”的属性管理器中，“类型”选项设置如图 2-44 所示。

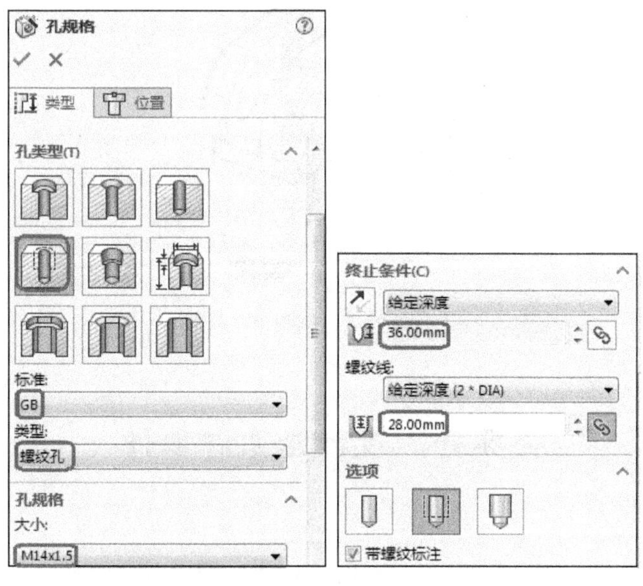

图 2-44　“孔规格”的属性管理器

② 在“孔规格”的属性管理器中，单击“位置”选项。选择如图 2-45 所示的圆柱底面为放置面，圆的圆心为放置点，最后生成的螺纹如图 2-46 所示。

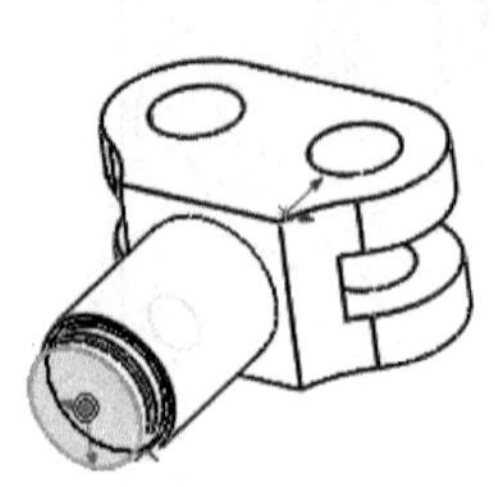

图 2-45　螺纹的放置位置

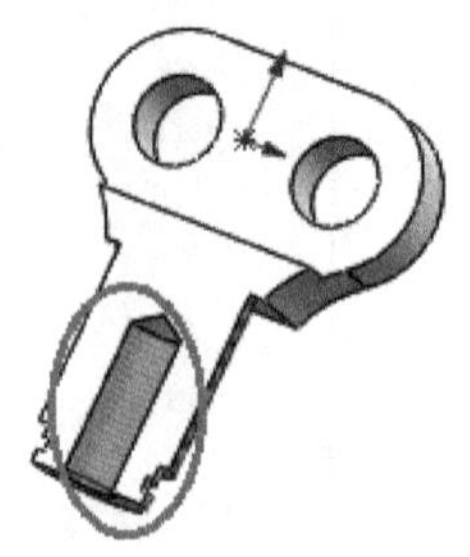

图 2-46　螺纹孔

(9) 建立“倒角 1”特征。

对如图 2-47 所示的三条相切的连续边倒角“2×45°”。

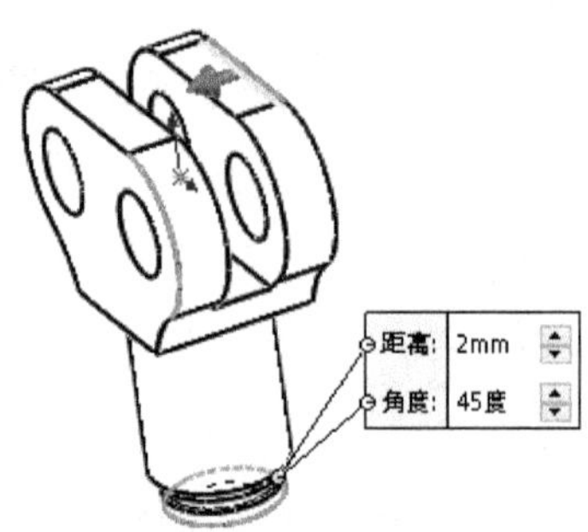

图 2-47　倒角

(10) 建立“圆角 1”特征。

对如图 2-48 所示的两条边倒圆角“R2”。

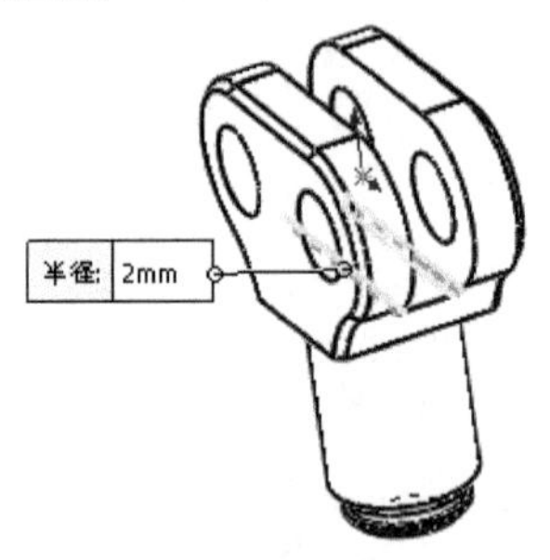

图 2-48　倒圆角

任务六　设计活塞杆零件

活塞杆

一、任务分析

活塞杆零件如图 2-49 所示，文件名为“活塞杆.sldprt”。

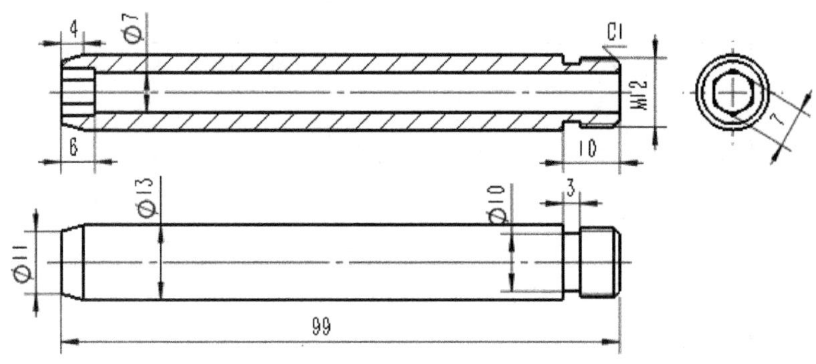

图 2-49　活塞杆零件

该零件可以通过旋转、装饰螺纹切除拉伸、倒角等特征来建立，建模过程见表 2-6。

表 2-6　活塞杆零件的建模分析

编号	特征	三维模型	编号	特征	三维模型
1	凸台旋转 1		3	切除拉伸 1	
2	装饰螺纹		4	倒角	

二、任务实施

(1) 建立文件“活塞杆.sldprt”，单位为“mm”。

(2) 建立“凸台-旋转 1”特征。

以“前视基准面”作为草图平面，绘制如图 2-50 所示的草图，旋转角度值设为“360”。

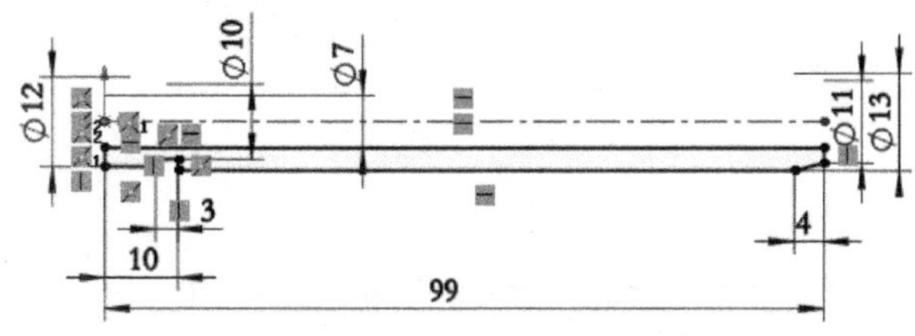

图 2-50　“凸台-旋转 1”的草图

(3) 建立“装饰性螺纹”特征。

① 在菜单中，单击“插入”→“注解”→“装饰螺纹线”。

② 选择如图 2-51 所示的边创建装饰性螺纹。

③ “装饰螺纹线”的属性管理器的设置如图 2-51 所示。

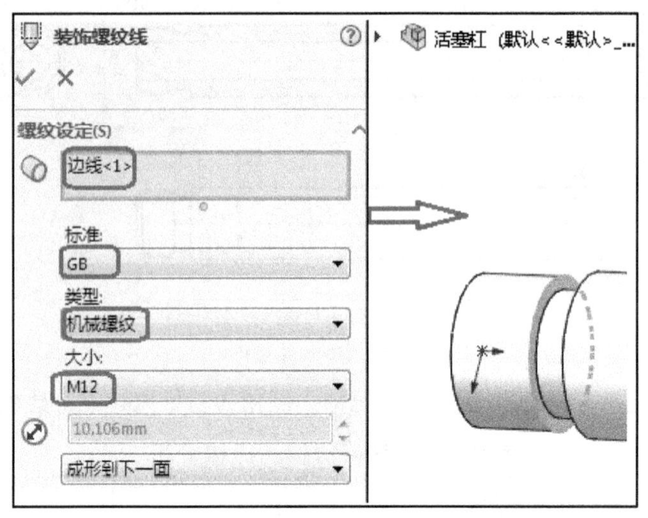

图 2-51　“装饰螺纹线”的属性管理器

(4) 建立“切除-拉伸 1”特征。

以如图 2-52 所示的平面为草图平面，草图如图 2-53 所示，深度值设为“6”。

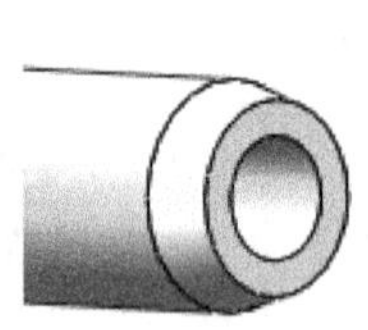

图 2-52　“切除-拉伸 1”的草图平面

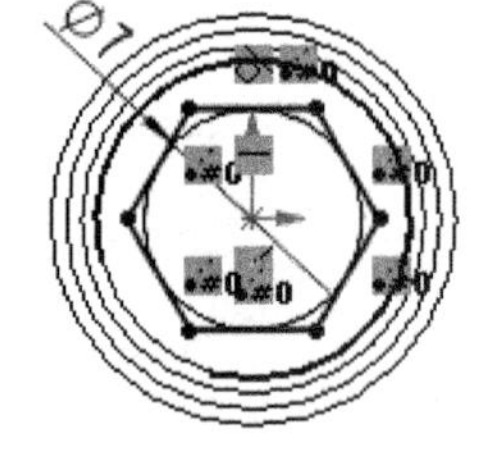

图 2-53　“切除-拉伸 1”的草图

(5) 建立“倒角 1”特征。

对如图 2-54 所示的边倒角“1 × 45° ”。

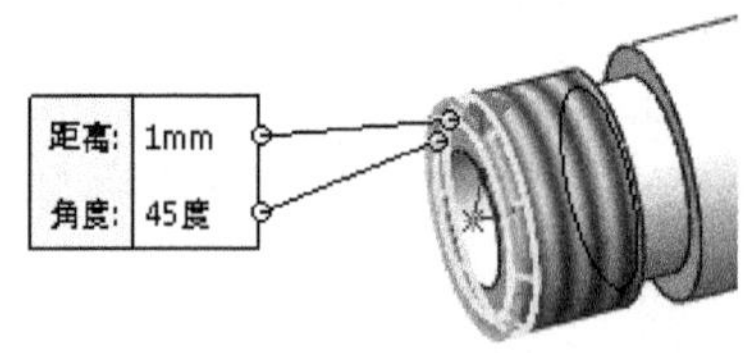

图 2-54　倒角 C1

任务七　设计活塞零件

活塞

一、任务分析

活塞零件如图 2-55 所示，文件名为“活塞.sldprt”，建模过程见表 2-7。

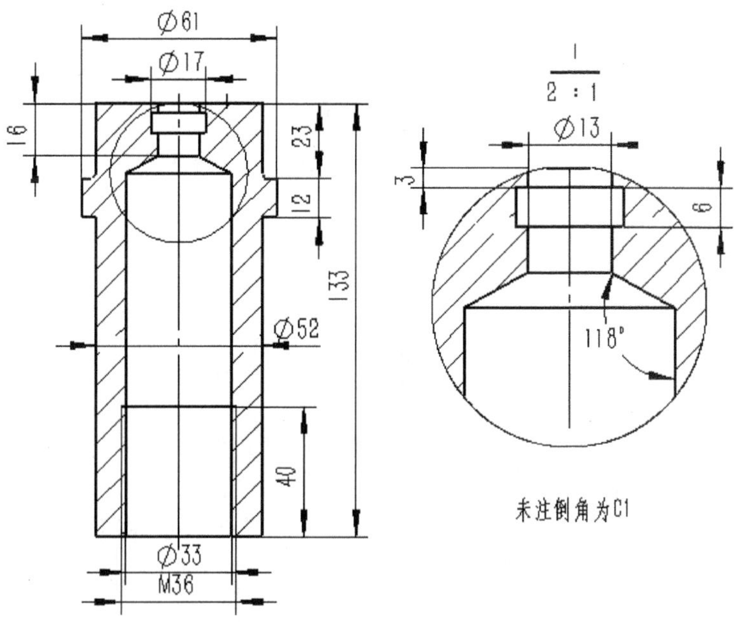

图 2-55 活塞零件

表 2-7 活塞零件的建模分析

编号	特征	三维模型	编号	特征	三维模型
1	凸台旋转 1		3	切除旋转 1	
2	螺纹孔		4	倒角 C1	

二、任务实施

(1) 建立文件“活塞.sldprt”，单位为“mm”。

(2) 建立“凸台-旋转 1”特征。

以“前视基准面”作为草图平面，绘制如图 2-56 所示的草图，旋转角度值设为“360”。

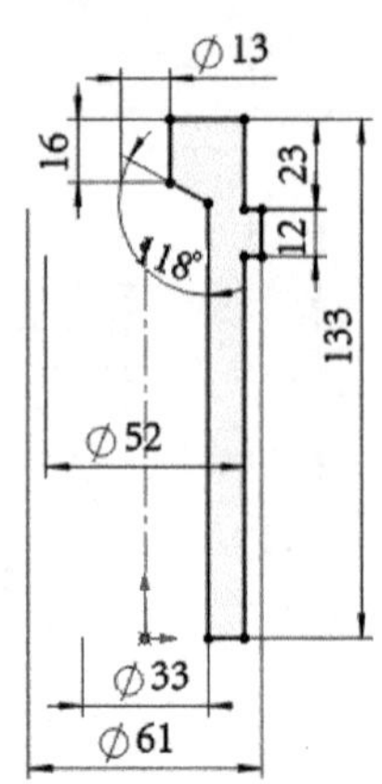

图 2-56　“凸台-旋转 1”的草图

(3) 建立“螺纹孔”特征。

在工具栏中，单击“特征”→“异形孔向导”，参考图 2-57 创建螺纹孔，如图 2-58 所示。

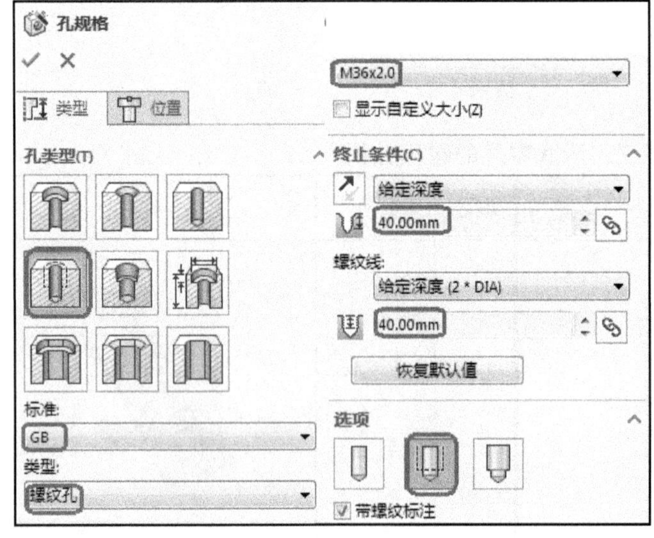

图 2-57　“孔规格”的属性管理器

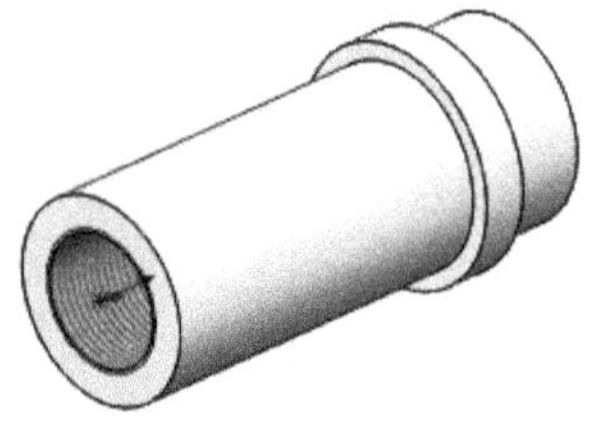

图 2-58　螺纹孔

(4) 建立“切除-旋转 1”。

以“前视基准面”作为草图平面，绘制如图 2-59 所示的草图，旋转角度值设为“360”。利用“剖面视图”进行剖切，内部结构如图 2-60 所示。

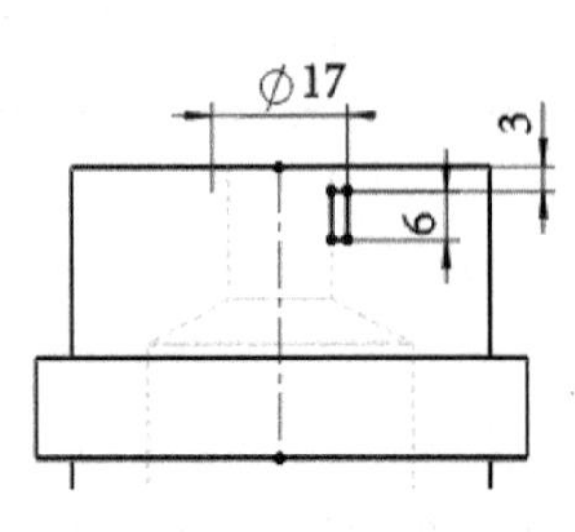

图 2-59　“切除-旋转 1”的草图

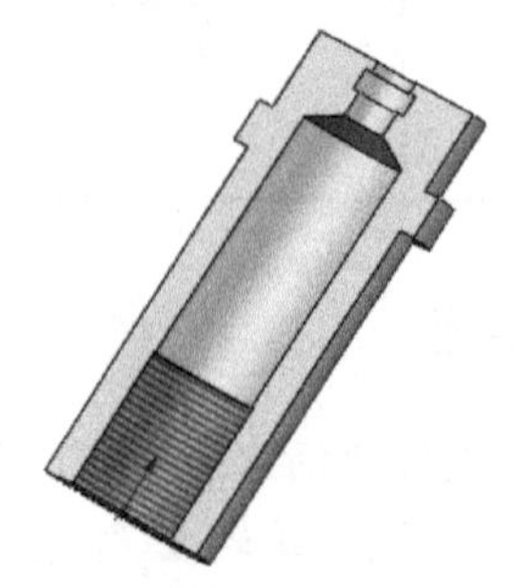

图 2-60　“切除-旋转 1”特征

任务八　设计套筒内环零件

套筒内环

一、任务分析

套筒内环零件如图 2-61 所示，文件名为“套筒内环.sldprt”，单位为“mm”。建模分析表见表 2-8。

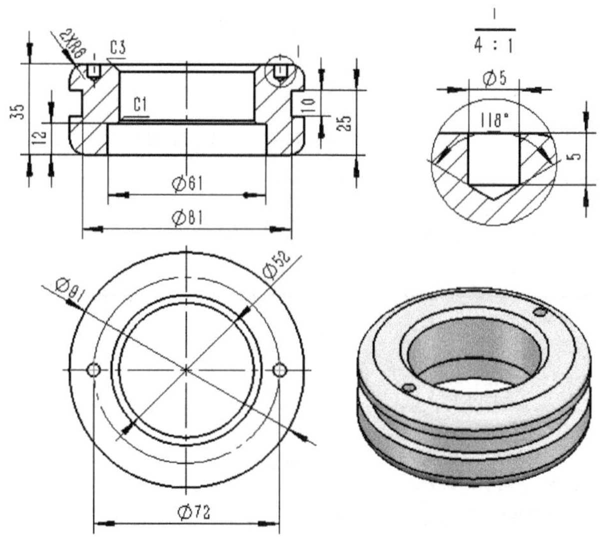

图 2-61　套筒内环零件

表 2-8　套筒内环零件的建模分析

编号	特征	三维模型
1	凸台旋转 1	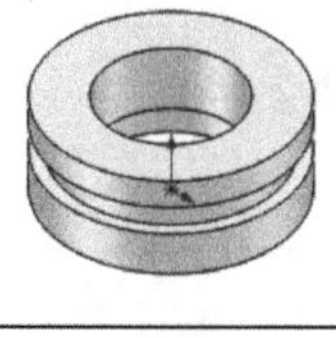
2	孔	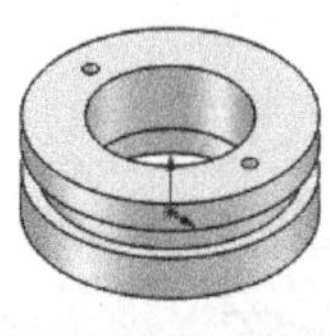
3	倒角 圆角	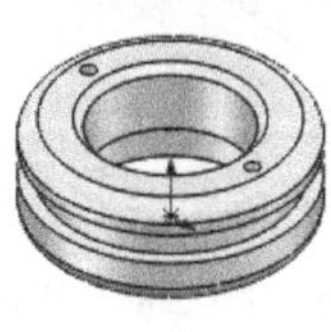

二、任务实施

(1) 建立文件“套筒内环.sldprt”，单位为“mm”。

(2) 建立“旋转 1”特征。

以“前视基准面”作为草图平面，绘制如图 2-62 所示的草图，旋转角度值设为“360”。

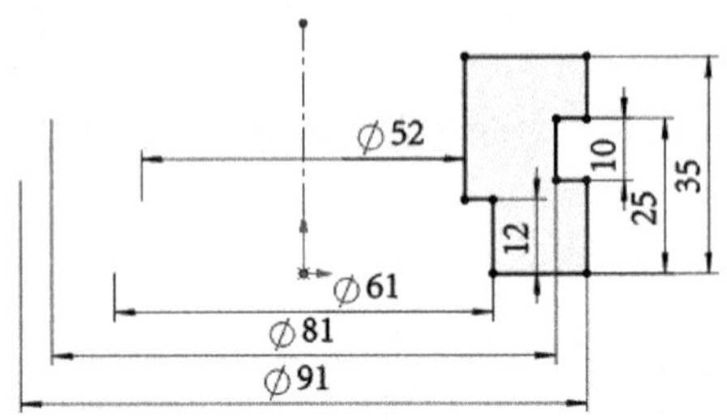

图 2-62　“凸台-旋转 1”的草图

(3) 建立“孔”特征。

孔的参数如图 2-63 所示，孔的放置面如图 2-64 所示，在孔的放置面上绘制两个点，点的位置如图 2-65 所示。

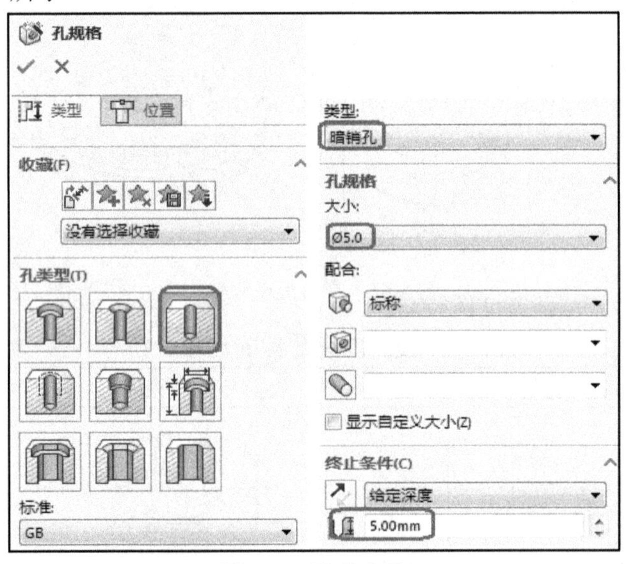

图 2-63　孔的参数

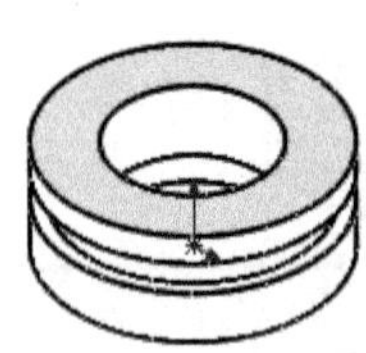

图 2-64　孔的放置面

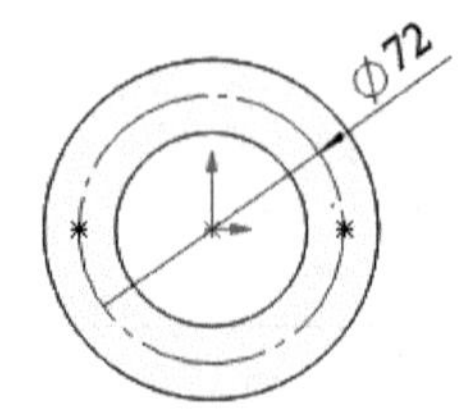

图 2-65　孔的位置

(4) 建立“倒角”和“圆角”特征。

参考工程图，对图 2-66、图 2-67 和图 2-68 中的边进行倒角和倒圆角。

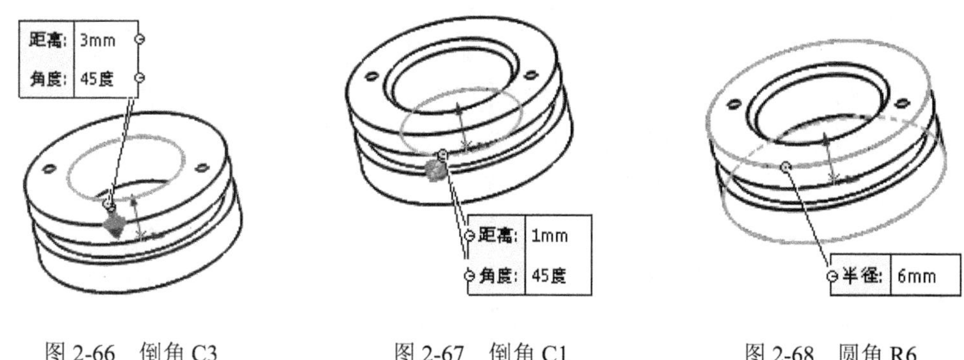

图 2-66　倒角 C3　　图 2-67　倒角 C1　　图 2-68　圆角 R6

任务九　设计中部套筒零件

中部套筒

一、任务分析

中部套筒零件如图 2-69 所示，文件名为“中部套筒.sldprt”，单位为“mm”。建模分析表见表 2-9。

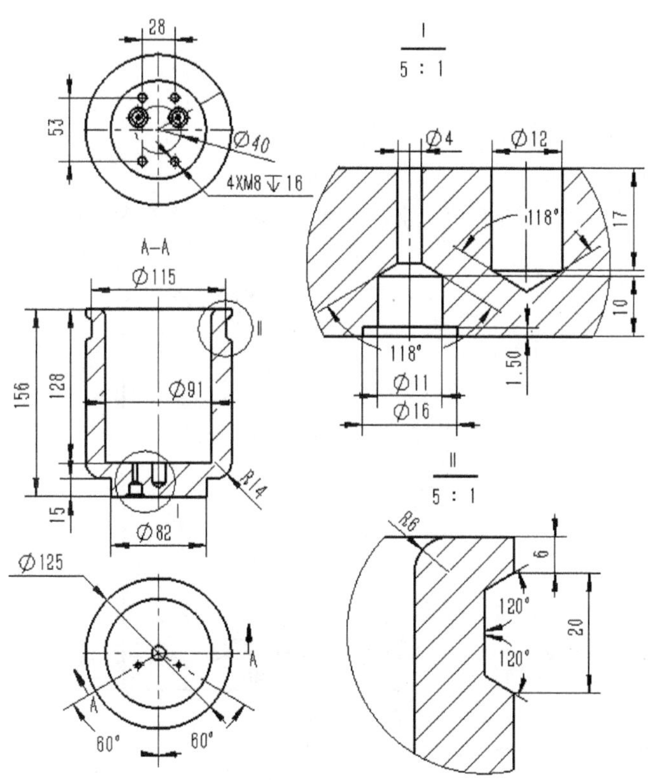

图 2-69　中部套筒零件

表 2-9　中部套筒零件的建模分析

编号	特征	三维模型	编号	特征	三维模型
1	旋转 1		4	螺纹孔	
2	孔 1		5	圆角	
3	切除拉伸 1				

二、任务实施

(1) 建立文件“中部套筒.sldprt”，单位为“mm”。

(2) 建立“旋转 1”特征。

以“前视基准面”作为草图平面，绘制如图 2-70 所示的草图，旋转角度值设为“360”。

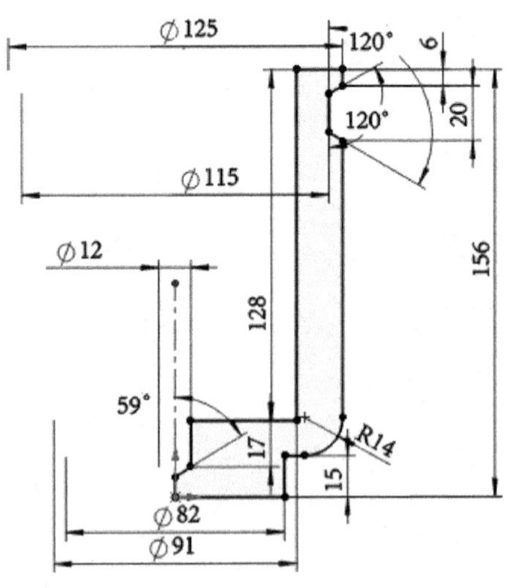

图 2-70　“旋转 1”的草图

(3) 建立“孔 1”特征。

孔的参数如图 2-71 所示，孔的放置面如图 2-72 所示，在孔的放置面上绘制两个点，点的位置如图 2-73 所示。

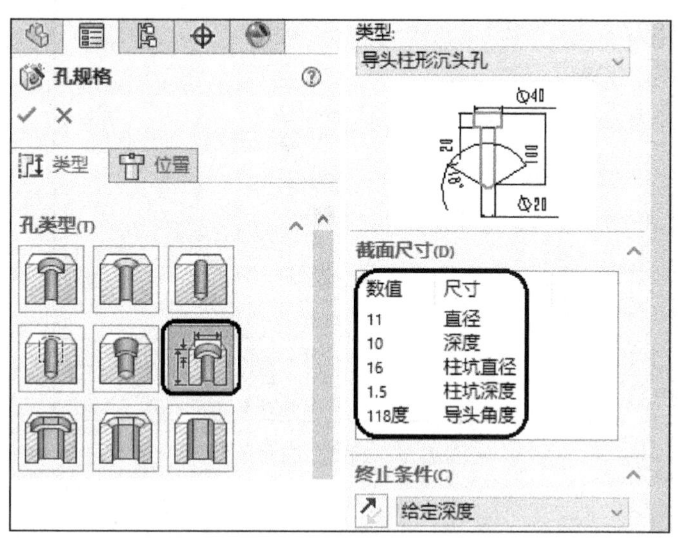

图 2-71　孔的参数

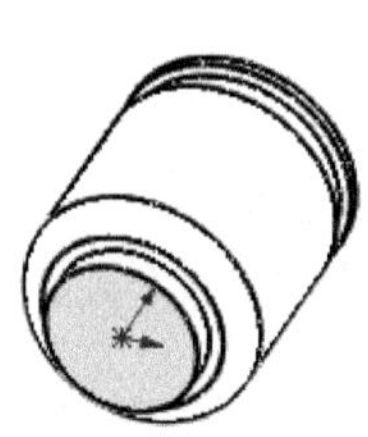

图 2-72　孔的放置面

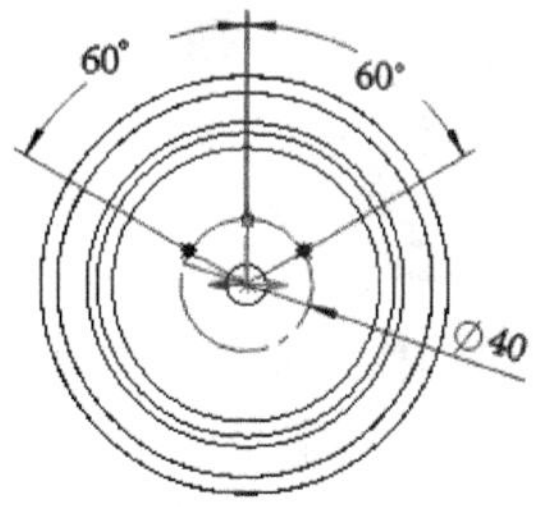

图 2-73　孔的位置

(4) 建立“切除-拉伸 1”特征。

以图 2-74 的面为草图平面，草图如图 2-75 所示，拉伸选项为“完全贯穿”。

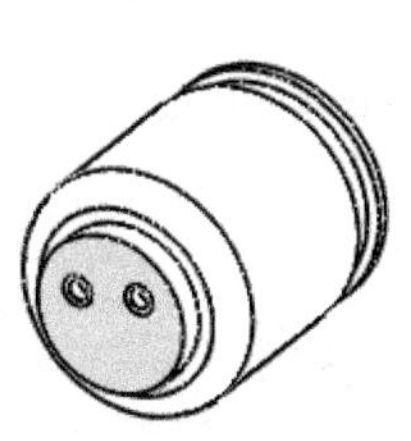

图 2-74　“切除-拉伸 1”的草图平面

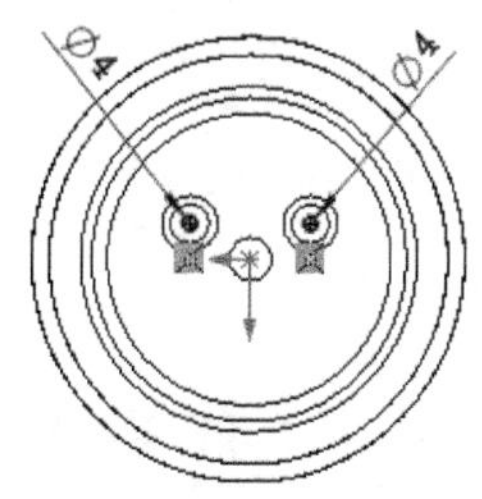

图 2-75　“切除-拉伸 1”的草图

(5) 建立“螺纹孔”。

孔的参数如图 2-76 所示，孔的放置面如图 2-77 所示，在孔的放置面上绘制四个点，点的位置如图 2-78 所示。

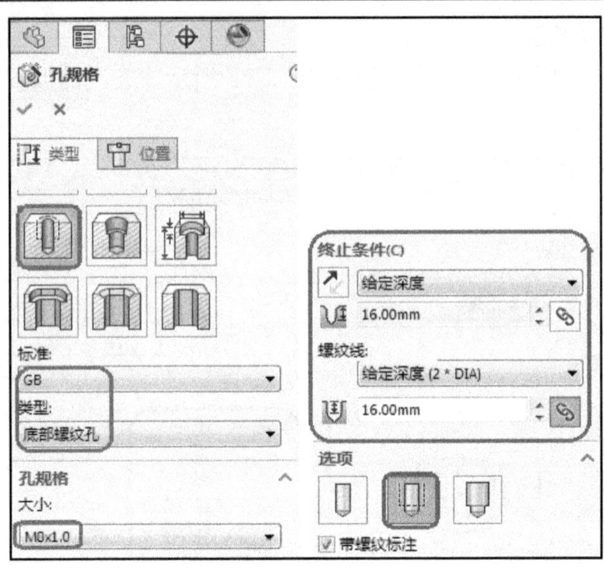

图 2-76　螺纹孔的参数

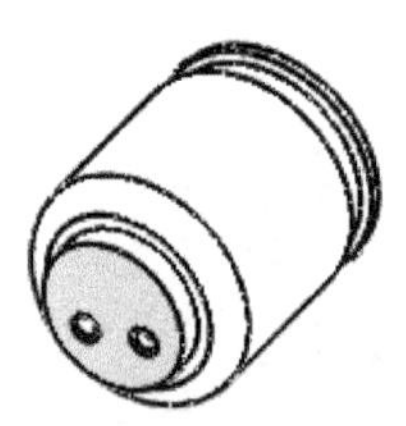

图 2-77　螺纹孔的放置面

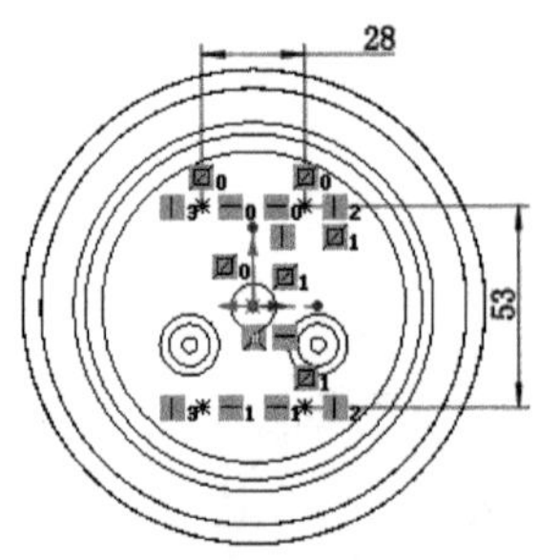

图 2-78　螺纹孔的位置

(6) 建立“圆角”特征。

对图 2-79 中的一条边倒圆角 R6，图 2-80 中的三条边倒圆角 R3。

图 2-79　圆角 R6

图 2-80　圆角 R3

任务十　设计中部外壳零件

外壳

一、任务分析

中部外壳零件如图 2-81 所示，文件名为“中部外壳.sldprt”，单位为“mm”。建模分析表见表 2-10。

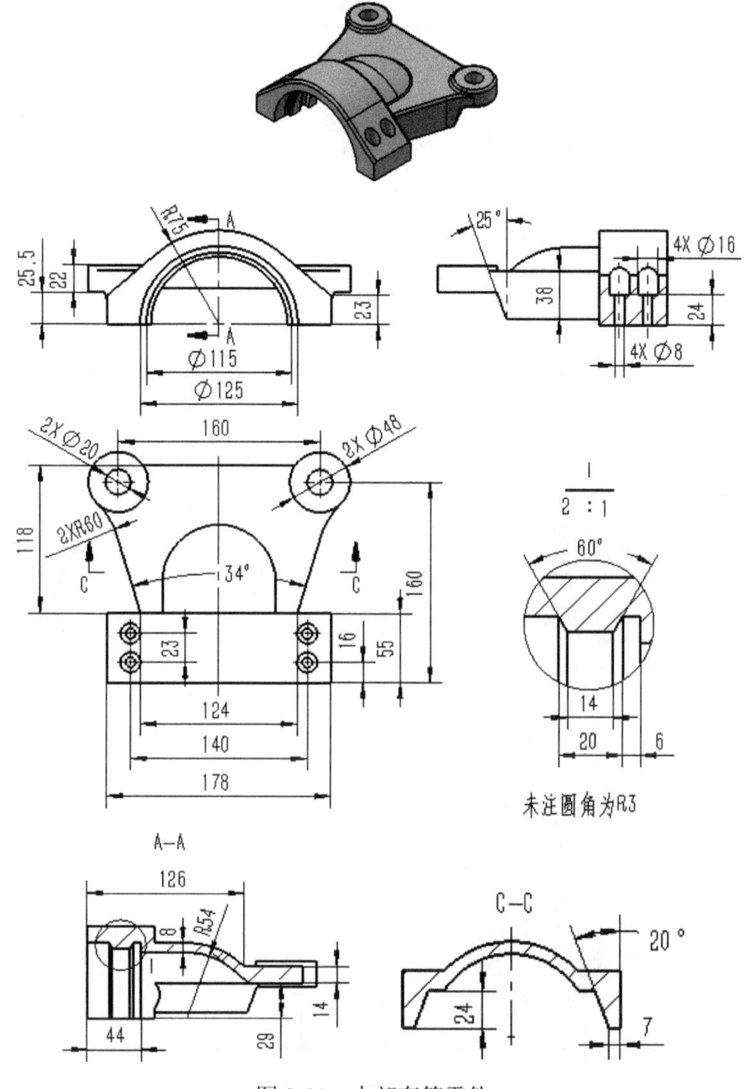

图 2-81　中部套筒零件

表 2-10　中部套筒零件的建模分析

编号	特征	三维模型	编号	特征	三维模型
1	凸台 拉伸 1		3	凸台 拉伸 3	
2	凸台 拉伸 2		4	旋转 1	

续表

编号	特征	三维模型	编号	特征	三维模型
5	切除旋转 1		10	切除旋转 2	
6	圆角 1		11	切除旋转 3	
7	凸台拉伸 4		12	线性阵列	
8	拔模 1		13	圆角 2	
9	拔模 2				

二、任务实施

(1) 建立文件“中部外壳.sldprt”，单位为“mm”。

(2) 建立“凸台-拉伸 1”特征。

以“前视基准面”作为草图平面，绘制如图 2-82 所示的草图，拉伸值设为“55”。

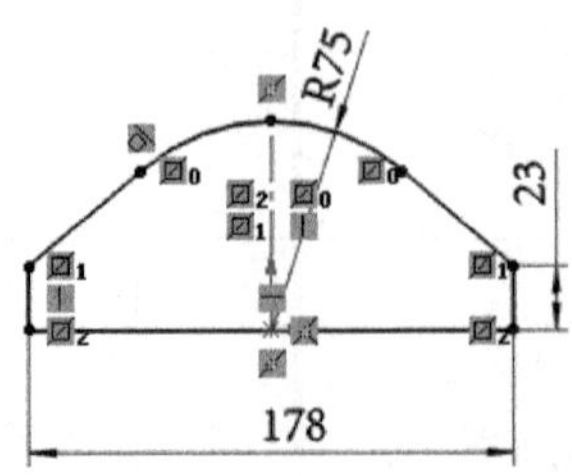

图 2-82　“凸台-拉伸 1”的草图

(3) 绘制公共草图。

以“上视基准面”作为草图平面，绘制如图 2-83 所示的草图。

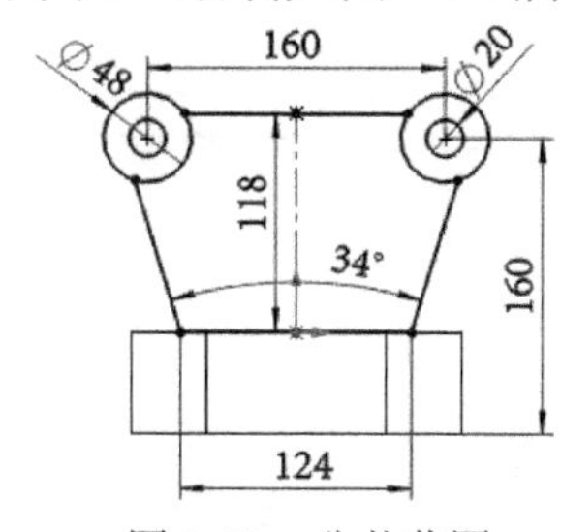

图 2-83　公共草图

(4) 建立“凸台-拉伸 2”特征。

① 右键单击上一步创建的草图，从弹出的菜单中选择“轮廓选择工具”，如图 2-84 所示。

② 选择图 2-85 所示的拉伸区域。

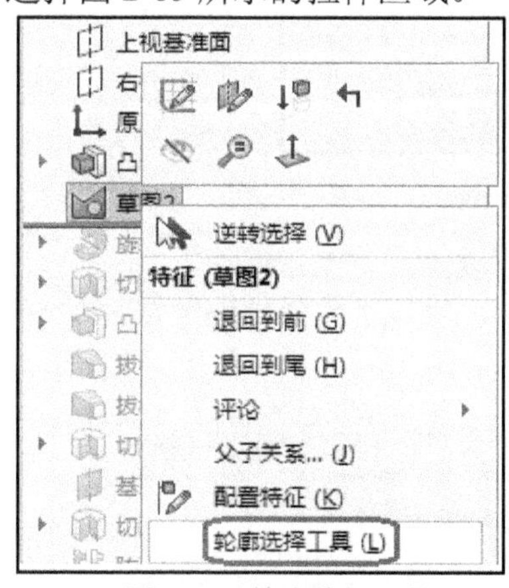

图 2-84　轮廓选择工具

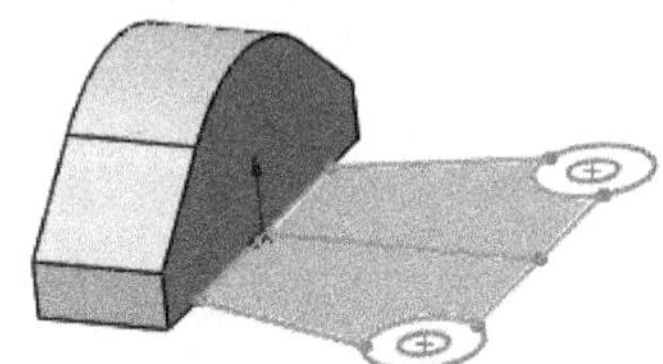

图 2-85　拉伸区域

③ 单击“特征”→“拉伸凸台”，则其属性管理器的设置如图 2-86 所示。

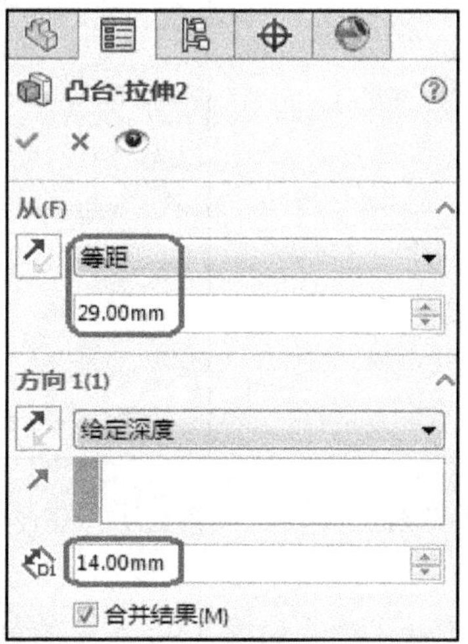

图 2-86　“凸台-拉伸 2”的属性管理器

(5) 建立“凸台-拉伸 3”特征。

① 在设计树中，右键单击上一步图所示的“草图 2”，从弹出的菜单中选择“轮廓选择工具”，如图 2-87 所示。

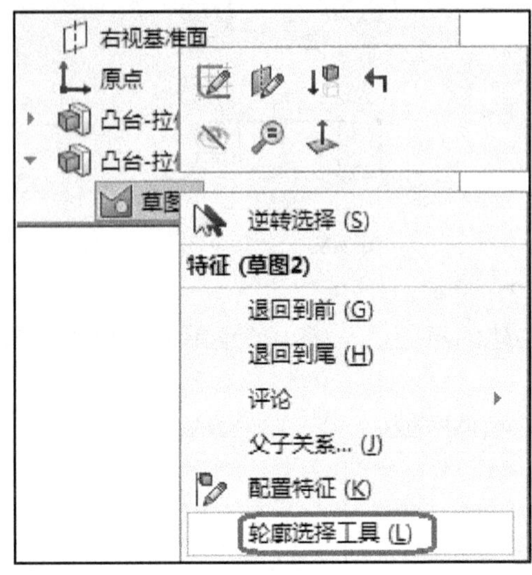

图 2-87　轮廓选择工具

② 按住“Ctrl”键选择如图 2-88 所示的拉伸区域。

③ 在工具栏中，单击“特征”→“拉伸凸台”，其属性管理器的设置如图 2-89 所示。

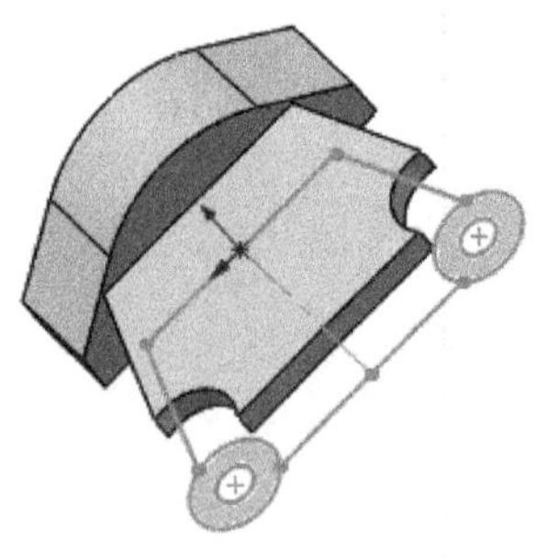

图 2-88　“凸台-拉伸 3”的草图

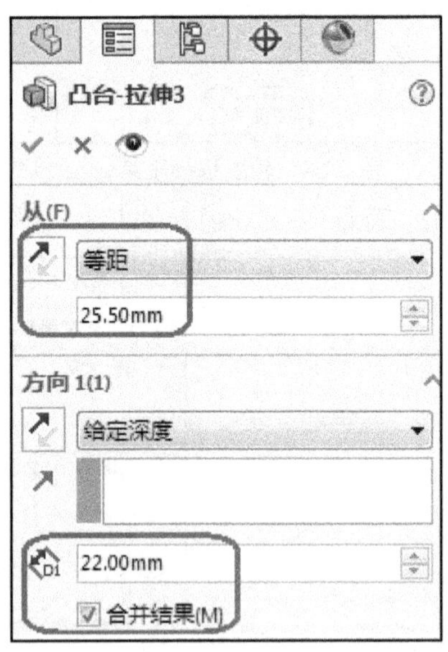

图 2-89　“凸台-拉伸 3”属性管理器

(6) 建立“旋转 1”。

以“右视基准面”作为草图平面，绘制如图 2-90 所示的草图，旋转选项为“两侧对称”，旋转角度值设为“95”。

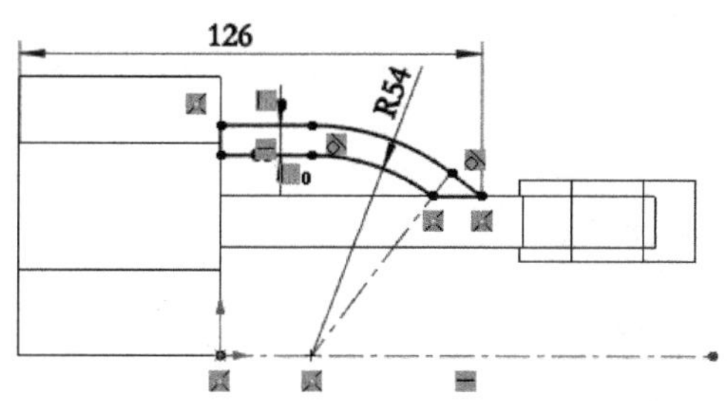

图 2-90　“旋转 1”的草图

(7) 建立“切除-旋转 1”特征。

以“右视基准面”为草图平面，草图如图 2-91 所示，旋转角度值设为“360”。

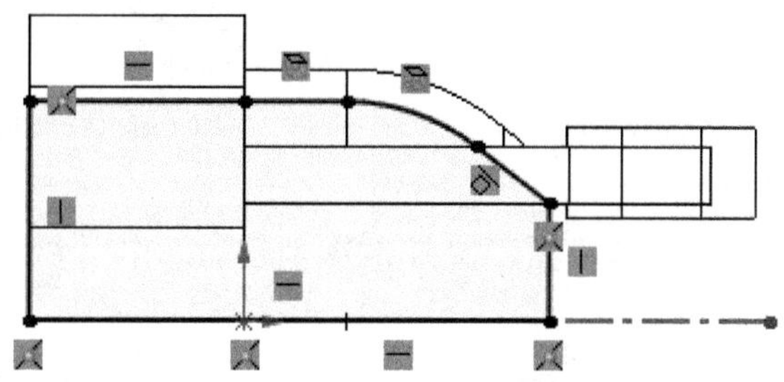

图 2-91　“切除-旋转 1”的草图

(8) 建立“圆角 1”特征。

对图 2-92 所示的两条边倒圆角 R60。

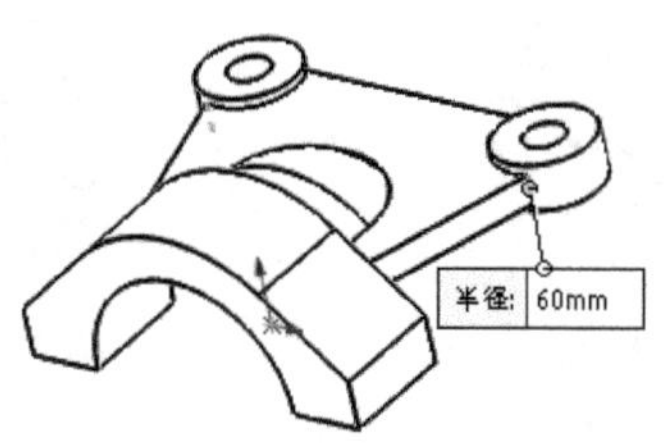

图 2-92　圆角 R60

(9) 建立“凸台-拉伸 4”特征。

以如图 2-93 所示的面作为草图平面，草图如图 2-94 所示，拉伸值设为“24”。

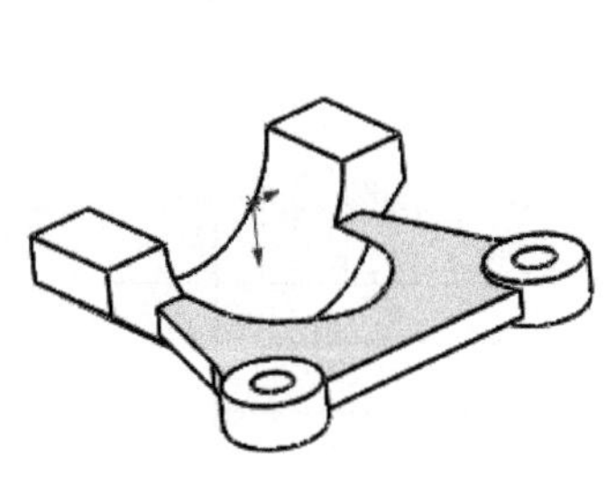

图 2-93　“凸台-拉伸 4”的草图平面

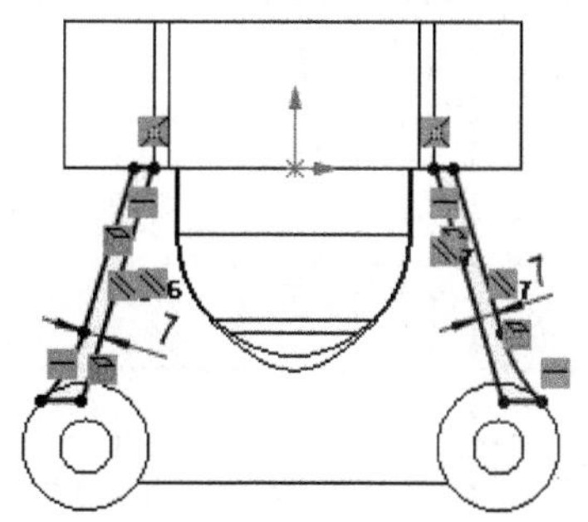

图 2-94　“凸台-拉伸 4”的草图

(10) 建立“拔模 1”特征。

以如图 2-95 所示的面作为拔模面，如图 2-96 所示的面作为中性面，拔模角度值设为“20°”，创建拔模特征。

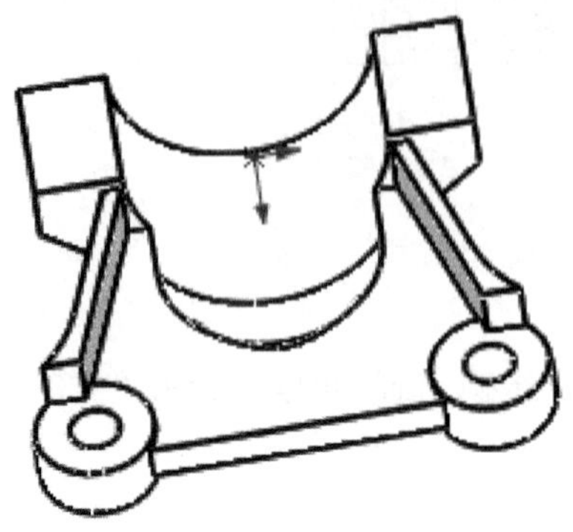

图 2-95　“拔模 1”的拔模面

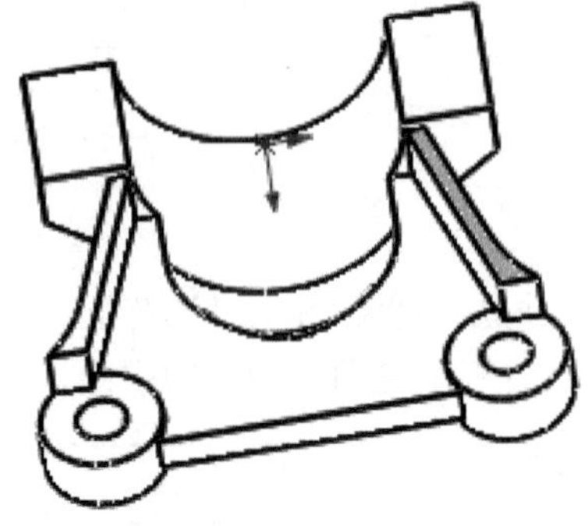

图 2-96　“拔模 1”的中性面

(11) 建立“拔模 2”特征。

以如图 2-97 所示的面作为拔模面，如图 2-98 所示的面作为中性面，拔模角度值设为“25°”，创建拔模特征。

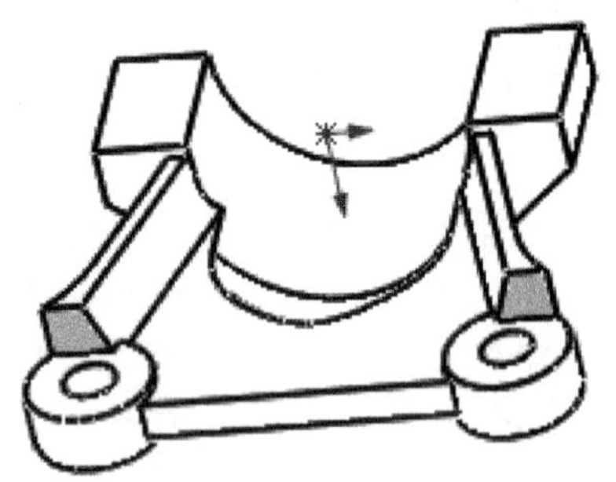

图 2-97　“拔模 2”的拔模面

图 2-98　“拔模 2”的中性面

(12) 建立“切除-旋转 2”特征。

以“上视基准面”作为草图平面，绘制如图 2-99 所示的草图，旋转角度值设为“360”。

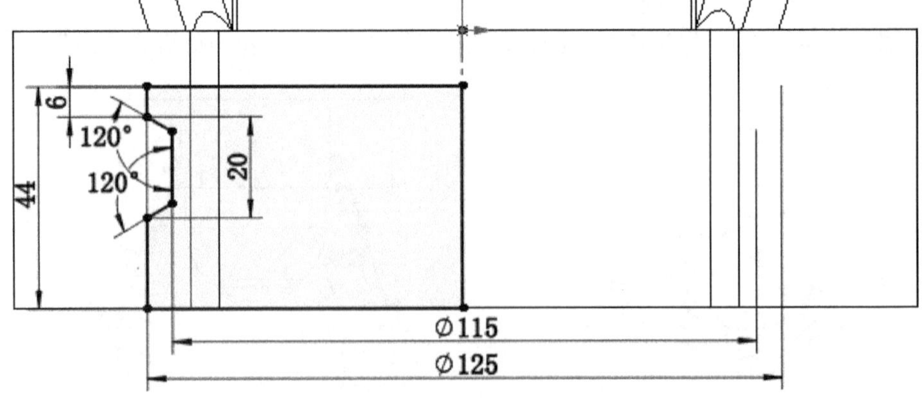

图 2-99　“切除-旋转 2”的草图

(13) 建立“基准面 1”特征。

① 在工具栏中，单击“特征”→“参考几何体”→“基准面”。

② 选择如图 2-100 所示的面为参考面，距离为“16”，如图 2-101 所示。

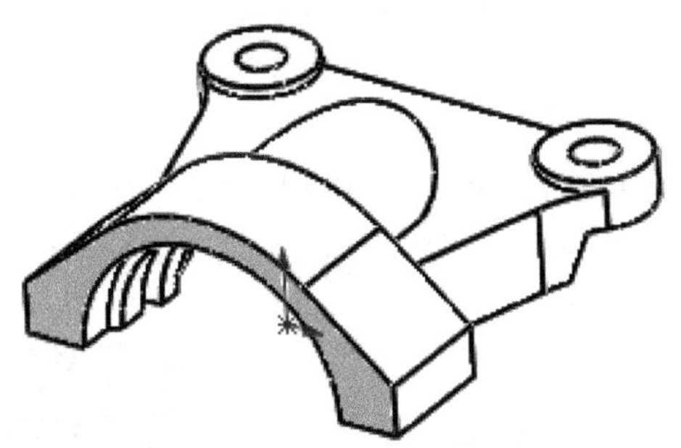

图 2-100　“基准面 1”的参考面

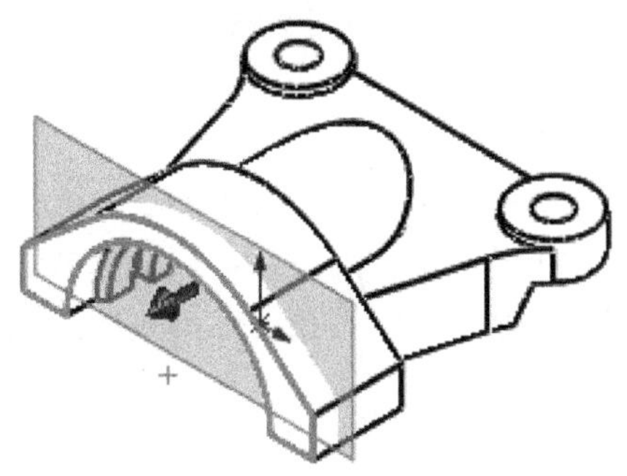

图 2-101　基准面 1

(14) 建立“切除-旋转 3”特征。

以“基准面 1”作为草图平面，绘制如图 2-102 所示的草图，旋转角度值设为“360”。

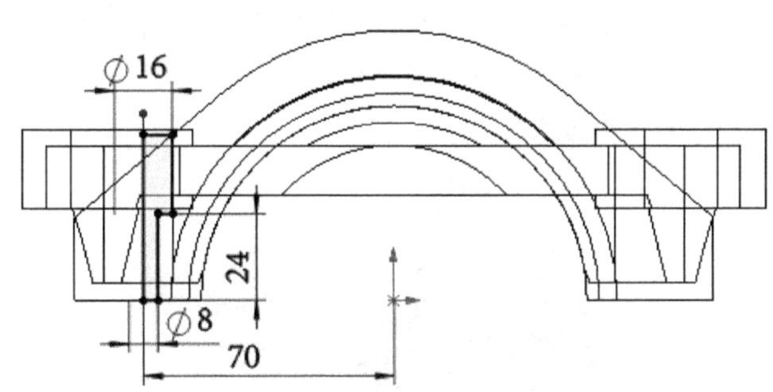

图 2-102　“切除-旋转 3”的草图

(15) 建立“线性阵列”特征。

阵列“切除-旋转 3”，阵列间距分别为“140”和“23”，数量各为“2”。

(16) 建立“圆角 2”特征。

参考如图 2-103 所示的模型，对面和边倒圆角 R3。

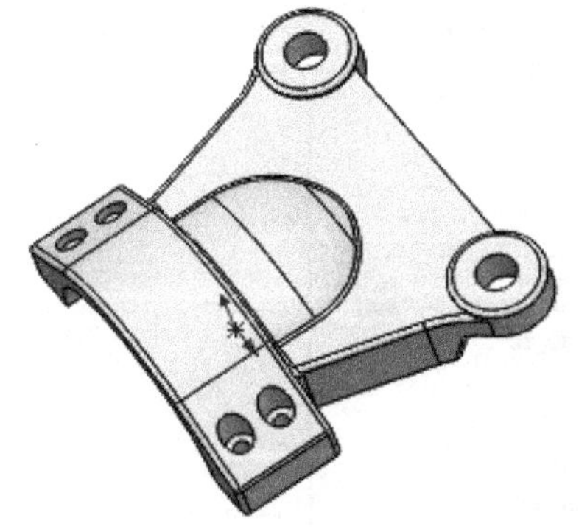

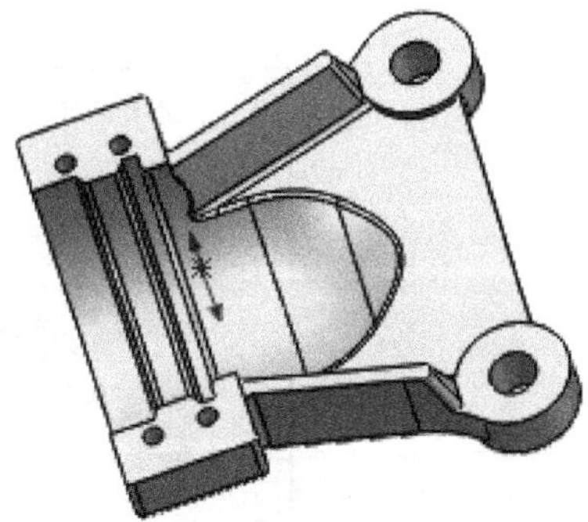

图 2-103　倒圆角的模型

模块二　救援钳零件的装配

救援钳采用了自下而上的设计方法。前面我们利用 SOLIDWORKS 的三维模型技术分别进行了各零部件的设计，接下来就像搭积木一样构建成产品，这样零部件之间不存在任何参数关联，仅仅存在一定的装配关系。

救援钳的装配

任务一　装配救援钳

一、任务分析

本任务“救援钳”中除了常用的“同轴心”和“重合”等配合以外，还用到了高级配合“限制角度”，以及线性零部件阵列和镜向阵列。

图 2-104 是添加配合装配后的模型。

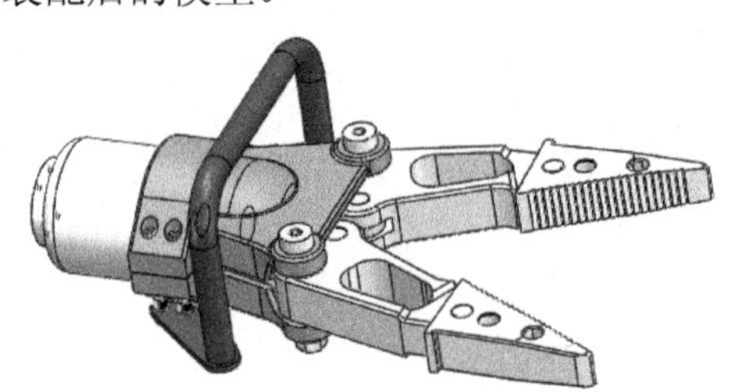

图 2-104　救援钳的装配模型

二、任务实施

(1) 建立装配文件。

在标准工具栏中单击“□”，出现如图 2-105 所示的“新建 SOLIDWORKS 文件”对话框，选择“gb_assembly”模板，然后单击“确定”按钮。

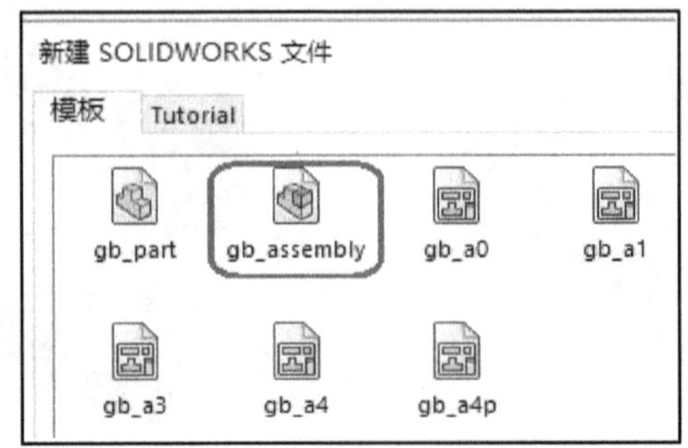

图 2-105　“新建 SOLIDWORKS 文件”对话框

(2) 保存装配文件。

文件保存为“救援钳.sldasm”。

(3) 打开设计库。

在任务窗中，单击“ ”，然后单击“ ”，打开救援钳文件所在的目录，则该目录中的文件出现在任务窗口的下方，如图 2-106 所示。

(4) 插入零件“中部套筒”。

① 从图 2-106 所示的任务窗口中，按住鼠标左键，拖动零件“中部套筒”到窗口中。

② 在设计树中，右键单击“中部套筒”，从弹出的快捷菜单中选择“浮动”。

③ 使“套筒”的“上视基准面”与装配体的“右视基准面”重合。按住“Ctrl”键选择如图 2-107 所示的两基准面，然后放开“Ctrl”键，从弹出的工具按钮中选择“ ”。如果方向不符合要求，可以在设计树中，右键单击“重合 1”配合，选择“反转配合关系”。

④ 同③，使“套筒”的“右视基准面”与装配体的“前视基准面”重合。

⑤ 同③，使“套筒”的“前视基准面”与装配体的“上视基准面”重合。

图 2-106　设计库

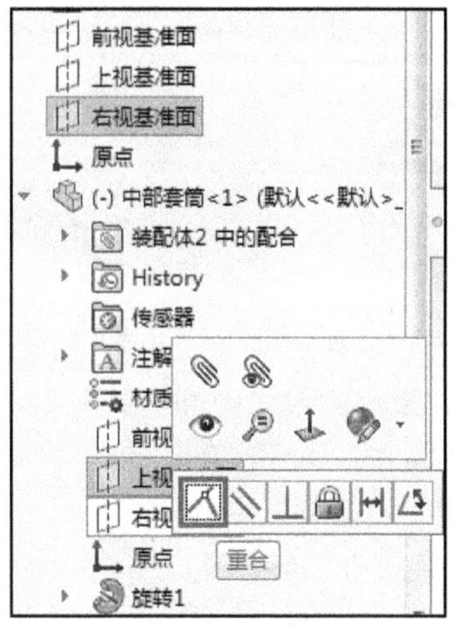

图 2-107　设计树

(5) 装配“活塞杆”零件。

① 把“活塞杆”零件从任务窗口拖动到装配窗口。

② 添加“重合”配合。按住“Ctrl”键，选择如图 2-108 所示的两个面作为配合面。

③ 添加“同轴心”配合。配合面为零件的两圆柱面。

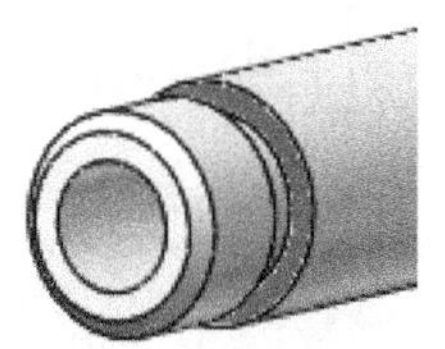

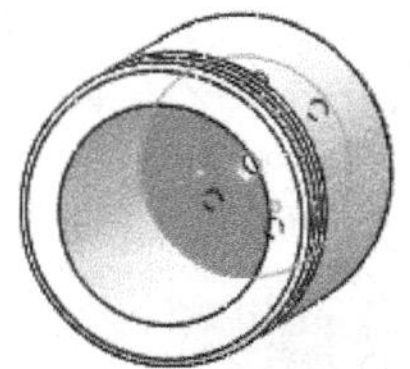

图 2-108　配合面

(6) 装配“活塞”零件。

① 把“活塞”零件从任务窗口拖动到装配窗口。

② 添加“◎同轴心”配合。配合面为“活塞”零件和“活塞杆”零件的圆柱面，如图 2-109 所示。活塞装配后的模型如图 2-110 所示。

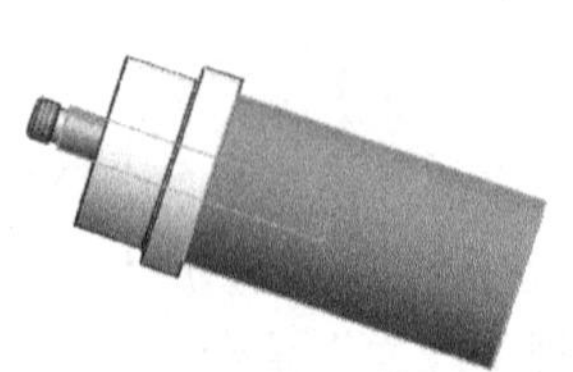

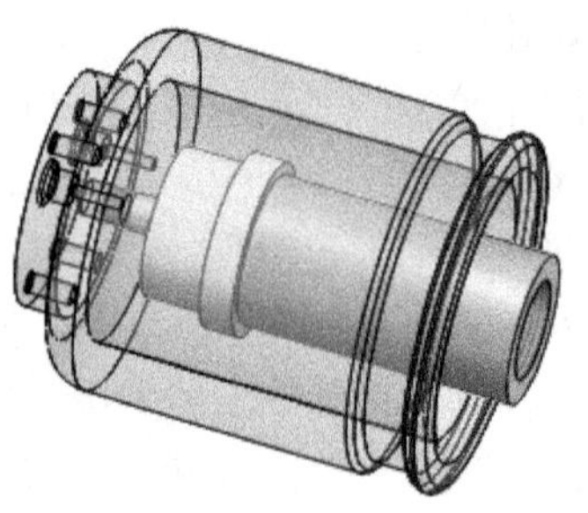

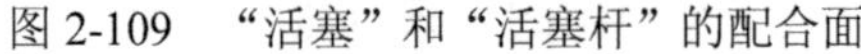

图 2-109　“活塞”和“活塞杆”的配合面　　　图 2-110　活塞装配后的模型

(7) 装配“套筒内环”零件。

① 把“套筒内环”零件从任务窗口拖动到装配窗口。

② 添加“◎同轴心”配合。配合面为“活塞”零件和“套筒内环”零件的圆柱面。

③ 添加“重合”配合。配合面如图 2-111 所示。活塞装配后如图 2-112 所示。

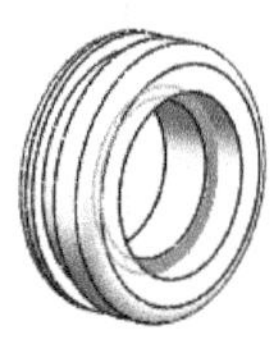

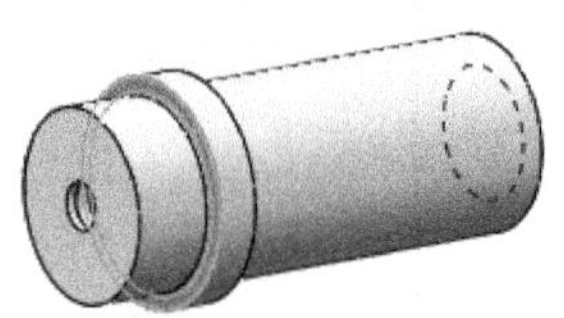

图 2-111　“活塞套筒”和“活塞”的配合面　　　图 2-112　活塞内环装配后的模型

注意：如果想隐藏“中部套筒”零件，可以把鼠标放在该零件上，然后按“Tab”键，如果取消隐藏，按“Shift+Tab”键。

(8) 装配“连接件”零件。

① 把“连接件”零件从任务窗口拖动到装配窗口。

② 添加“◎同轴心”配合。配合面为“活塞”零件和“连接件”零件的圆柱面。

③ 添加“重合”配合。配合面如图 2-113 所示。隐藏“中部套筒”零件。

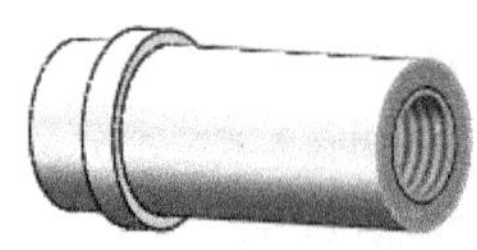

图 2-113　“重合”配合的面

④ 添加“平行”配合。配合面为“连接件”零件的上表面(如图 2-114 所示)和装配体的“上视基准面”。连接件装配后如图 2-115 所示。

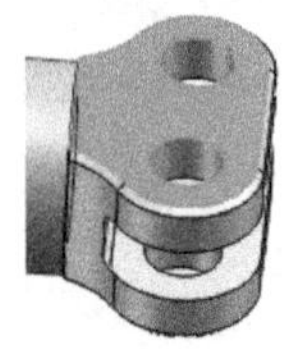

图 2-114　连接件的上表面

图 2-115　零件装配后的模型

(9) 装配“传动件”零件。

① 把“传动件”零件从任务窗口拖动到装配窗口。

② 添加“◎同轴心”配合。配合面如图 2-116 所示。

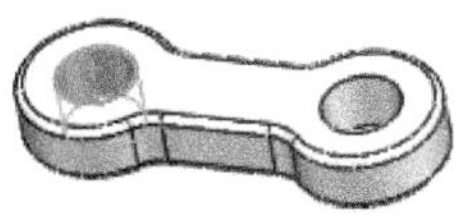

图 2-116　“同轴心”配合的面

③ 添加“宽度”配合。按住“Ctrl”键选择如图 2-117 所示的四个面，然后放开“Ctrl”键，从弹出的工具按钮中选择“”配合。

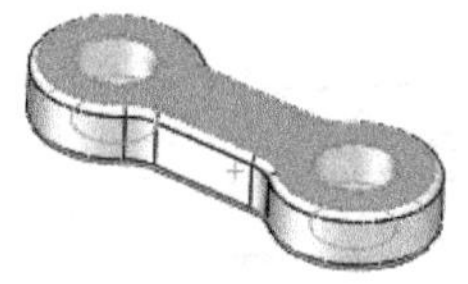
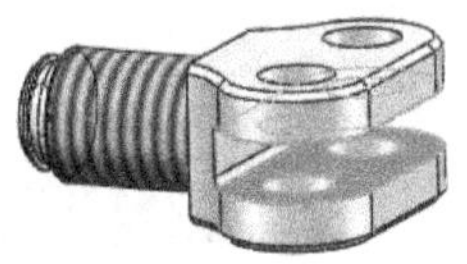

图 2-117　“宽度”配合的面

(10) 装配“钳臂”零件。

① 把“钳臂”零件从任务窗口拖动到装配窗口。

② 添加“◎同轴心”配合。

③ 添加“宽度”配合。按住“Ctrl”键选择如图 2-118 所示的的四个面，然后放开“Ctrl”键，从弹出的工具按钮中选择“”配合。钳臂装配后如图 2-119 所示。

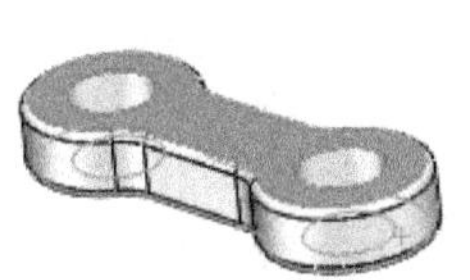
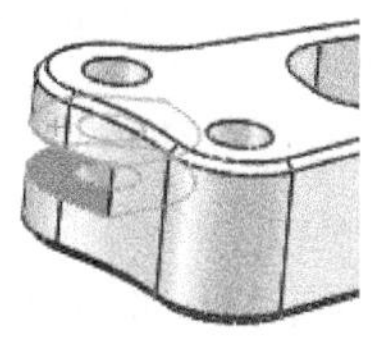

图 2-118　“宽度”配合的面

图 2-119　“钳臂”装配后的状态

(11) 装配“钳头”零件。

① 把“钳头”零件从任务窗口拖动到装配窗口。

② 添加“宽度”配合。按住“Ctrl”键选择如图 2-120 所示的的四个面，然后放开“Ctrl”键，从弹出的工具按钮中选择“”配合。

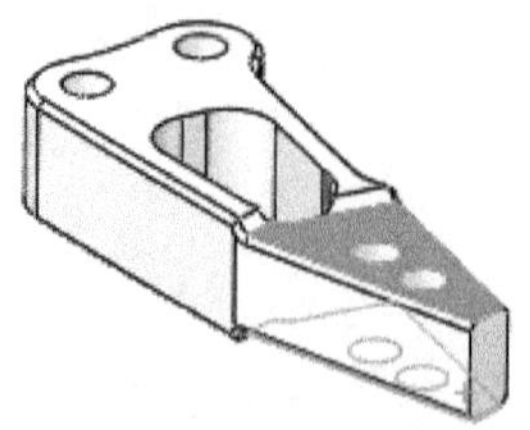
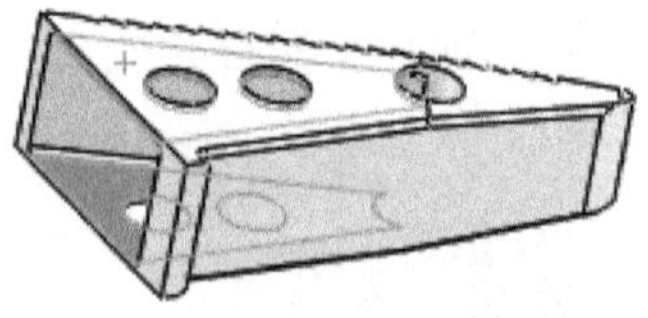

图 2-120　“宽度”配合的面

③ 添加“◎同轴心”配合。选择“钳头”和“钳臂”相应孔的内孔面。

④ 添加“⫽平行”配合。配合面如图 2-121 所示。钳头装配后如图 1-122 所示。

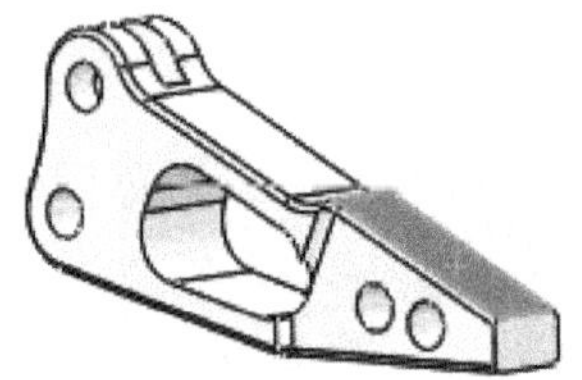
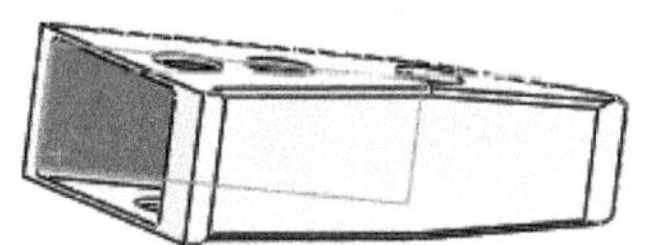

图 2-121　“平行”配合的面

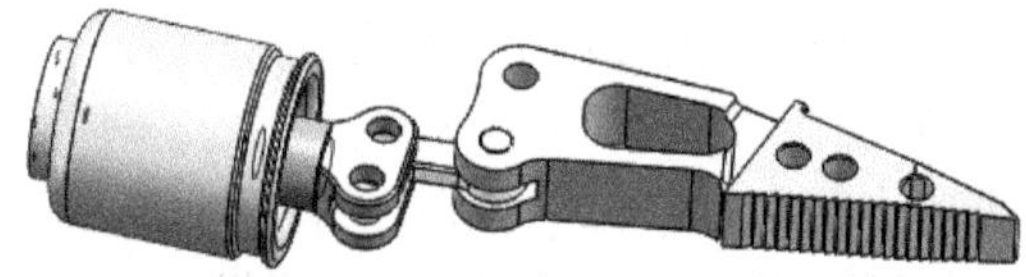

图 2-122　“钳头”装配后的状态

(12) 另一侧装配“传动件”“钳臂”和“钳头”。

在工具栏中，单击“装配体”，然后单击“线性零部件阵列”下方的箭头，然后单击“镜向零部件”。把“传动件”“钳臂”和“钳头”作为镜向零件，把装配体的“前视基准面”作为镜向面。

(13) 装配“中部外壳”零件。

① 把“中部外壳”零件从任务窗口拖动到装配窗口。

② 添加“◎同轴心 1”配合。参考图 2-123。

③ 添加“◎同轴心 2”配合。参考图 2-123。

④ 添加“◎同轴心 2”配合。参考图 2-123。

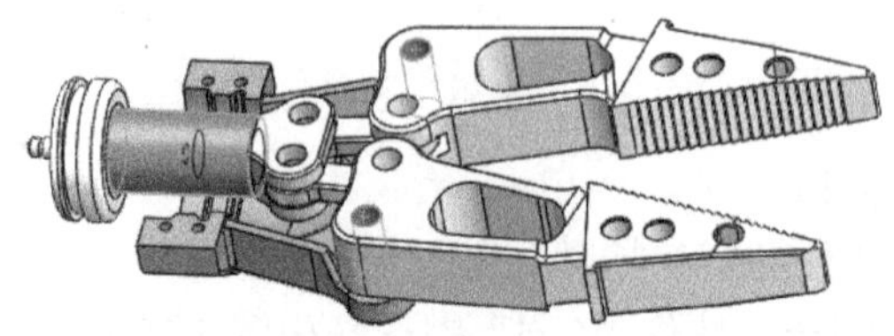

图 2-123　与“中部外壳”同轴心配合的三个圆柱面

⑤ 添加“重合”配合。配合面如图 2-124 所示。

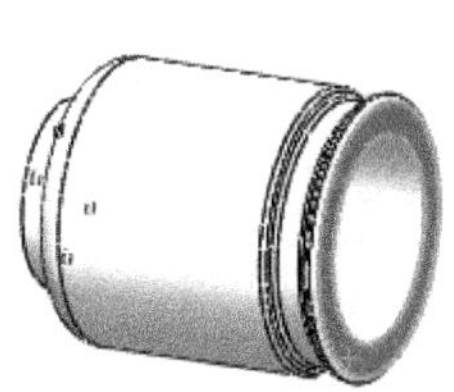

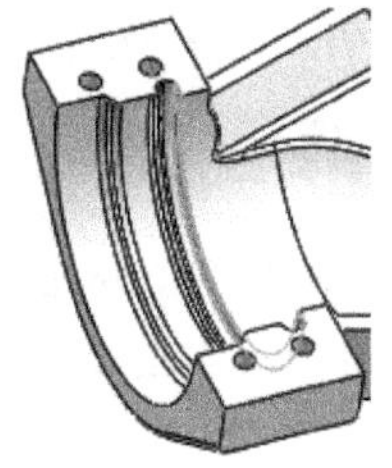

图 2-124　“重合”配合的面

⑥ 镜向装配“中部外壳”。

在工具栏中，单击“装配体”→“线性零部件阵列”→“镜向零部件”，选择“中部外壳”为镜向零件，镜向面为装配体的“上视基准面”。镜向后如图 2-125 所示。

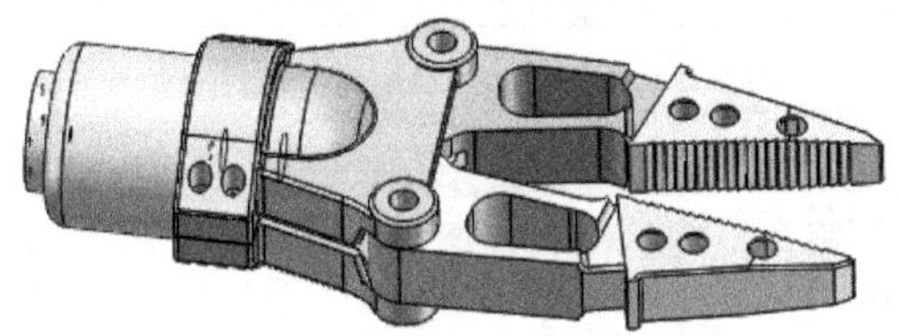

图 2-125　“中部外壳”的镜向

(14) 添加限制“钳头”的张开角。

在工具栏中，单击“装配体”→“配合”，在“配合”属性对话框中选择“高级配合”，选择图 2-126 所示的两个配合面，然后单击“”，参考图 2-127 进行设置。

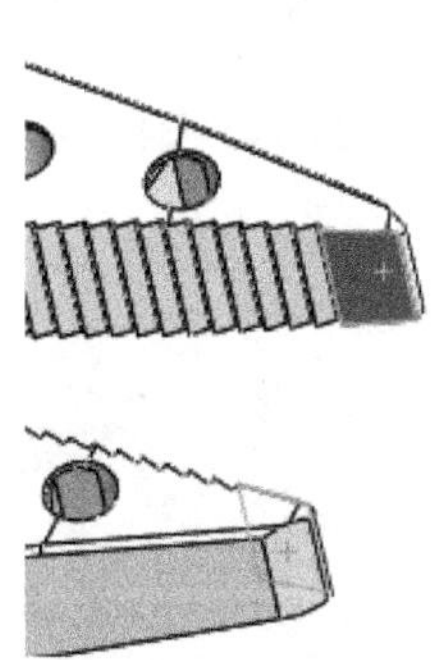

图 2-126　配合面

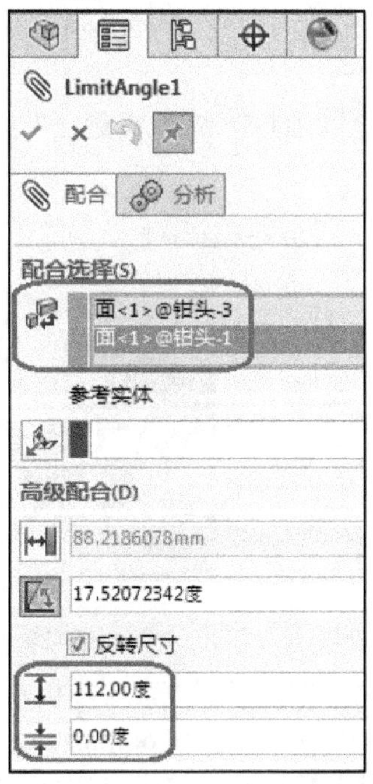

图 2-127　“LimitAngle1”的属性管理器

(15) 动态模拟装配体的运动。

拖动零件“钳臂”，“活塞杆”“杆端”“传动件”等零件随着它一起运动，检测两“钳头”之间张角的变化。

(16) 添加“把手”零件。

① 把“把手”零件从任务窗口拖动到装配窗口。

② 添加“◎同轴心”配合。使“把手”上四个孔与“外壳”上的对应的四个孔均设置为“同轴心”配合。

(17) 装配标准件“圆柱销”。

① 在如图 2-128 所示的任务窗口中，双击“Toolbox”→“GB”→“销和键”→“圆柱销”，然后拖动 3 个“圆柱销 GB/T119.1—2000”零件到装配窗口，均为“20 × 40”。

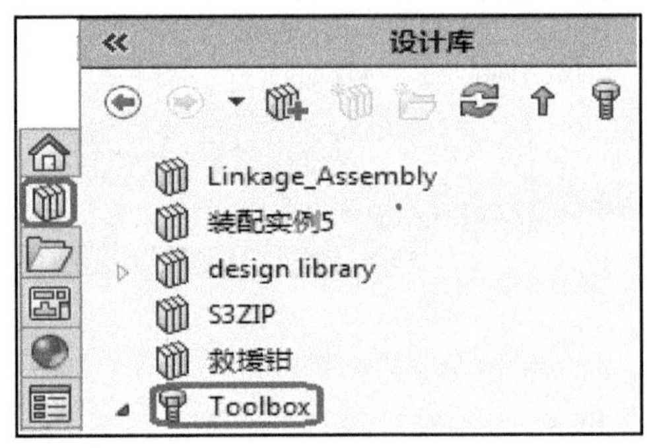

图 2-128　设计库

② 修改“圆柱销”的零部件属性。右键单击圆柱销，从弹出的工具栏中选择“编辑 Toolbox 零部件”，规格修改为“20 × 45”。用同样的方法，将另一个圆柱销的规格修改为“20 × 50”。

③ 利用“◎同轴心”和“重合”的配合，分别把三个圆柱销安装在如图 2-129 所示的位置。

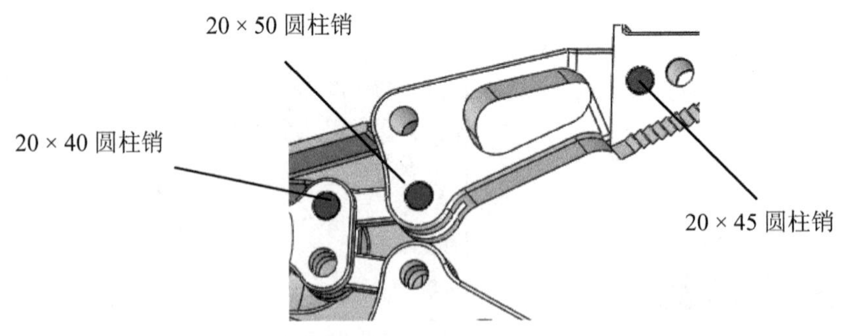

图 2-129　圆柱销的装配

(18) 装配标准件“螺钉”“垫片”和“螺母”。

① 在任务窗口中，双击“Toolbox”→“GB”→“screws”→“机械螺钉”，然后拖动 1 个“内六角圆柱头轴肩螺钉 GB/T5281—1985”零件到装配窗口，规格为“20 × 90”。

② 在任务窗口中，双击“Toolbox”→“GB”→“垫圈和挡圈”→“平垫圈”，然后

拖动 1 个“平垫圈 C 级 GB/T95—1985”零件到装配窗口，规格为“16”。

③ 在任务窗口中，双击“Toolbox”→“GB”→“螺母”→“六角螺母”，然后拖动 1 个“1 型六角螺母 GB/T6170—2000”零件到装配窗口，规格为“M16”。

④ 参考图 2-130，利用“◎同轴心”和“重合”的配合，装配螺钉、螺母和垫片，把中部外壳和钳臂连接在一起。

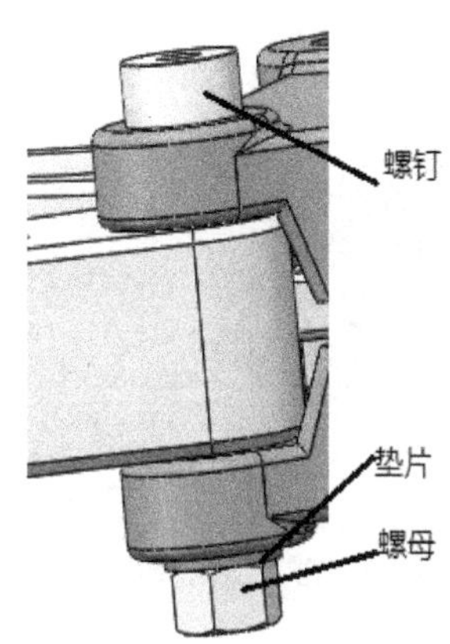

图 2-130　螺钉、垫片和螺母的装配

(19) 装配标准件“螺钉”“垫片”“六角螺母”和“圆螺母”。

① 在任务窗口中，双击“Toolbox”→“GB”→“screws”→“凹头螺钉”，然后拖动 1 个“内六角圆柱头螺钉 GB/T70.1—2000”零件到装配窗口，规格为“M8 × 55”。

② 在任务窗口中，双击“Toolbox”→“GB”→“screws”→“凹头螺钉”，然后拖动 1 个“内六角圆柱头螺钉 GB/T70.1—2000”零件到装配窗口，规格为“M8 × 16”。

③ 在任务窗口中，双击“Toolbox”→“GB”→“螺母”→“圆螺母”，然后拖动 1 个“嵌装圆螺母 A 型 GB/809—1988”零件到装配窗口，规格为“M8 × 25”。

④ 在任务窗口中，双击“Toolbox”→“GB”→“垫圈和挡圈”→“平垫圈”，然后拖动 2 个“平垫圈 C 级 GB/T95—1985”零件到装配窗口，规格为“8”。

⑤ 参考图 2-131 利用“◎同轴心”和“重合”的配合，装配螺钉、螺母、垫片和圆螺母。这样可以把上下盖和把手连接在一起。

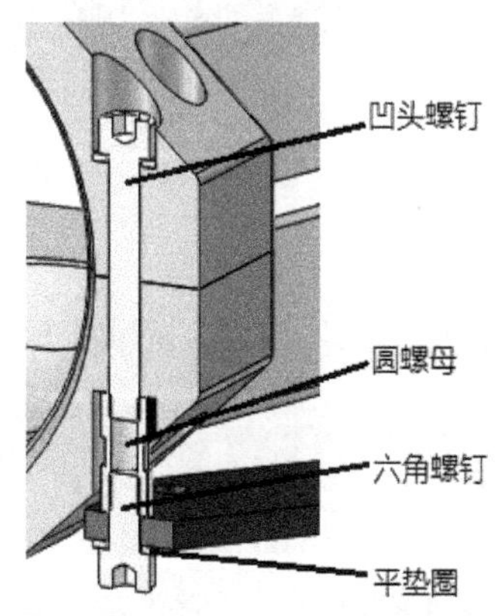

图 2-131　螺钉、垫片、螺母和圆螺母的装配

(20) 镜向零部件。

在工具栏中，单击“装配体”，然后单击“ 线性零部件阵列”下方的箭头，然后单击“镜向零部件”。把如图 2-132 所示的零部件作为镜向零件，把装配体的“前视基准面”作为镜向面。

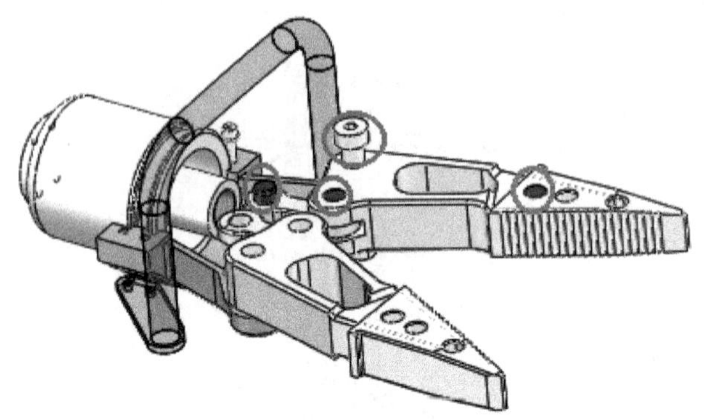

图 2-132　镜向零部件

(21) 线性阵列零部件。

在工具栏中，单击“装配体”→“ 线性零部件阵列”。线性阵列如图 2-133 所示的 4 个标准件，阵列的一个方向的参数为：距离“23”、数量“2”；另一个方向的参数为：距离“140”、数量“2”。阵列和镜向后的模型如图 2-134 所示。

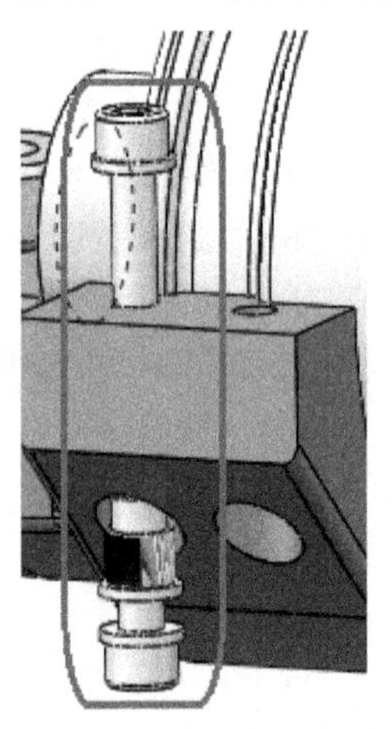

图 2-133　线性阵列

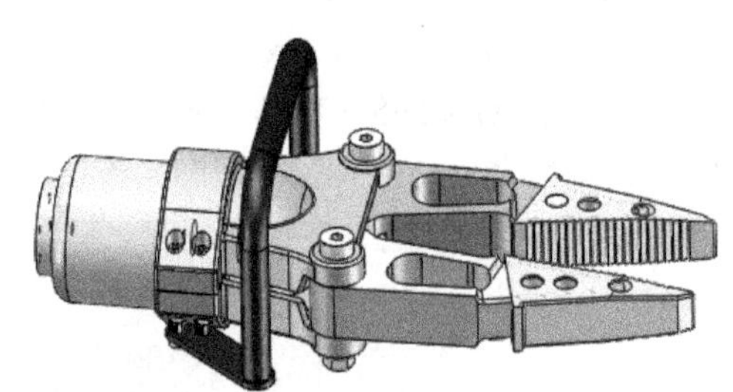

图 2-134　装配完成后的模型

任务二　救援钳的爆炸图

一、任务分析

装配就是把零件按一定的配合进行定位，但零件配合后就看不到零件的内部结构。通过爆炸可以看到装配体的内部结构。爆炸视图不会影响零件配合或最终的零件位置。

二、任务实施

(1) 创建装配体的爆炸视图。

① 在工具栏中，单击“装配体”→“爆炸视图”。

② 单击“中部套筒”零件，按住“箭头Y”沿负方向拖动到合适的位置，然后单击鼠标左键，“爆炸步骤1”结束。

③ 参考“爆炸步骤1”爆炸其它零件，爆炸状态如图2-135所示。

④ 在“爆炸”属性管理器中单击“✔”，爆炸完成。

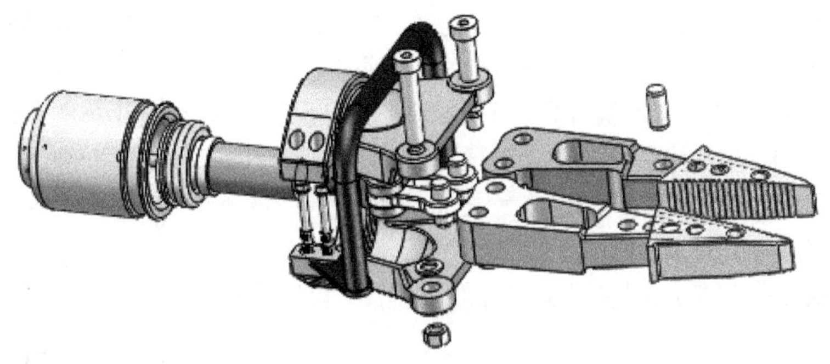

图2-135　爆炸状态

(2) 解除爆炸视图。

在“配置管理器”中，右键单击“爆炸视图1”，选择“解除爆炸”，如图2-136所示，则“爆炸视图1”呈灰色。

在“设计树”中，右键单击“爆炸视图1”，选择“动画解除爆炸”，如图2-136所示，则可以动画的方式显示爆炸过程。

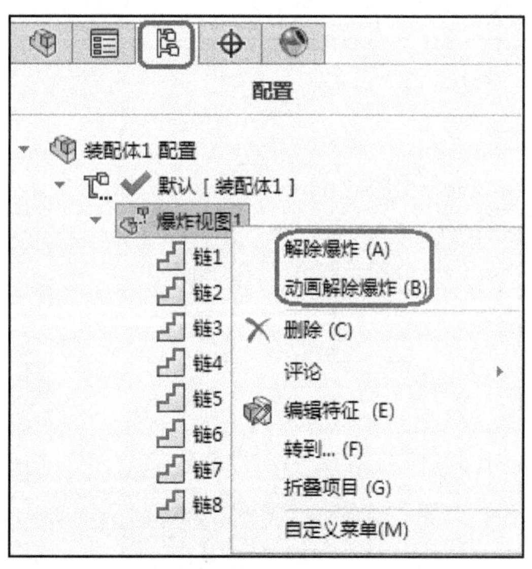

图2-136　配置管理器

(3) 恢复爆炸视图。

在“设计树”中，双击“爆炸视图1”，则装配恢复爆炸状态。

模块三　救援钳零件的工程图

SOLIDWORKS 可以根据 3D 模型创建工程图，从而将 3D 模型的尺寸、注释等信息直接传递到绘图页面上的视图中。

从 3D 模型和从模型中生成工程图有众多优势，比如：(1) SOLIDWORKS 可从模型草图和特征自动插入尺寸和注解到工程图中，这样不必在工程图中手动生成尺寸；(2) 模型的参数和几何关系在工程图中被保留，这样工程图可反映模型的设计意图；(3) 模型或工程图中的更改会反映在其相关文件中，这样更改起来更容易，工程图更准确。对于复杂的零件，在设计过程中反复修改零件模型，工程图也会做出相应的修改，因此利用 SOLIDWORKS 创建工程图，更能显示出优势。

该模块包括 2 个任务：创建钳头零件的工程图、创建钳臂的工程图。

任务一　创建钳头零件的工程图

钳头的工程图

一、任务分析

钳头零件的工程图如图 2-137 所示，其中包括三个视图：主视图、俯视图、模型视图，其中主视图采用全剖，另外还有一个局部放大图。

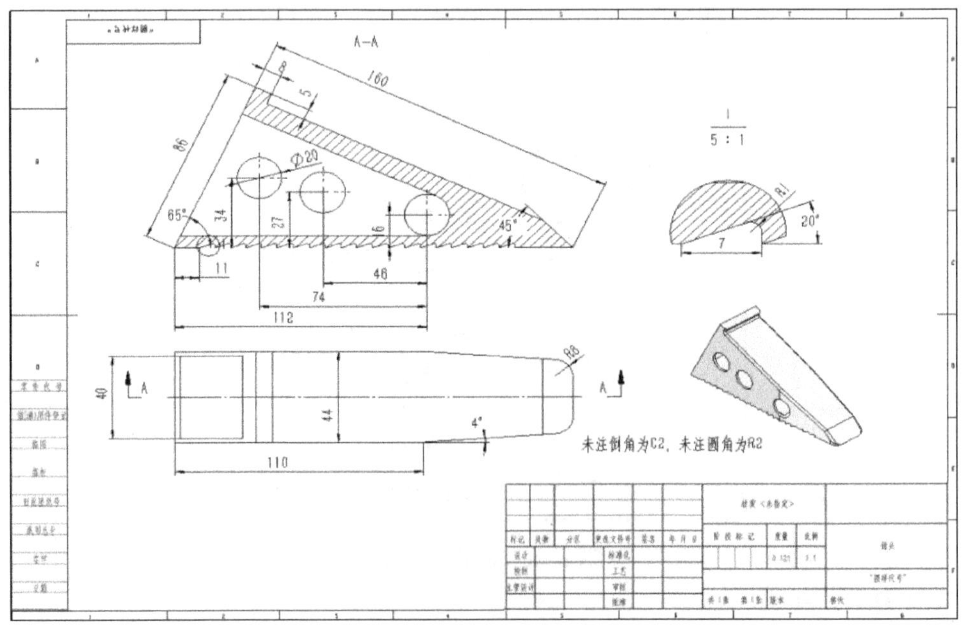

图 2-137　钳头零件的工程图

二、任务实施

(1) 新建 A3 图纸文件。

单击“ ”按钮，参考图 2-138，创建国标模板的 A3 图纸。

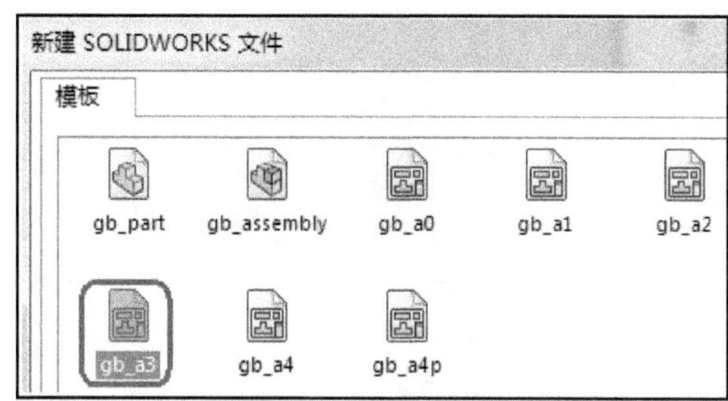

图 2-138　新建 A3 图纸文件

(2) 保存文件，文件名为“钳头.slddrw”。

(3) 视图的尺寸及视图设置。

① 单击“ ”按钮。或单击菜单“工具”→“选项”。

② 如图 2-139 所示，修改尺寸字体的高度。

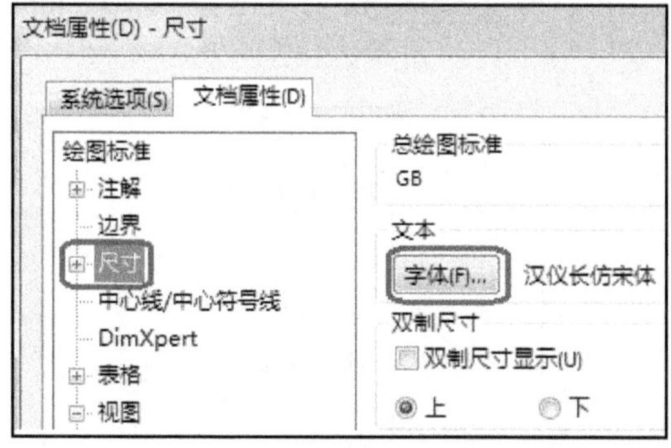

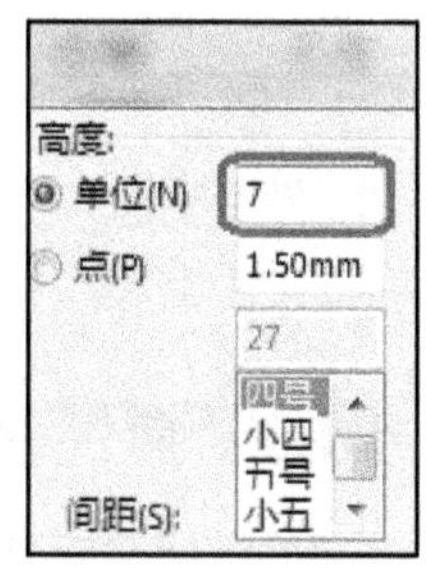

图 2-139　尺寸字体的高度设置

③ 如图 2-140 所示，修改视图标签字体的高度。

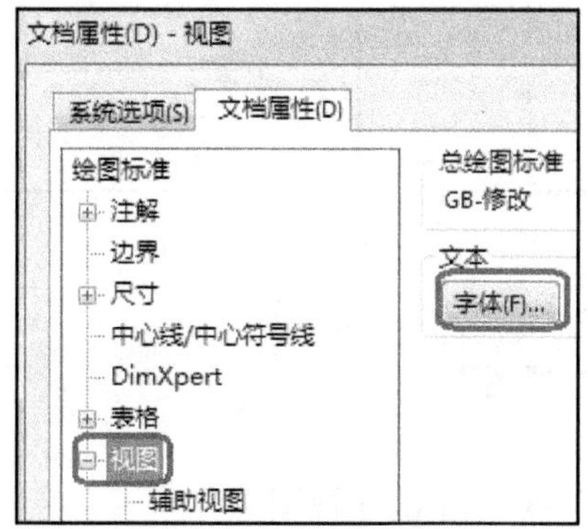

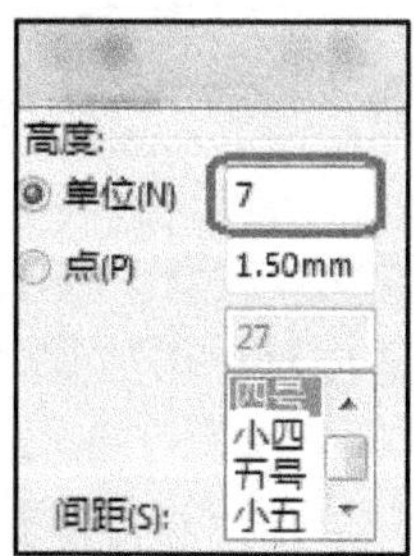

图 2-140　视图字体的高度设置

④ 角度尺寸的文本位置设置如图 2-141 所示。

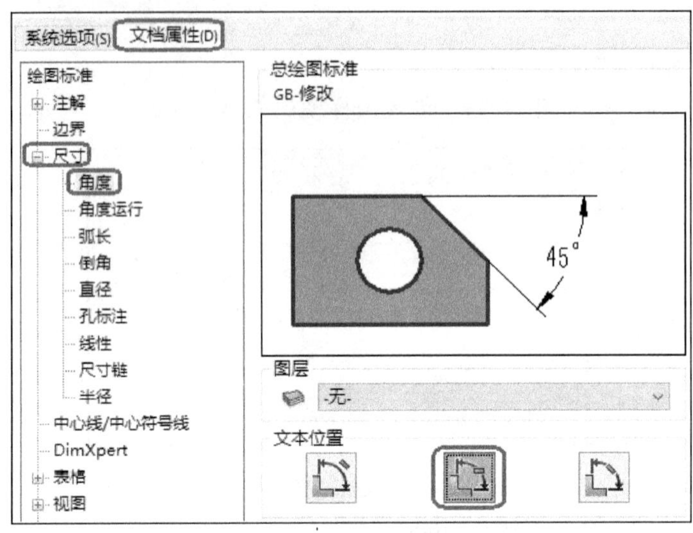

图 2-141　角度尺寸设置

(4) 创建俯视图。

① 在工具栏中，单击“视图布局”→“模型视图”。

② 在“模型视图”视图管理器中，单击“浏览(B)...”，打开文件“钳头.sldprt”，选择“上视”方向，显示样式为“”，比例为“1∶1”。如图 2-142 所示。

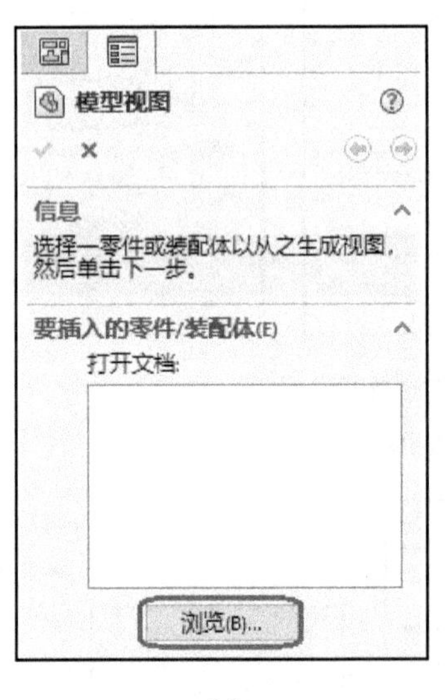

(a)

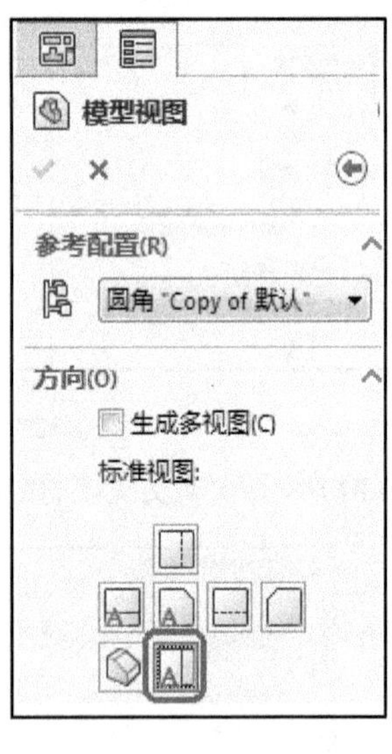

(b)

图 2-142　“模型视图”的属性管理器

③ 在图纸的合适位置单击放置“上视图”。

(5) 剖面视图。

① 在工具栏中，单击“视图布局”→“剖面视图”。

② 在“剖面视图辅助”的属性管理器中参考图 2-143 选择“切割线”，然后单击“上

视图”的中点作为剖切位置，如图 2-144 所示。

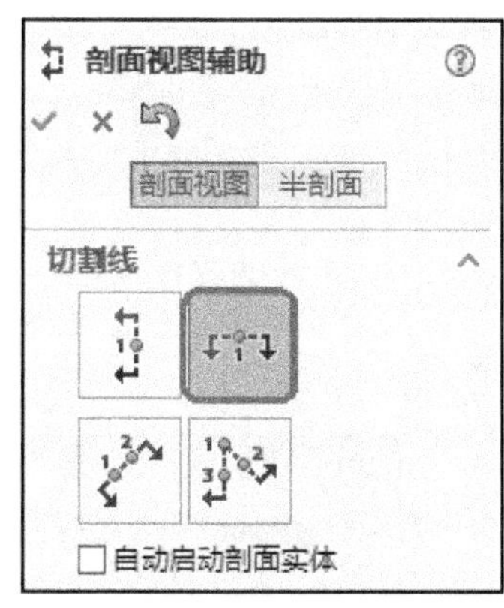

图 2-143　“剖面视图辅助”的属性管理器

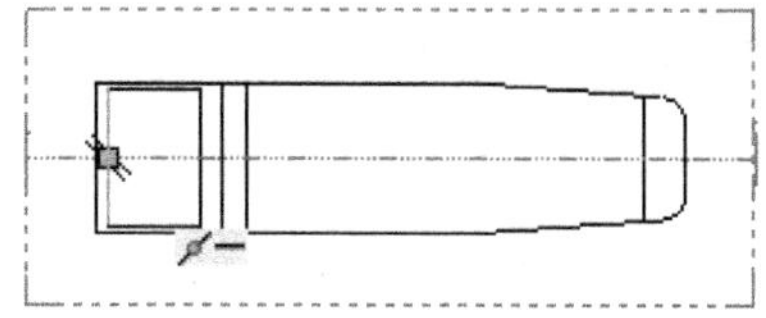

图 2-144　剖切位置

③ 在图纸合适位置单击放置剖面视图，如图 2-145 所示。

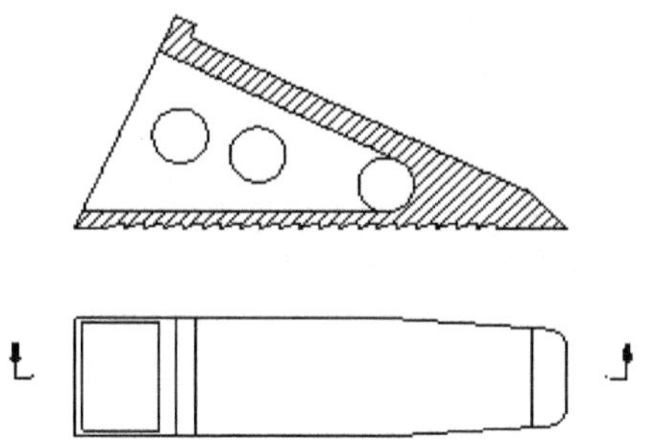

图 2-145　剖面视图

(6) 创建三维模型视图。

① 在工具栏中，单击“视图布局”→“模型视图”。

② 在如图 2-146 所示的属性管理器中，双击零件“钳头”。

③ 在属性管理器中，选择“等轴测”视图，如图 2-147 所示，显示样式选择“ ”，比例为“1∶2”，然后在图纸中的合适位置放置视图。

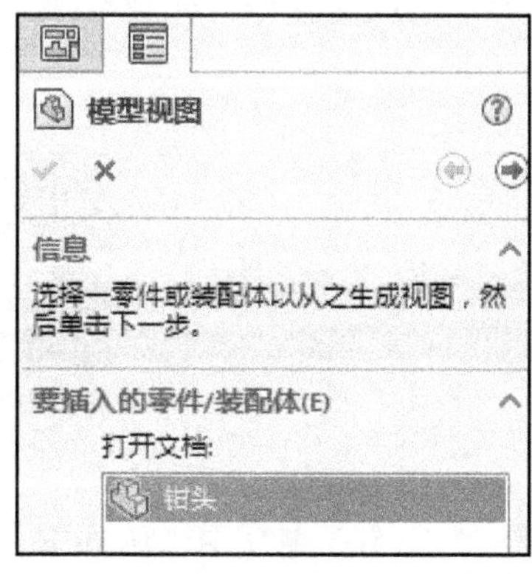

图 2-146　“模型视图”的属性管理器

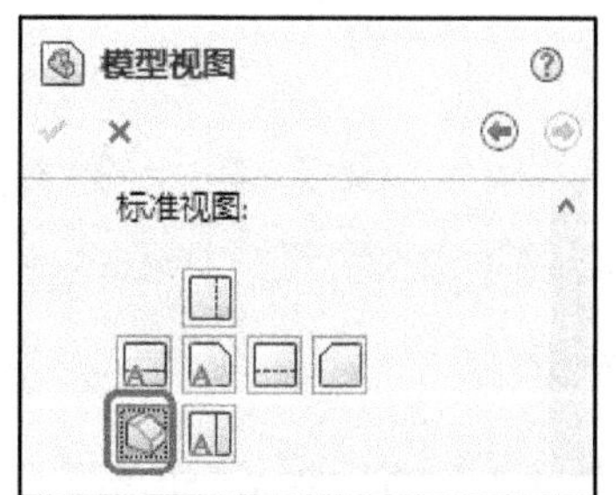

图 2-147　“标准视图”选项

(7) 中心线。

① 在工具栏中，单击“注解”→“中心线”，添加中心线。

② 在工具栏中，单击“注解”→“中心符号线”，添加中心符号线。

(8) 局部视图。

① 在工具栏中，单击“视图布局”→“局部视图”。

② 在“剖面视图”中，绘制一个圆，然后在图纸合适位置单击放置局部视图，如图 2-148 所示。

③ 在“局部视图”的属性管理器中，把比例设置为“5∶1”。

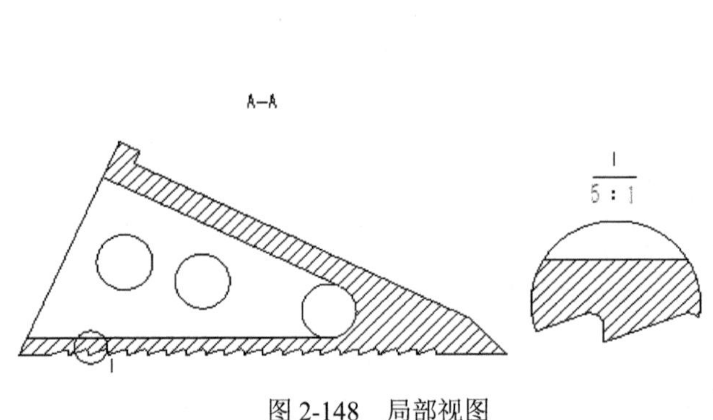

图 2-148　局部视图

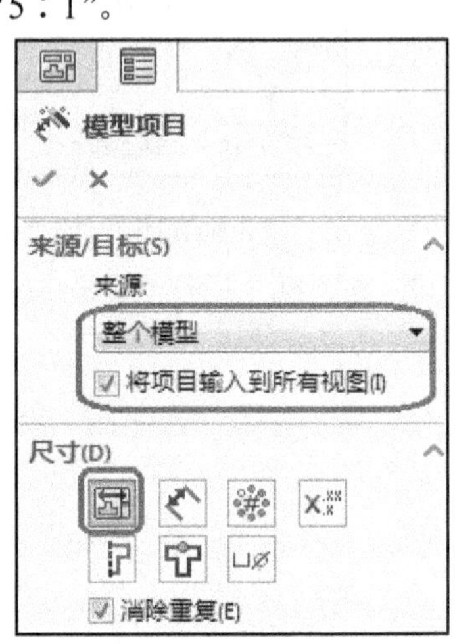

图 2-149　模型项目

(9) 自动尺寸标注。

① 在工具栏中，单击“注解”→“模型项目”，进行尺寸标注，如图 2-149 所示设置，然后单击“”。

② 尺寸的调整及编辑。

- 隐藏尺寸。右键单击尺寸文本，从快捷菜单中选择“隐藏”。
- 视图间移动尺寸。按住“Shift”键拖动尺寸，可以从移动尺寸到另一个视图。
- 视图间复制尺寸。按住“Ctrl”键拖动尺寸，可以从复制尺寸到另一个视图。

(10) 添加注释。

单击“注解”→“注释”，在图纸中的合适位置单击放置注释，注释为“未注倒角为 C2，圆角为 R2”。

(11) 保存文件。

任务二　创建钳臂零件的工程图

钳臂的工程图

一、任务分析

钳臂零件的工程图如图 2-150 所示，其中包括三个视图：主视图、俯视图、断开的剖视图、局部视图和轴测图。

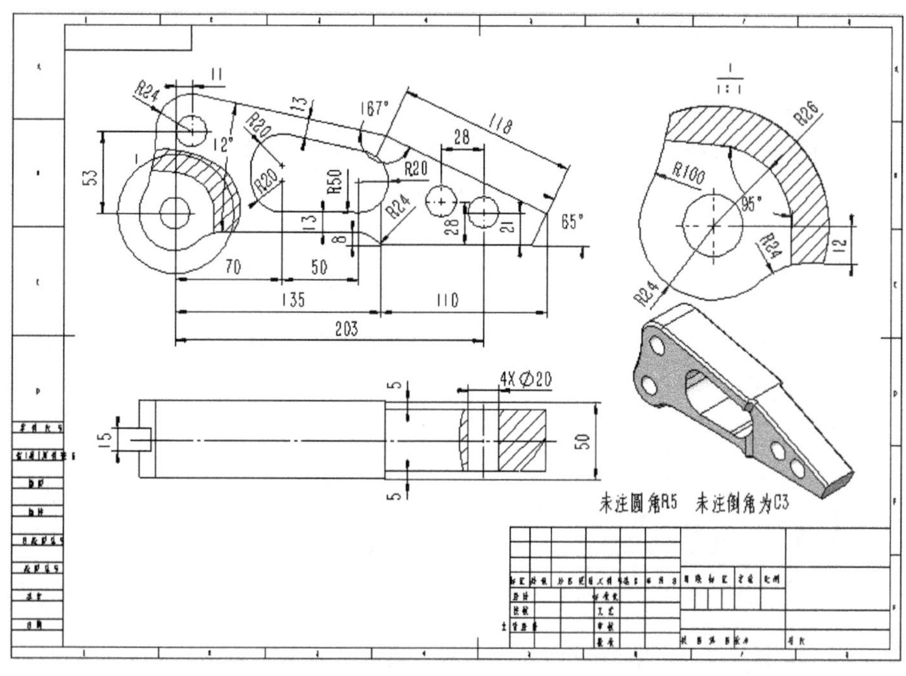

图 2-150　钳臂工程图

二、任务实施

(1) 新建工程图文件“钳臂.slddrw”。

以国标 A3 为图纸模板。

(2) 设置尺寸、视图字体的高度。

在窗口顶部的菜单中，单击“工具”→“选项”，或单击工具按钮“⚙”。

(3) 创建前视图、上视图和轴测图。

① 在任务窗口，单击“ ”，然后单击“...”，打开文件“钳臂.sldprt”，则出现在调色板中的视图，如图 2-151 所示。

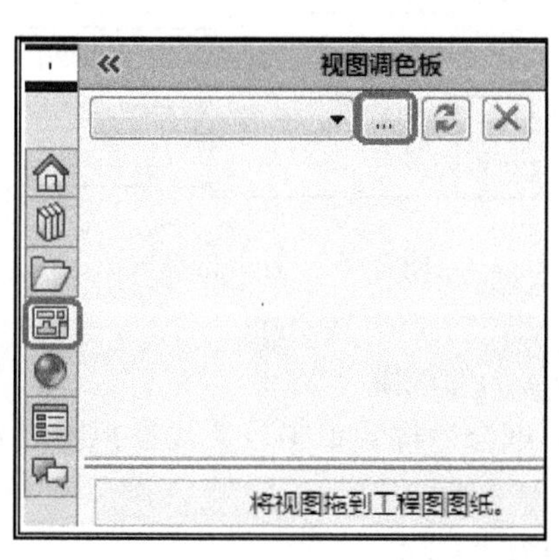

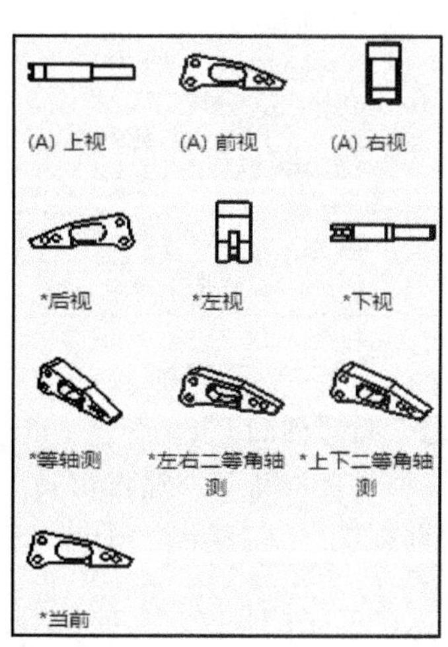

图 2-151　视图调色板

② 分别按住鼠标左键拖动“上视”“前视”和“等轴测”视图到图纸窗口。

③ “上视”和“前视”的比例为“1∶2”，“等轴测”比例为“1∶2”。

(4) 创建“断开的剖视图”。

① 在工具栏中，单击“视图布局”→“断开的剖视图”。

② 在前视图的剖切区域绘制一条封闭的样条曲线，如图 2-152 所示。然后在“断开的剖视图”属性管理器中设置深度值为“25”，如图 2-153 所示。

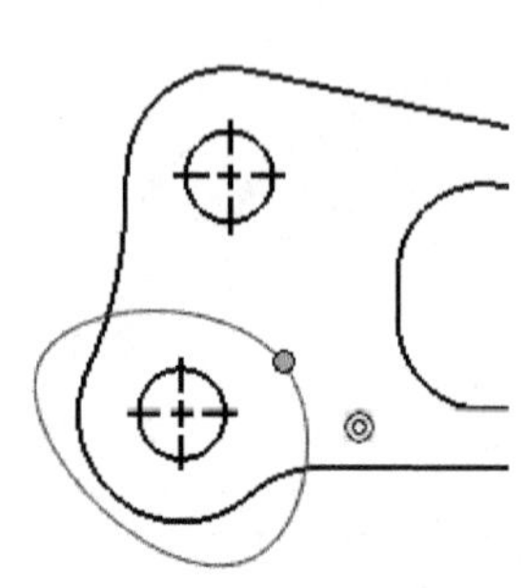

图 2-152　剖切区域中心点及剖切区域

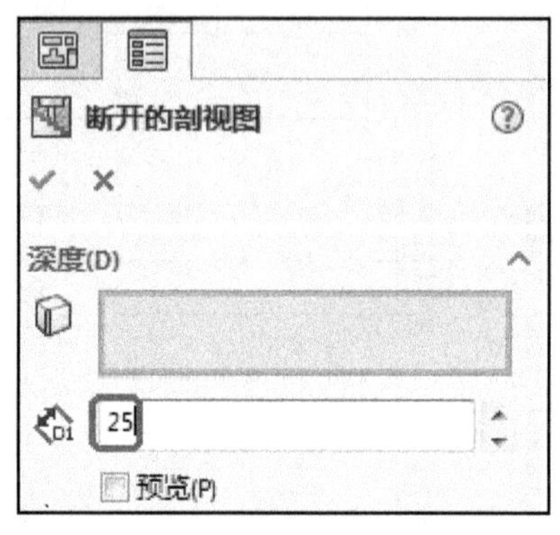

图 2-153　“断开的剖视图”的属性管理器

③ 单击“断开的剖视图”属性管理器中的“✔”按钮。

④ 编辑剖视图。在设计树中，右键单击“断开的剖视图”，从弹出的菜单中选择“编辑草图”如图 2-154 所示。然后拖动样条曲线，调整断开视图的范围，然后单击“”按钮。断开的剖视图如图 2-155 所示。

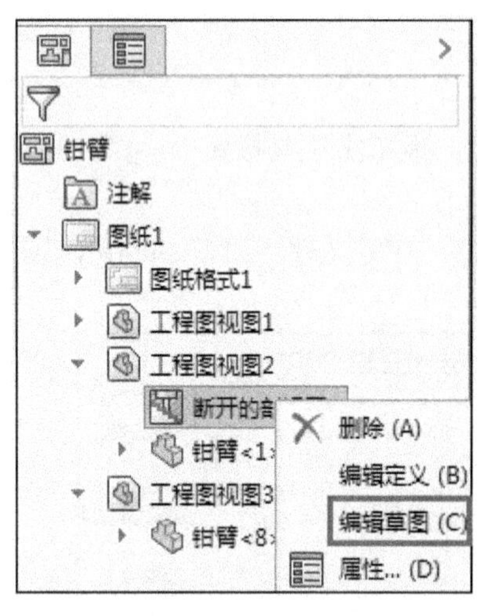

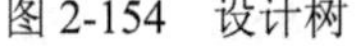

图 2-154　设计树

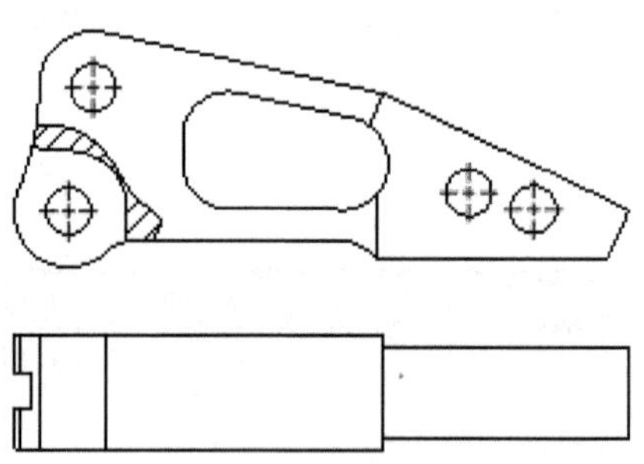

图 2-155　断开的剖视图

(5) 创建“局部视图 I”。

① 在工具栏中，单击“视图布局”→“局部视图”。

② 在“前视图”中，绘制一个圆，然后在图纸合适位置单击放置局部视图，如图 2-156 所示。

③ 在“局部视图”属性管理器中设置比例为“1∶1”。

(6) 创建“断开的剖视图”。

参考(4)，在“上视图”中创建断开的剖视图，如图 2-156 所示。

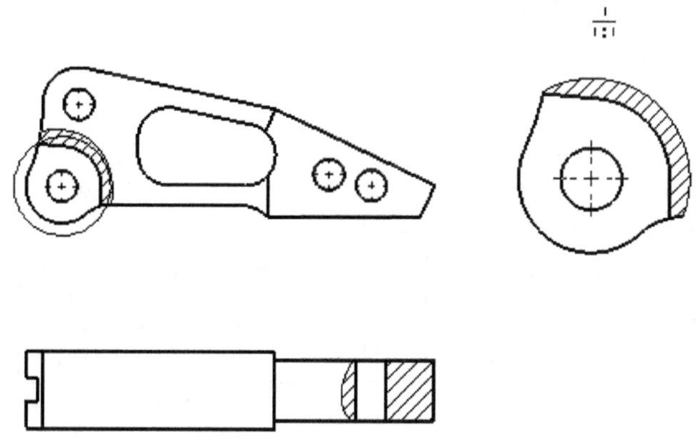

图 2-156　局部视图和断开的剖视图

(7) 显示中心线。

单击“注解”→“中心线”，创建中心线。

(8) 尺寸标注。

单击“注解”→“模型项目”，自动进行尺寸标注。

(9) 注释。

单击“注解”→“注释”，在图纸中的合适位置单击放置注释，注释为“未注圆角 R5，未注倒角 C3”。最后标注完整的图纸如图 2-157 所示。

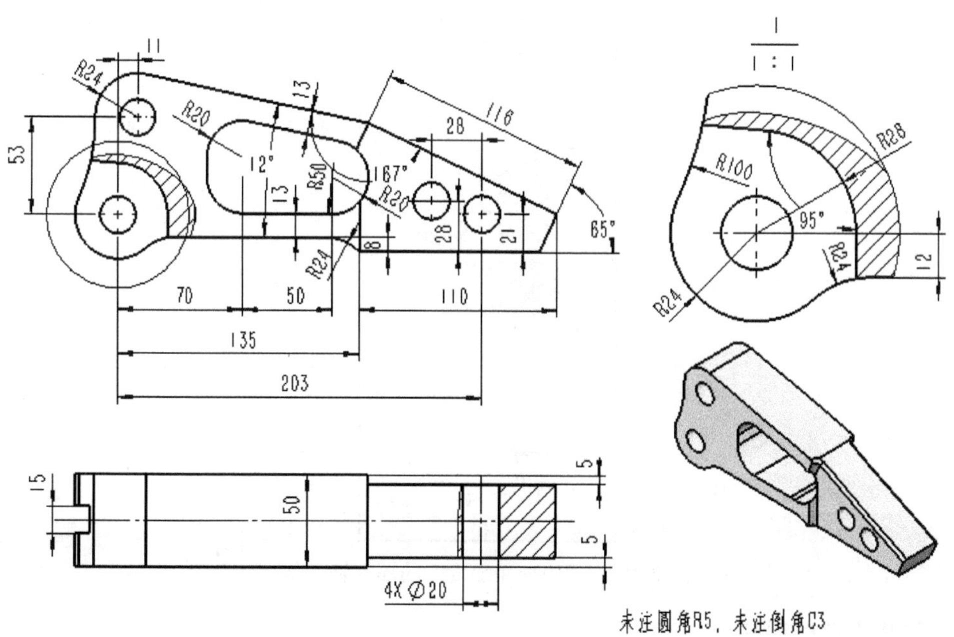

图 2-157　标注好的图纸

三、知识拓展

在图 2-158 中，标注了尺寸公差、形位公差、表面粗糙度和注释，下面介绍具体的标注方法。

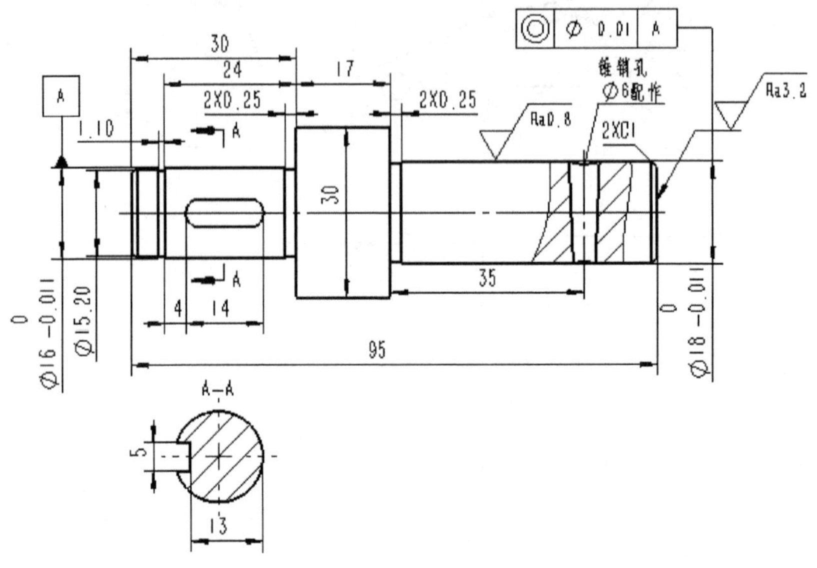

图 2-158　标注好的图纸

1. 表面粗糙度的标注

在工具栏中，单击“注解”→“√ 表面粗糙度”符号，参照图 2-159 设置属性管理器。

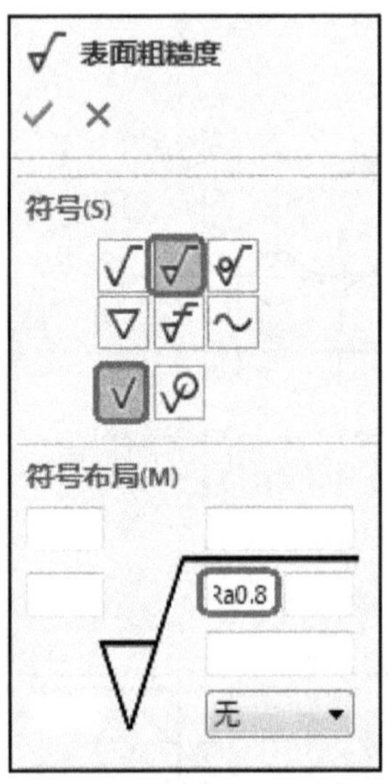

图 2-159　“表面粗糙度”的属性管理器

2. 形位公差的标注

(1) 基准标注。在工具栏中，单击“注解”→“A 基准特征”，参考图 2-160 设置属性管理器。

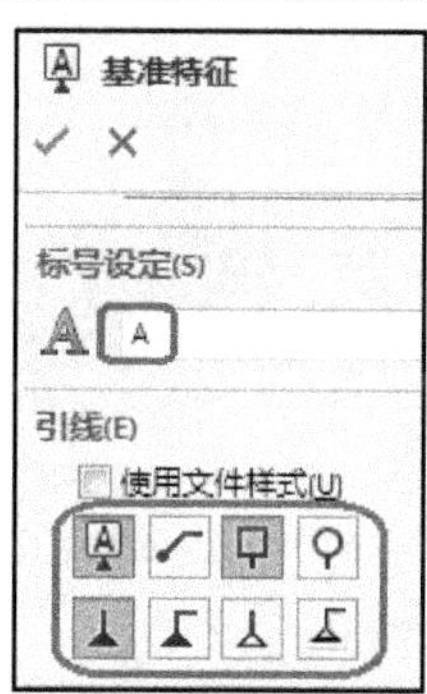

图 2-160　“基准特征”属性管理器

(2) 公差符号标注。在工具栏中，单击“注解”→“形位公差”，参考图 2-161 和图 2-162 设置属性管理器。

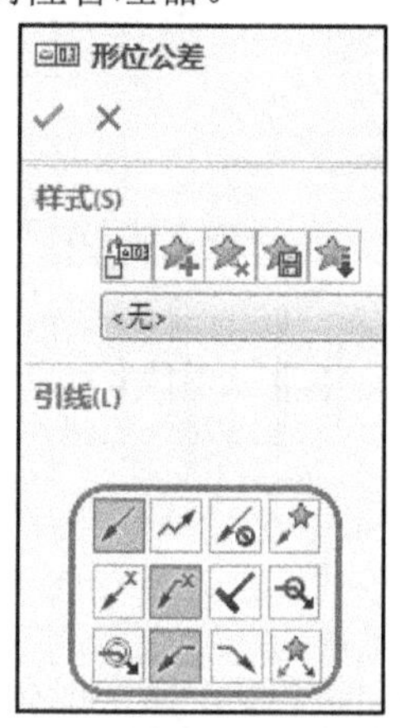

图 2-161　“形位公差”的属性管理器

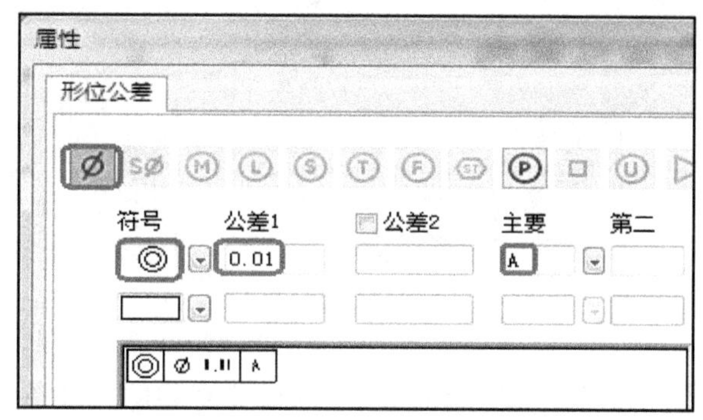

图 2-162　“属性”对话框

3. 尺寸公差的标注

双击尺寸，参考图 2-163 设置“尺寸”的属性管理器。

4. 注释的标注

在工具栏中，单击“注解”→“A注释”，参考图 2-164 设置属性管理器。

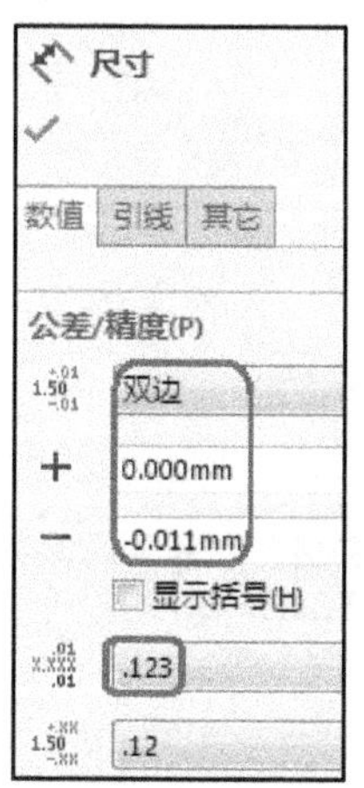

图 2-163　“尺寸”的属性管理器

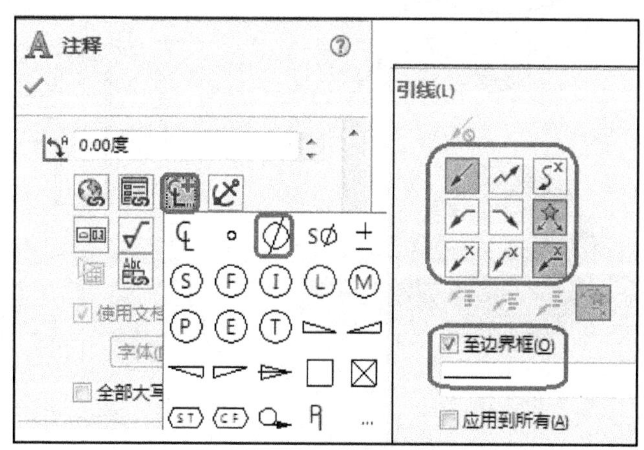

图 2-164　“注释”的属性管理器

拓展练习二

1. 利用拉伸、扫描和抽壳等特征建立如图 2-165 所示的实体模型。模型中未注明的壁厚均为 3 mm，模型的体积是 53 699.71 mm^3。

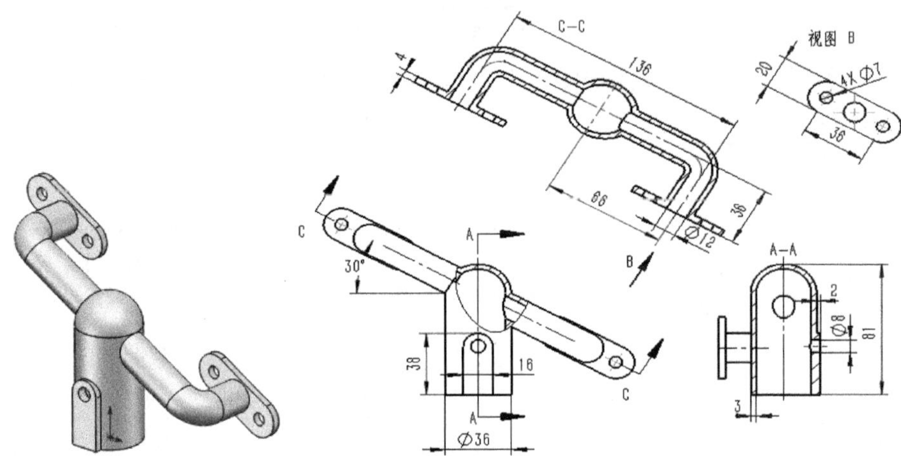

图 2-165　习题 1 附图

2. 利用旋转、扫描和抽壳等特征建立如图 2-166 所示的实体模型，模型的体积是 602 630 mm^3。

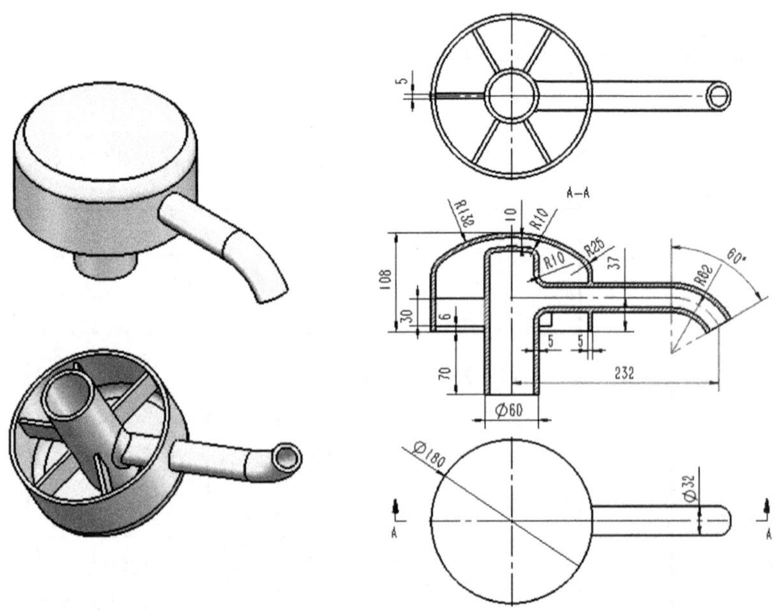

图 2-166　习题 2 附图

3. 利用带拉伸、扫描、阵列等特征建立如图 2-167 所示的实体模型。

参数：A = 6.6　B = 16　C = 12　D = 64　E = 136　F = 3.8　H = 96

模型的体积是：46 656 mm^3。

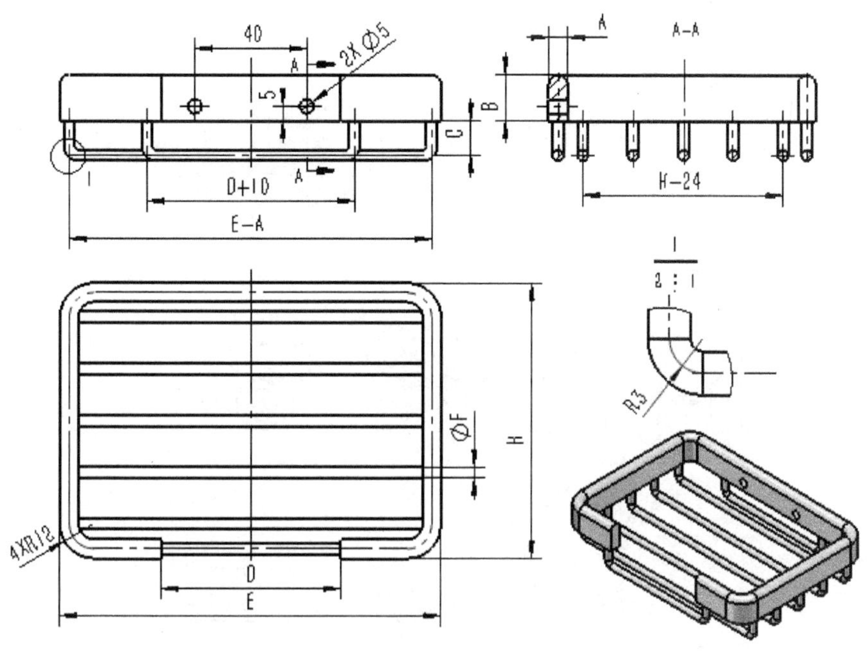

图 2-167　习题 3 附图

4. 利用拉伸、抽壳等特征建立如图 2-168 所示的实体模型，模型的体积是 18 654 mm^3。

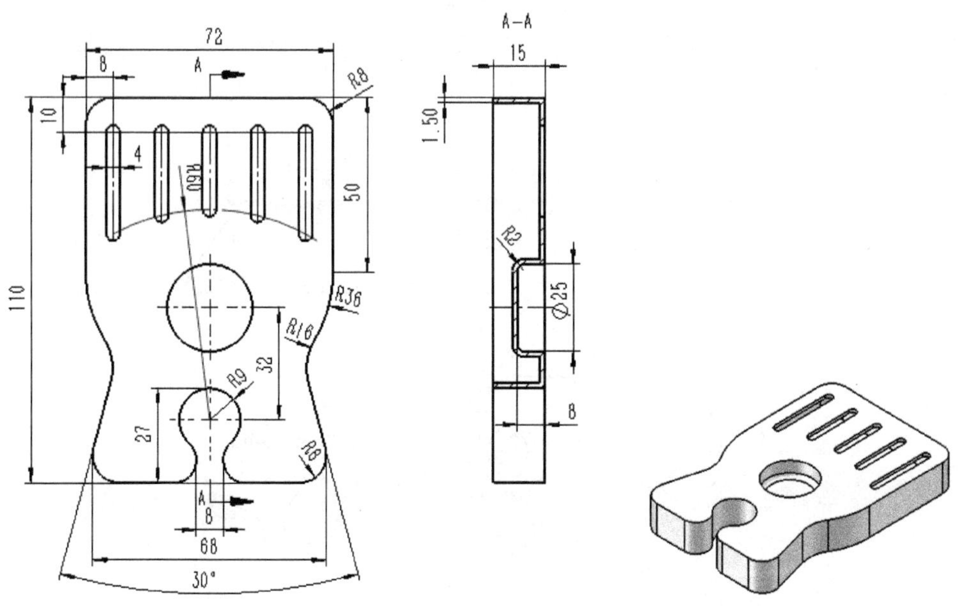

图 2-168　习题 4 附图

5. 利用拉伸、旋转、扫描等特征建立如图 2-169 所示的实体模型，模型的体积是 26 369.97 mm^3。

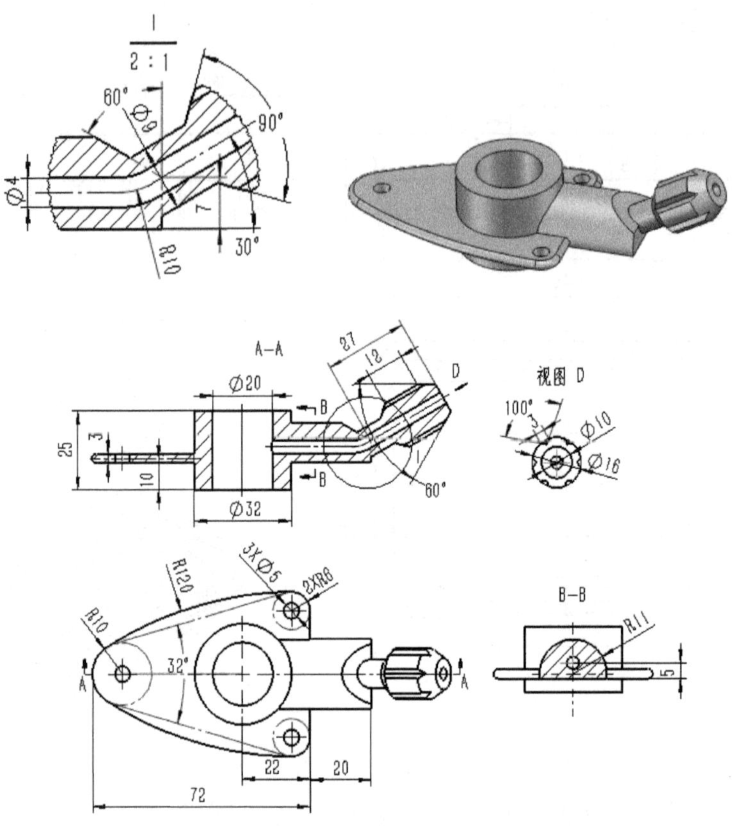

图 2-169　习题 5 附图

6. 利用拉伸、旋转和阵列等特征建立如图 2-170 所示的实体模型，模型的体积是 75 012.6 mm^3。

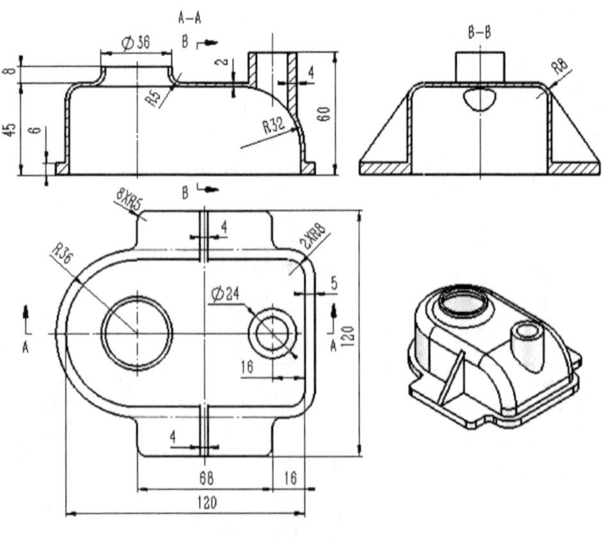

图 2-170　习题 6 附图

7. 根据图 2-171，利用旋转特、基准面、拉伸和圆周阵列等特征建立实体模，模型的体积是 136 708 mm^3。

参数：A = 112　B = 92　C = 56　D = 30　E = 19

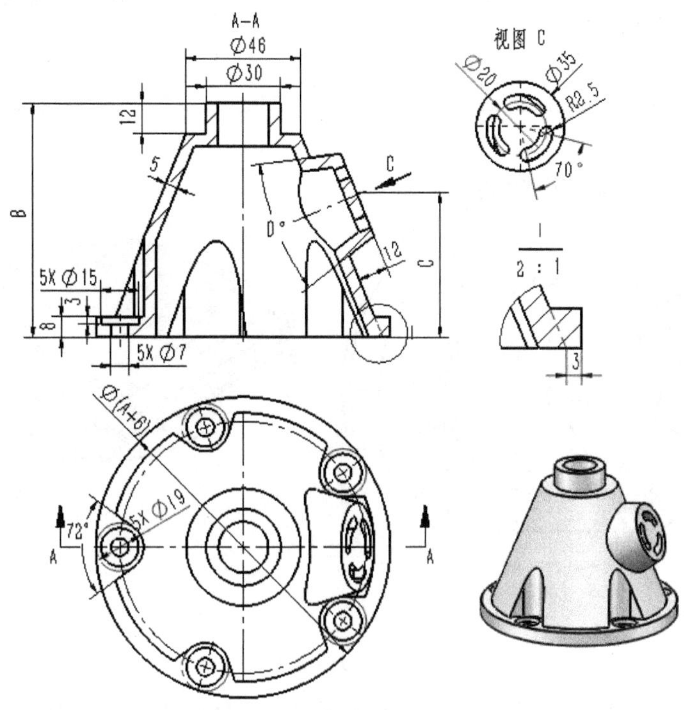

图 2-171　习题 7 附图

8. 根据图 2-172，利用旋转、拉伸等特征建立实体模型，模型的体积是 10 568 mm^3。

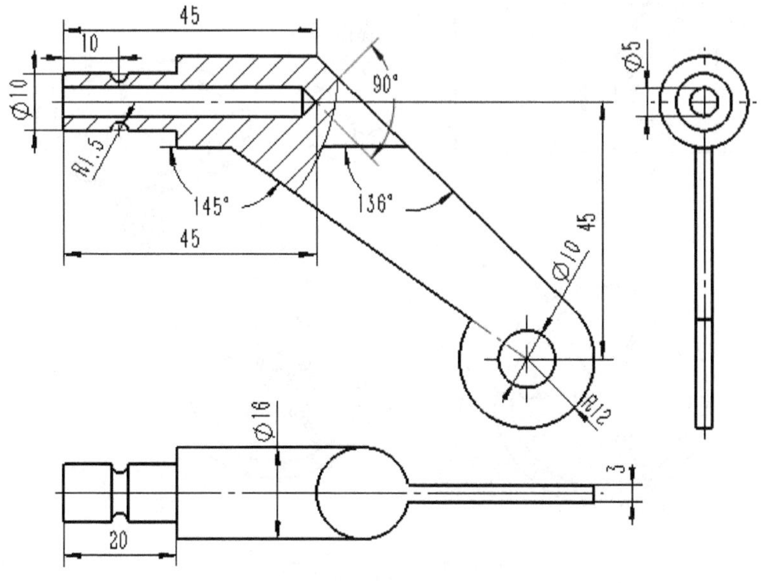

图 2-172　习题 8 附图

9. 根据图 2-173，利用拉伸、旋转、阵列等特征建立实体模型，模型的体积是 3143.55 mm^3。

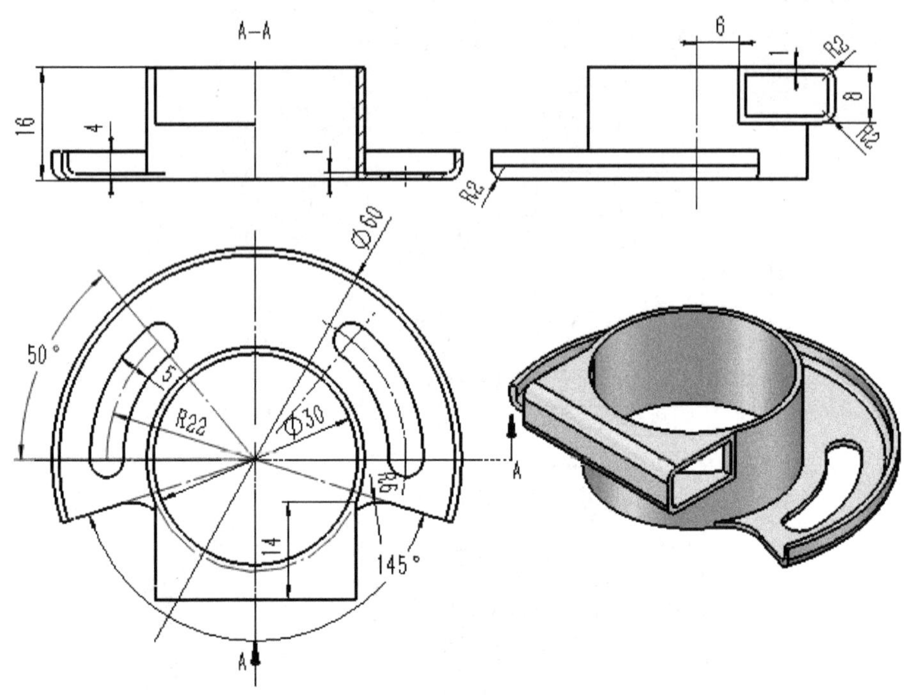

图 2-173　习题 9 附图

10. 根据图 2-174，利用旋转、抽壳、筋等特征建立实体模型，模型的体积是 16143 mm^3。

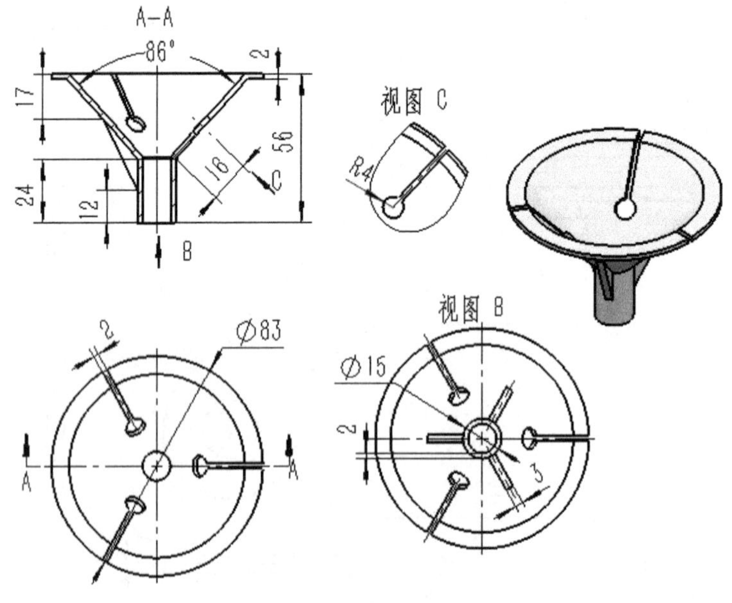

图 2-174　习题 10 附图

11. 根据图 2-175，利用旋转、拉伸、抽壳、孔等特征建立实体模型，模型的壁厚均为

"T"，模型的体积是 5053.74 mm^3。

参数：A = 8　B = 66　C = 12　D = 50　E = 56　T = 1.2

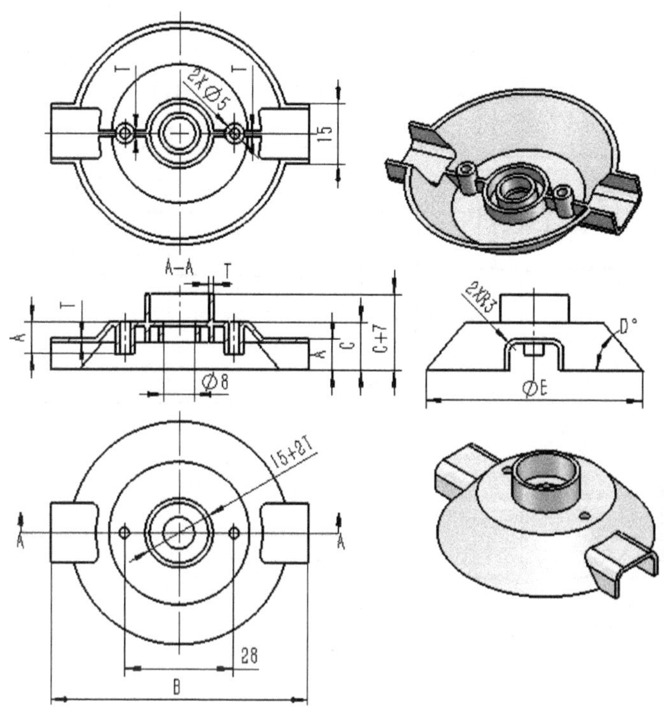

图 2-175　习题 11 附图

12. 根据图 2-176，利用旋转、拉伸等特征建立实体模型，并创建工程图，模型的体积是 63286.7 mm^3。

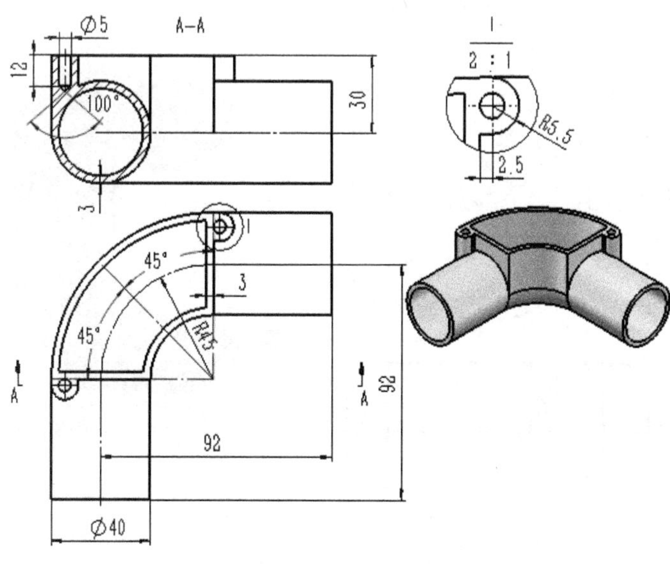

图 2-176　习题 12 附图

13. 根据图 2-177，利用旋转、拉伸等特征建立实体模型，并创建工程图。

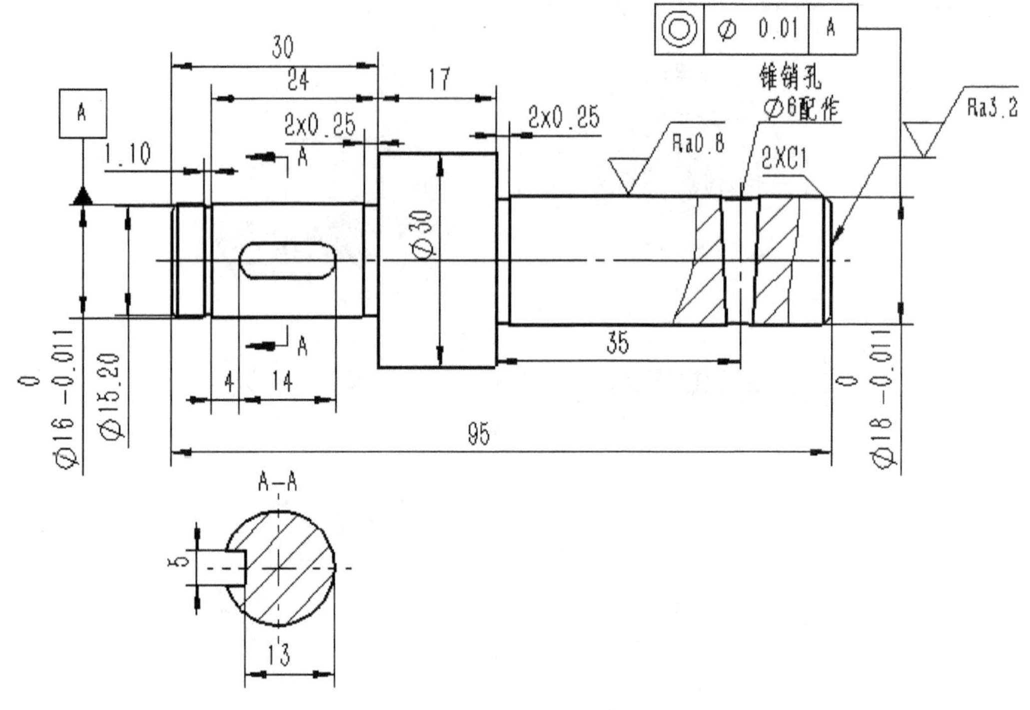

图 2-177　习题 13 附图

14. 按图 2-178、图 2-179、图 2-180、图 2-181 画各零件模型，并按图 2-182 进行装配，并创建装配体工程图，如图 2-183 所示。

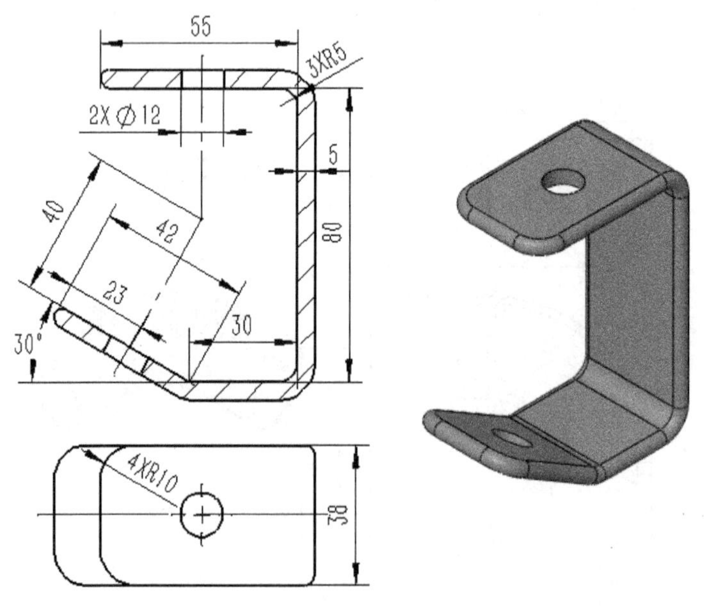

图 2-178　习题 14 附图 1(底座)

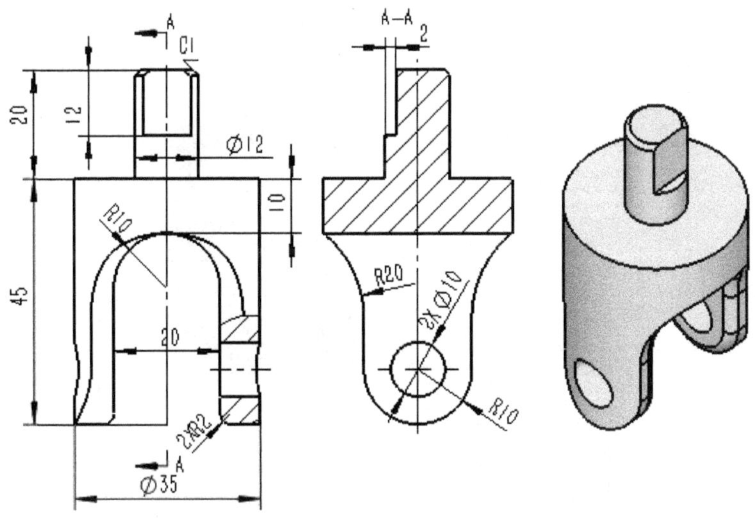

图 2-179　习题 14 附图 2(联轴器 1)

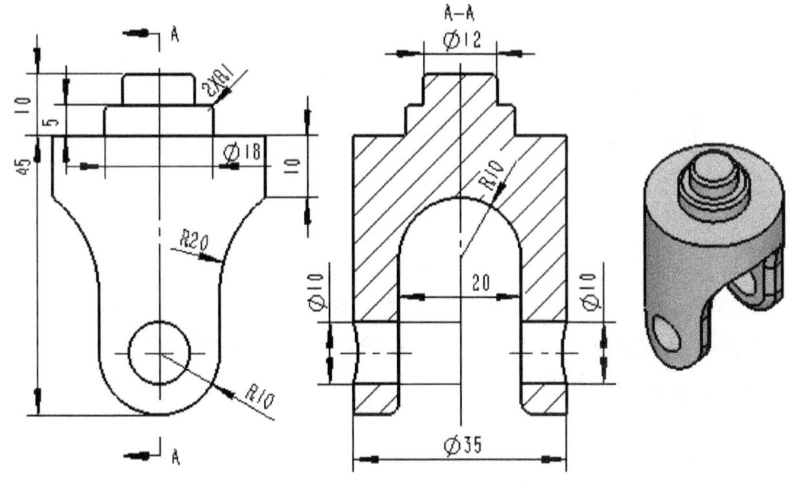

图 2-180　习题 14 附图 3(联轴器 2)

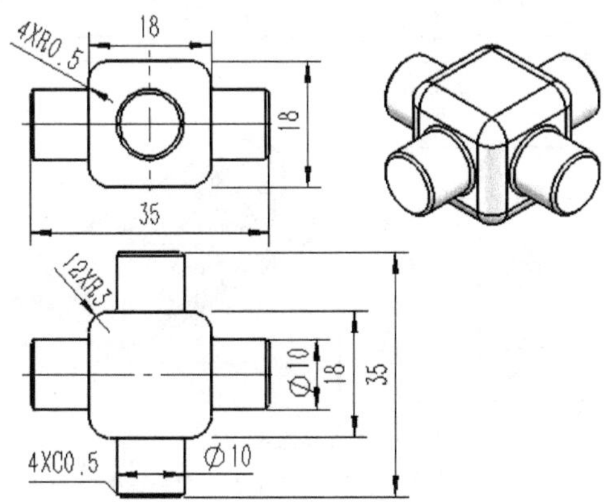

图 2-181　习题 14 附图 4(接头)

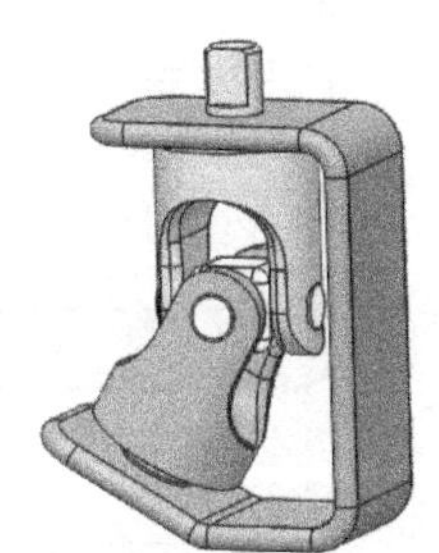

图 2-182　习题 14 附图 5(万向节)

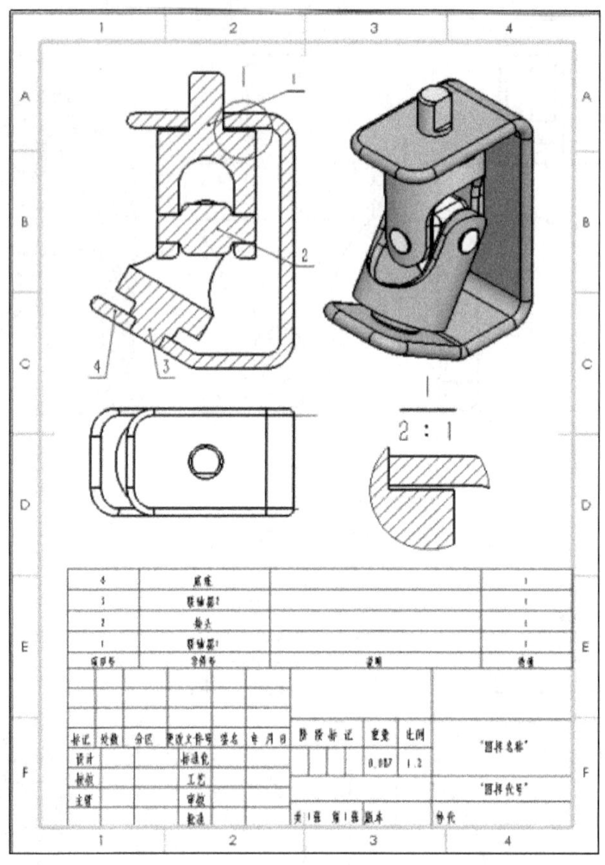

图 2-183　习题 14 附图 6(工程图)

15. 按图 2-184、图 2-185、图 2-186、图 2-187 和图 2-188 画各零件模型，并按图 2-189 进行装配，并创建装配体工程图。

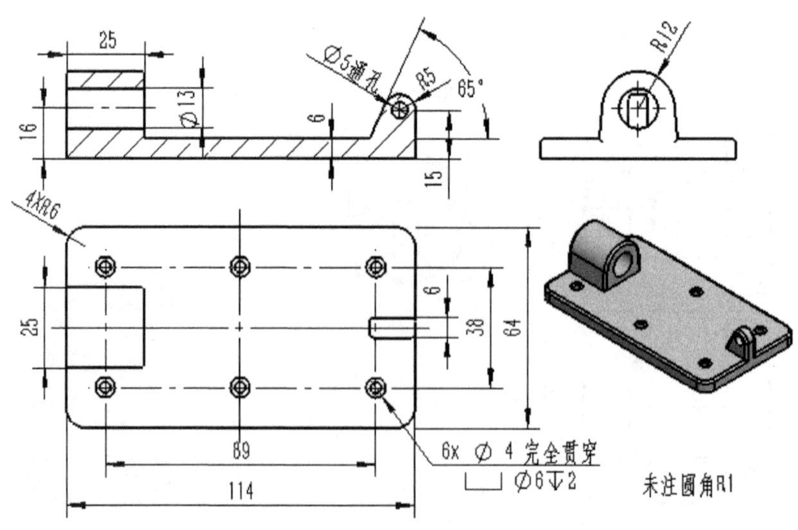

图 2-184　习题 15 附图 1(底座)

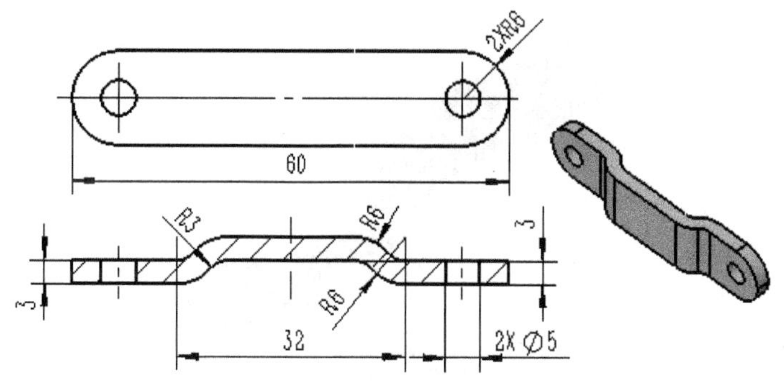

图 2-185　习题 15 附图 2(连接片)

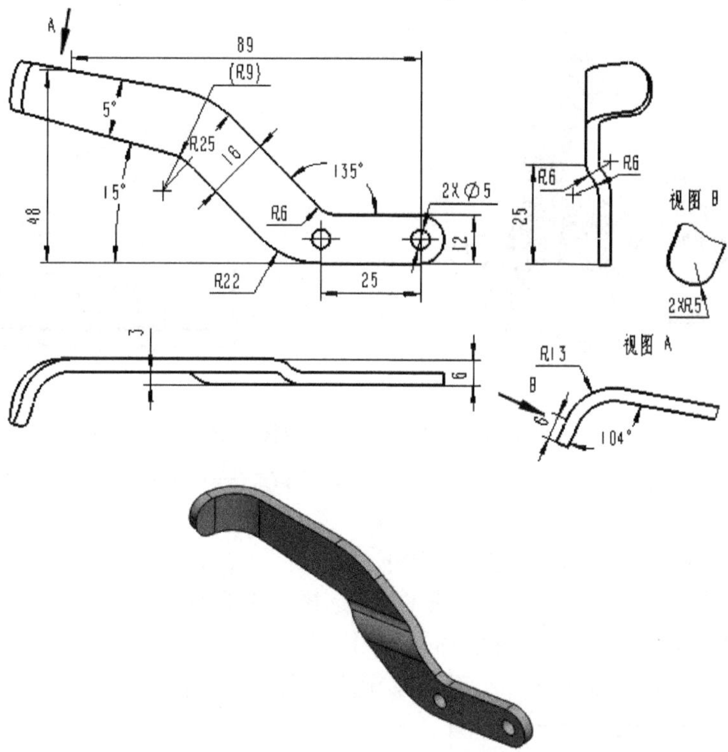

图 2-186　习题 15 附图 3(左手柄)

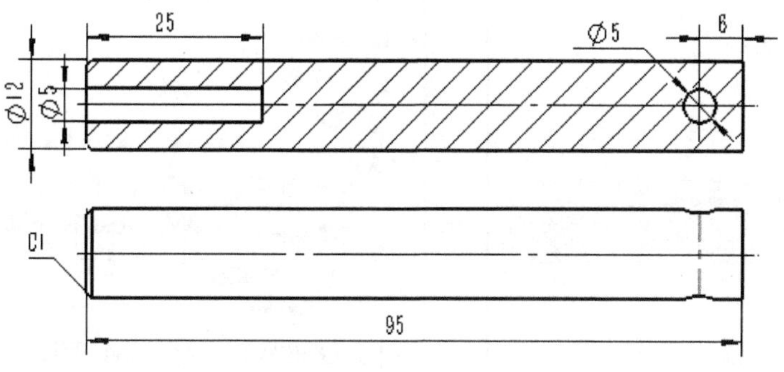

图 2-187　习题 15 附图 4(活塞)

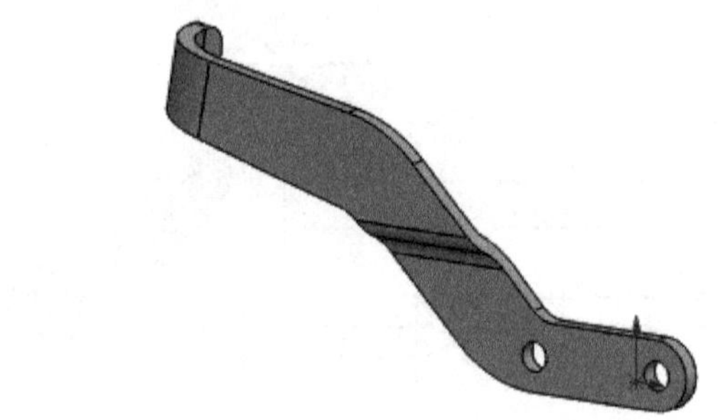

图 2-188　习题 15 附图 5(右手柄)

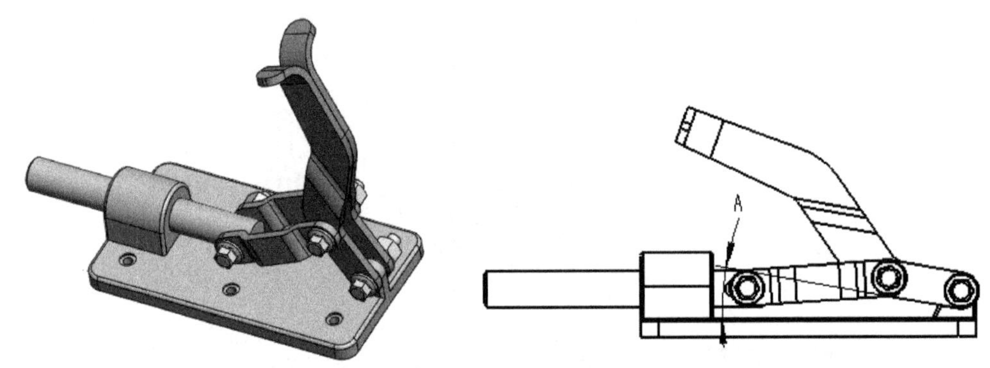

图 2-189　习题 15 附图 6(柱塞机构)

装配要求：(1) 角度 A 在 10°～90°之间；(2) 标准件六角螺栓、垫片、螺母从 Toolbox 中选取。

提示 1："右手柄"零件的创建方法如下：

(1) 在菜单中，单击"插入"→"零件"，选择"左手柄"零件；

(2) 镜向"左手柄"，但不合并实体，如图 2-190 所示。

(3) 在设计树中，右键单击"左手柄"，选择"删除/保留实体"，如图 2-191 所示。

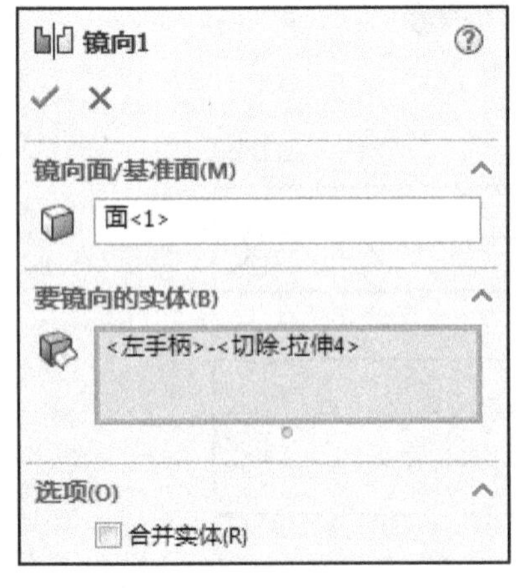

图 2-190　镜向实体

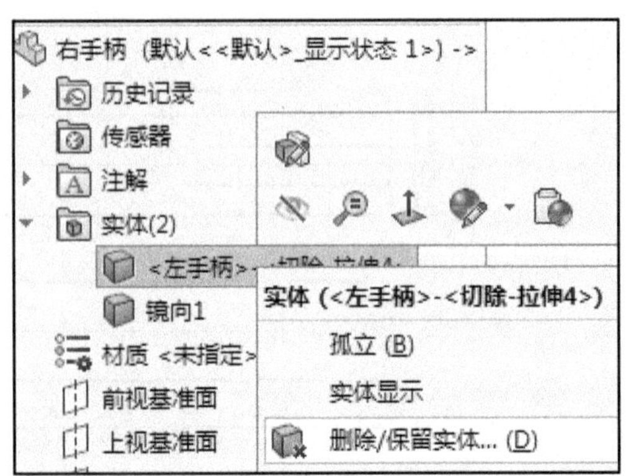

图 2-191　快捷菜单

提示 2：动画创建步骤如下：

(1) 选择“运动算例 1”选项卡(图形区域的左下角)。“MotionManager”显示在图形区域的下方。MotionManager 包括一组指定运动算例的工具。对于此模型，算例的类型设为“动画”，如图 2-192 所示。

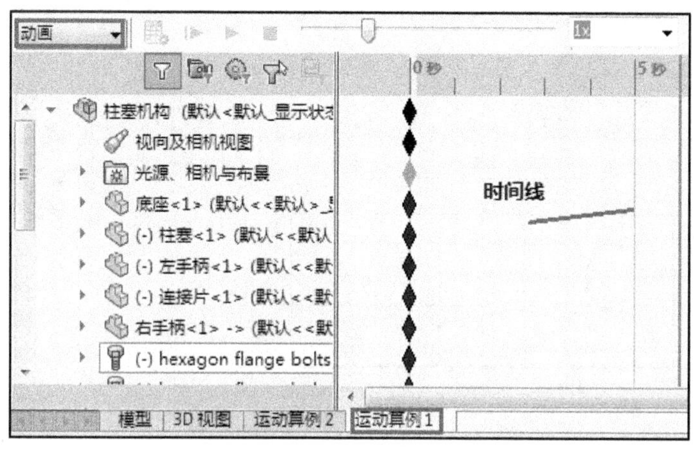

图 2-192　“运动算例 1”选项卡

(2) 单击缩放工具“🔍+”和“🔍−”(MotionManager 的右下角)，拖动时间线到 6 秒，如图 2-192 所示。

(3) 单击选择“左手柄”的“0 秒”处的键码点，在窗口拖动手柄到最低的位置，单击“2 秒”处的键码点，在窗口拖动手柄到最高的位置。按“Ctrl+C”键复制“0 秒”处的键码点，然后单击“6 秒”处，按“Ctrl+V”粘贴键码点；按“Ctrl+C”键复制“2 秒”处的键码点，然后单击“4 秒”处，按“Ctrl+V”粘贴键码点。

(4) 单击“计算”并按“▶”播放动画，如图 2-193 所示。

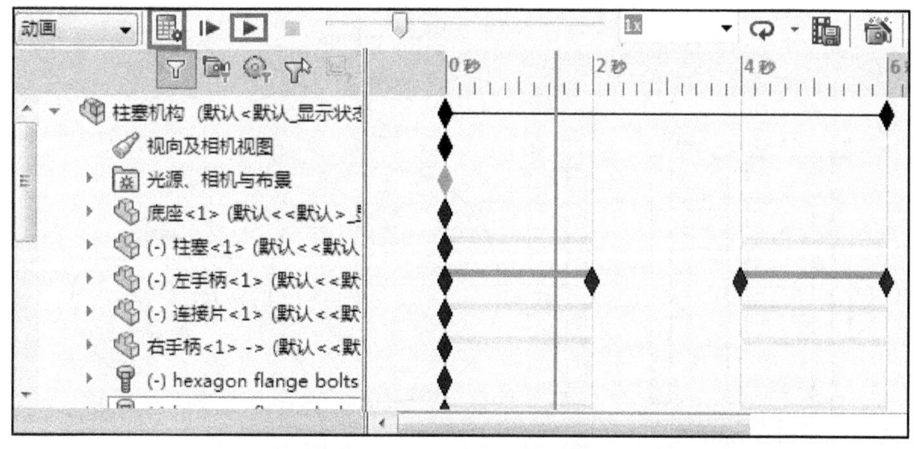

图 2-193　完成的运动算例

16. 按图 2-194、图 2-195、图 2-196、图 2-197 和图 2-198 画各零件模型，按图 2-199 进行装配。参考提示步骤创建动画。

参数：A = 30　B = 30　C = 70　D = 28

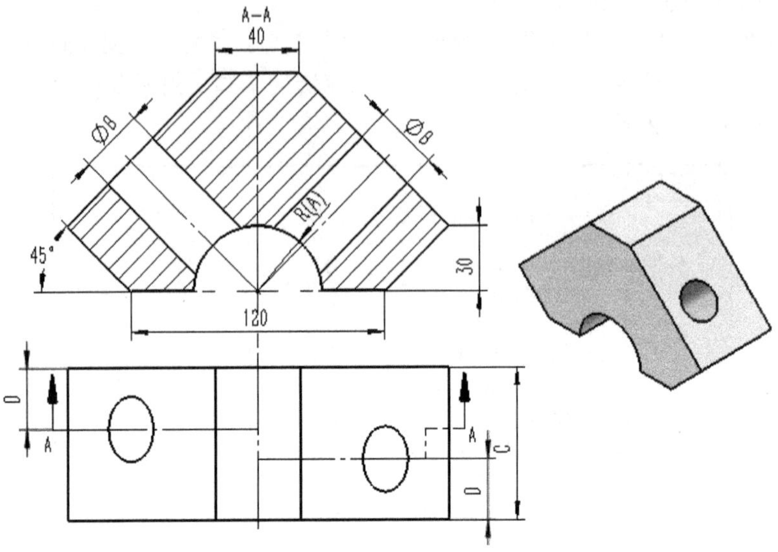

图 2-194　习题 16 附图 1(block)

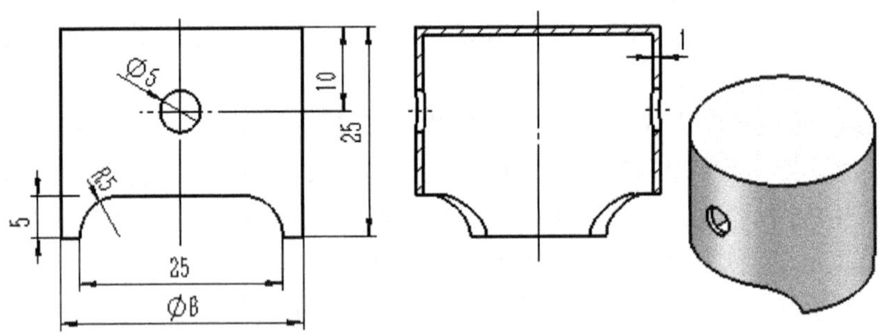

图 2-195　习题 16 附图 2(piston)

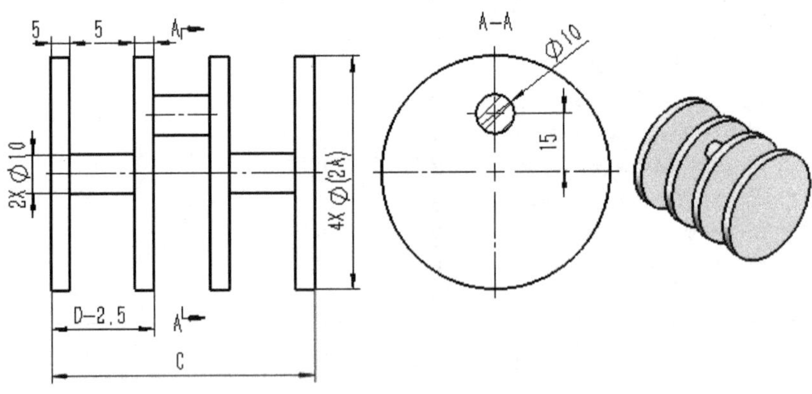

图 2-196　习题 16 附图 3(shaft)

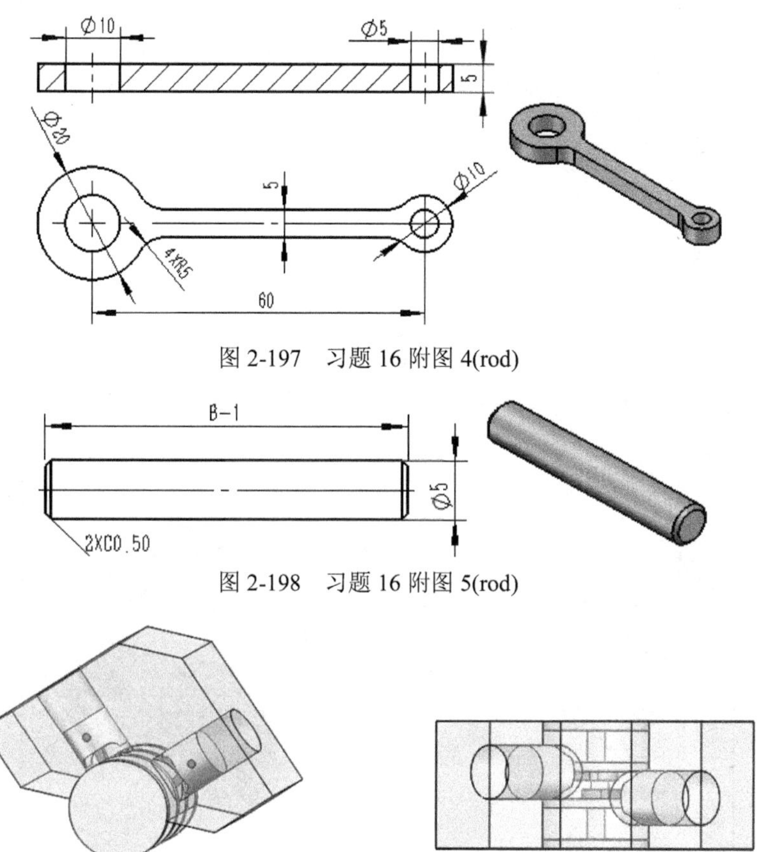

图 2-197　习题 16 附图 4(rod)

图 2-198　习题 16 附图 5(rod)

图 2-199　习题 16 附图 6(engine)

提示：动画创建步骤如下：

(1) 选择“运动算例 1”选项卡(图形区域的左下角)。“MotionManager”显示在图形区域的下方。MotionManager 包括一组指定运动算例的工具。对于此模型，算例的类型设为“动画”，如图 2-200 所示。

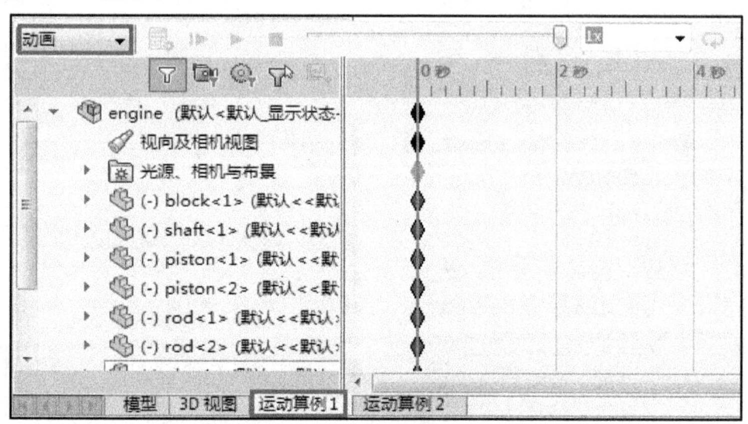

图 2-200　“运动算例 1”选项卡

(2) 单击缩放工具“”和“”(MotionManager 的右下角)，拖动时间线到 16 秒，如图 2-201 所示。

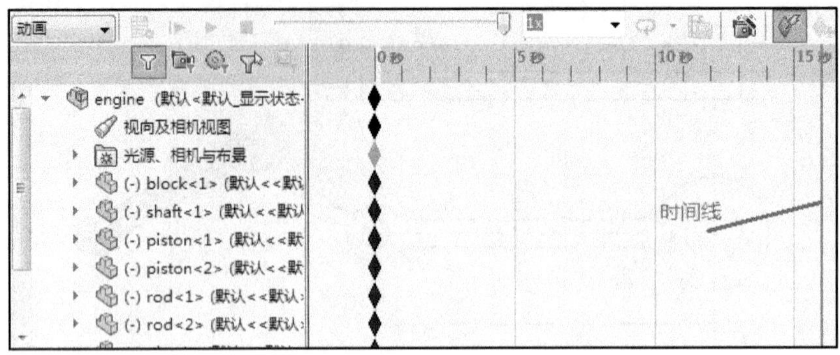

图 2-201　时间线

(3) 单击选择“shaft”，然后单击“马达 ”按钮，参考图 2-202 进行设置。

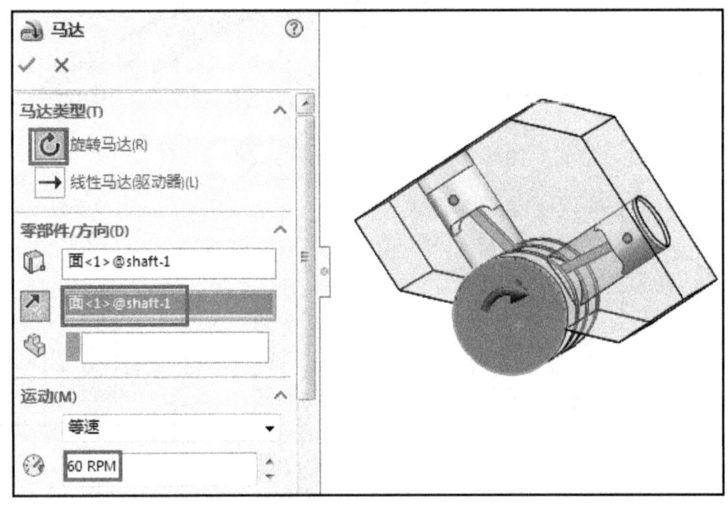

图 2-202　设置马达

(4) 单击选择“shaft”，单击“0 秒”处的键码点，按“Ctrl+C”键复制键码点，然后单击“16 秒”处，按“Ctrl+V”粘贴键码点。

(5) 单击“ 计算”并按“▶”播放动画，如图 2-203 所示。

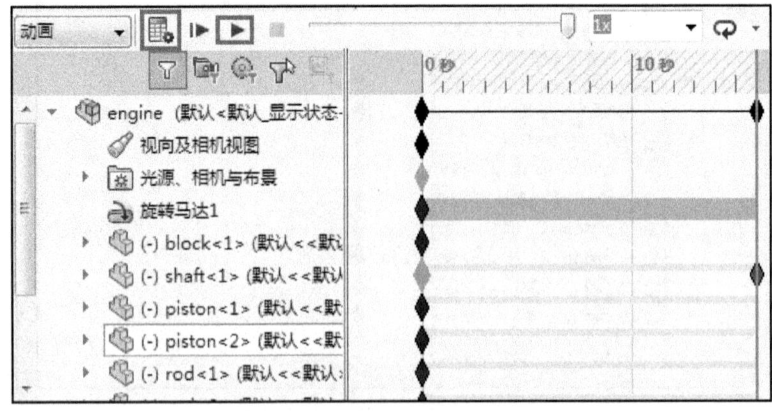

图 2-203　完成的运动算例

项目三　遥控器外观曲面设计

在项目一和项目二中，设计思路都是先设计零件，然后像搭积木一样创造产品，这种设计方法是从下而上。该方法中，零部件之间不存在任何参数关联，仅仅存在简单的装配关系。对于设计的准确性、正确性、修改以及延伸设计有很大的局限性。而自上而下的设计方法可以克服上述缺点，大大提高设计的效率及准确性。自上而下的设计方法有多种，其中一种叫外部参考法(主模型法)，在一个主模型中完成整体设计，然后使用多体或分割的方法，将主模型零件分解为多个单独的零部件，并对分割后的零部件进行详细设计，最后在装配体内进行汇总而完成设计。当设计变更时，只需要修改主模型零件，所有的子零件自动更新。

自上而下方法的设计流程与产品的研发流程基本一致，符合现有的设计习惯，可以完全应用到产品研发中。该方法有两大优点：全局性强，主模型修改后，设计变更能自动传递到相关的零件中，从而保证设计的一致性；效率高，尤其在系列产品设计中，主参数修改后零部件自动更新，所有工程图自动更新，一套新的产品数据自动生成。

遥控器外形设计用到了曲面建模，相对复杂，所以采用了自上而下的设计方法，即在一个主模型零件中设计出遥控器上部下盖的主要特征，分割成遥控器的上部和下盖，再对遥控器上部进行分割，分割成上盖和按钮，最后分别在遥控器上盖、遥控器下盖和遥控器按钮三个零件中完善零件的结构。这样的设计方法，易于修改编辑模型，在主模型上的修改，可以自动传递到各个子零件中，显著地提高了设计效率。

本项目主要介绍遥控器外形的曲面设计。通过遥控器外形的设计，读者能熟练地应用曲线特征进行建模，并基本掌握自上而下的设计方法。零件的建模过程见图 3-1。

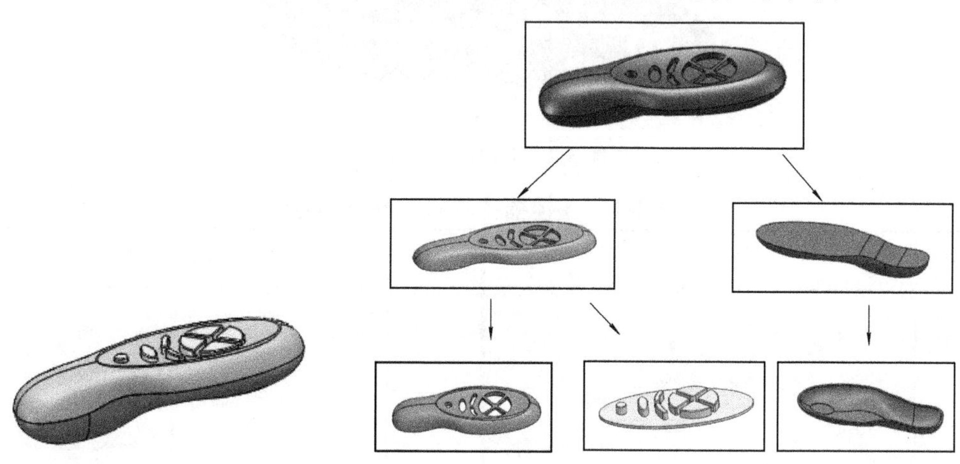

图 3-1　遥控器的建模过程

知识目标

(1) 掌握拉伸曲面的创建；
(2) 掌握剪裁曲面的创建；
(3) 掌握扫描曲面的创建；
(4) 掌握放样曲面的创建；
(5) 掌握直纹曲面的创建；
(6) 掌握填充曲面的创建；
(7) 掌握曲面的缝合；
(8) 掌握实体的分割。

技能目标

(1) 熟练利用样条曲线绘制草图；
(2) 熟练应用曲面进行建模；
(3) 掌握从上而下的建模方法。

任务一 创建遥控器的主模型

遥控器主模型

一、任务分析

遥控器的主模型如图 3-2 所示，文件名为“遥控器_主模型.sldprt”。该零件用到了拉伸曲面、扫描曲面、放样曲面、填充曲面、直纹曲面等曲面建模方法。建模过程见表 3-1，通过该表可以大概了解主模型的建立过程，从而为下一步的设计做准备。

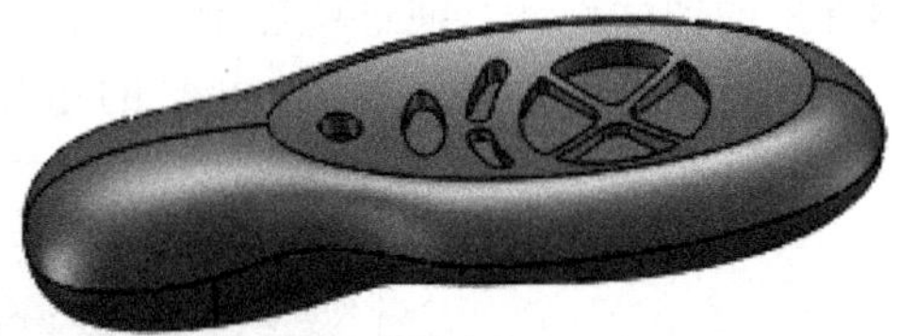

图 3-2 遥控器的主模型

表 3-1 遥控器主模型的建模分析

编号	特　征	编号	特　征
1	拉伸曲面	2	剪裁曲面

续表

编号	特　　征	编号	特　　征
3	 放样曲面	9	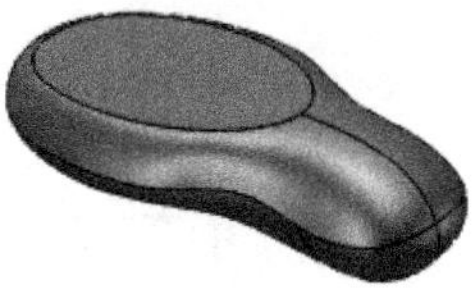 镜向
4	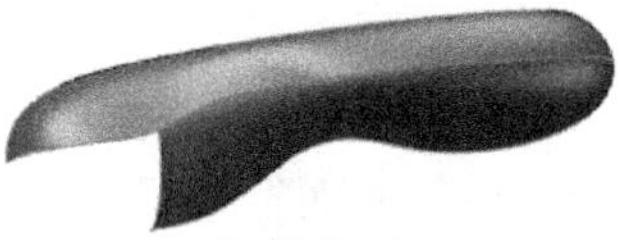 扫描曲面	10	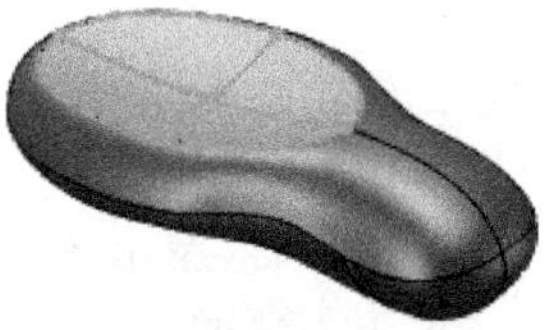 曲面填充
5	 曲面填充	11	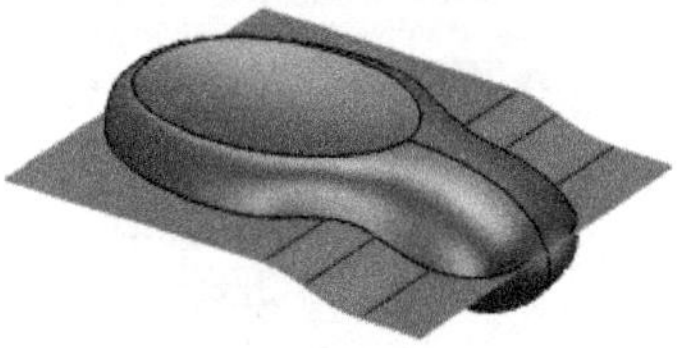 拉伸曲面
6	 曲面基准面	12	 拉伸切除
7	 曲面基准面	13	 分割
8	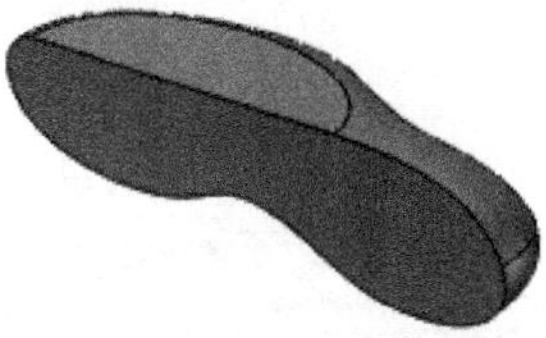 缝合		

二、任务实施

(1) 建立文件“遥控器_主模型.sldprt”，单位为“mm”。

(2) 建立“草图 1”。

以“前视基准面”作为草图的平面，绘制如图 3-3 所示的草图。

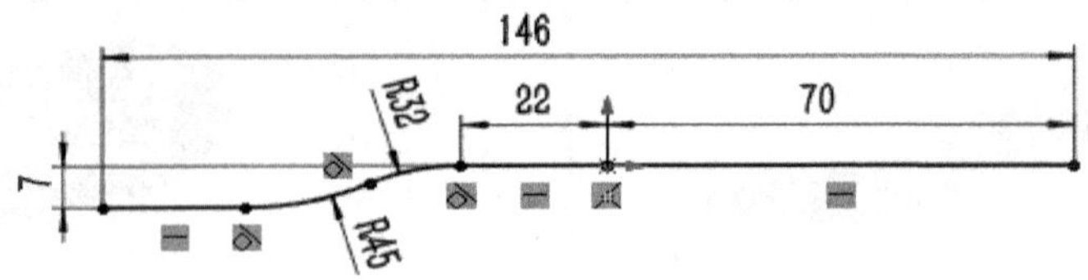

图 3-3　草图 1

(3) 建立“曲面-拉伸 1”特征。

① 单击选中“草图 1”。

② 在菜单栏中，单击“插入”→“曲面”→“拉伸曲面”按钮，在如图 3-4 所示的属性管理器中，设置拉伸深度值“40”，拉伸的曲面如图 3-5 所示。

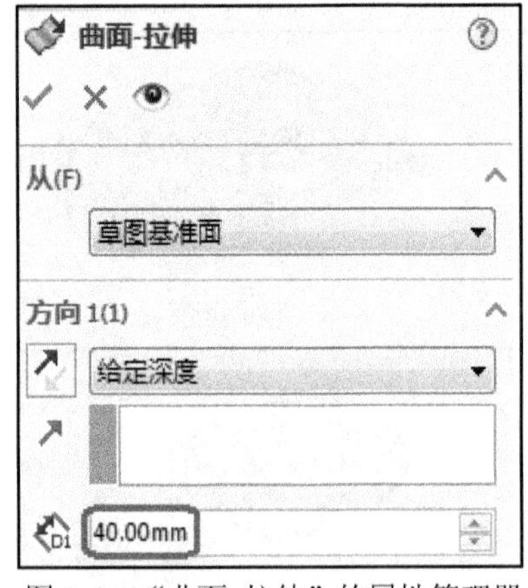

图 3-4　“曲面-拉伸”的属性管理器

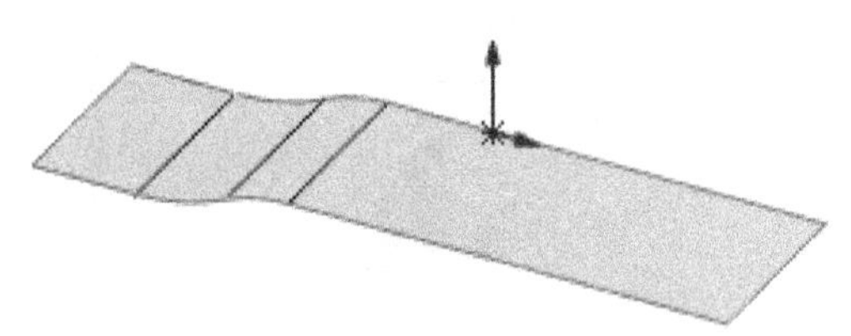

图 3-5　拉伸曲面

(4) 建立“草图 2”。

以“上视基准面”作为草图的平面，绘制如图 3-6 所示的草图。

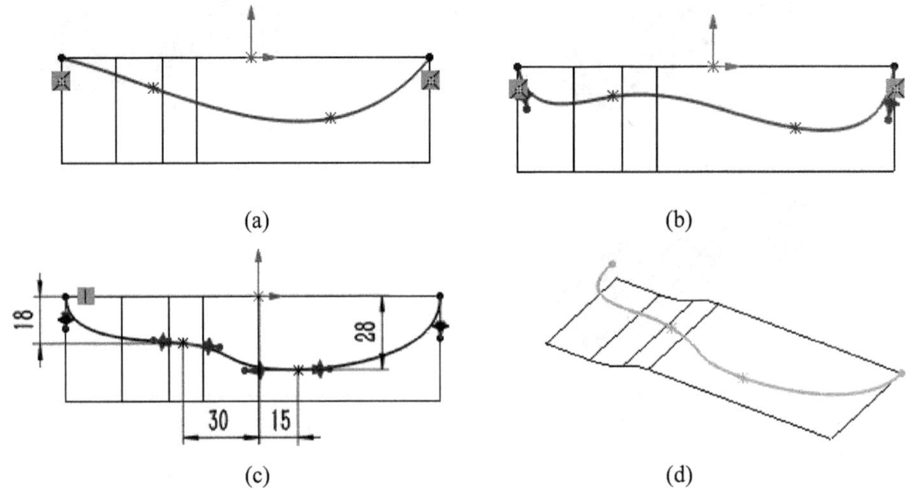

(a)　(b)　(c)　(d)

图 3-6　草图 2

① 利用“ ”绘制样条曲线，如图 3-6(a)所示。

② 单击样条曲线端点，出现箭头，拖动箭头可调整曲线的形状，如图 3-6(b)。

③ 在窗口的空白处，单击右键，从弹出的菜单中选择“完全定义草图”，自动标注尺寸，参考图 3-6(c)修改尺寸。

④ 右键单击曲线的端点，从弹出工具按钮中选择约束“ ”，样条曲线的形状可以通过拖动箭头来改变。“草图 2”如图 3-6(d)所示。

(5) 建立“曲面-裁剪 1”特征。

① 在菜单中，单击“插入”→“曲面”→“裁剪曲面”。

② 选择“草图 2”作为剪裁工具，选择“曲面-拉伸 1”作为被剪裁的曲面，如图 3-7 所示。剪裁后的曲面如图 3-8 所示。

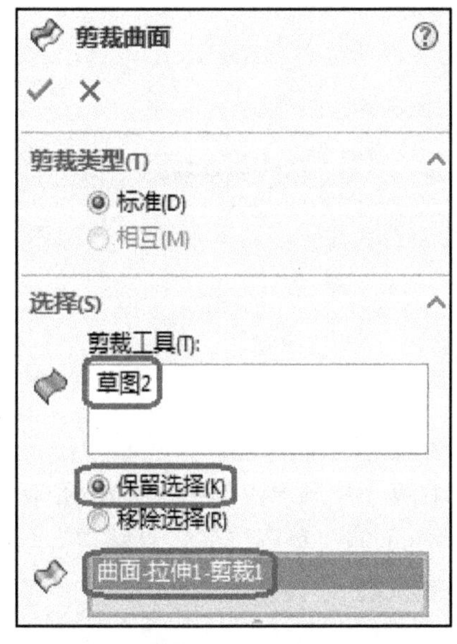

图 3-7　“剪裁曲面”的属性管理器

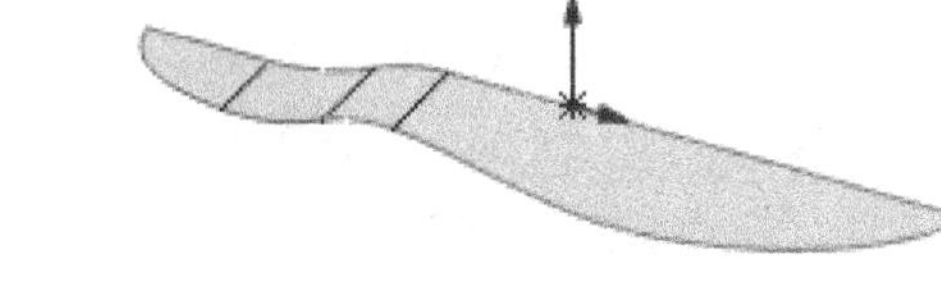

图 3-8　剪裁曲面

(6) 建立“基准面 1”特征。

以“上视基准面”为参考面，距离为“12”，创建“基准面 1”，如图 3-9 所示。

(7) 建立“基准面 2”特征。

以“右视基准面”为参考面，距离为“19”，创建“基准面 2”，如图 3-10 所示。

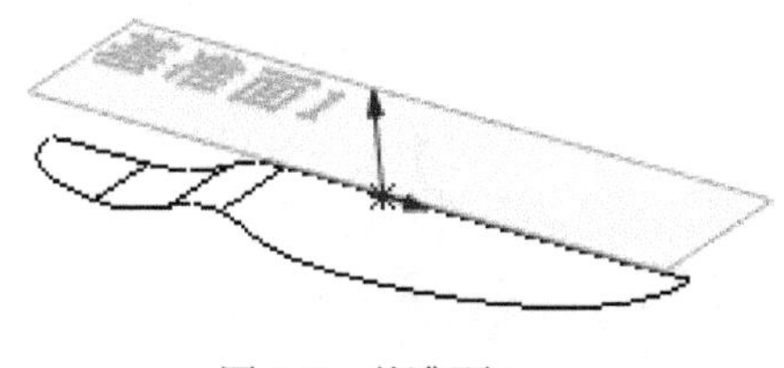

图 3-9　基准面 1

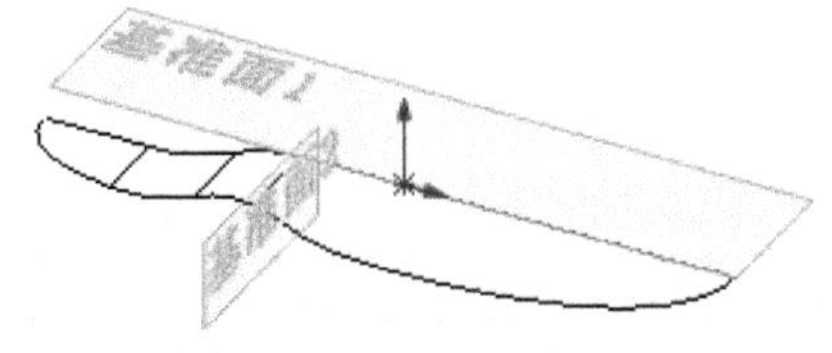

图 3-10　基准面 2

(8) 建立“草图 3”。

以“基准面 1”作为草图的平面，绘制如图 3-11 所示的草图。

① 利用“ ”绘制样条曲线，如图 3-11(a)所示。

② 单击样条曲线端点，出现箭头，拖动箭头可调整曲线的形状，如图 3-11(b)。

③ 在窗口的空白处，单击右键，从弹出的菜单中选择“完全定义草图”，自动标注尺寸，参考图 3-11(c)修改尺寸。

④ 右键单击曲线的端点，从弹出工具按钮中选择约束“|”，样条曲线的形状可以通过拖动箭头来改变。“草图 3”如图 3-11(d)所示。

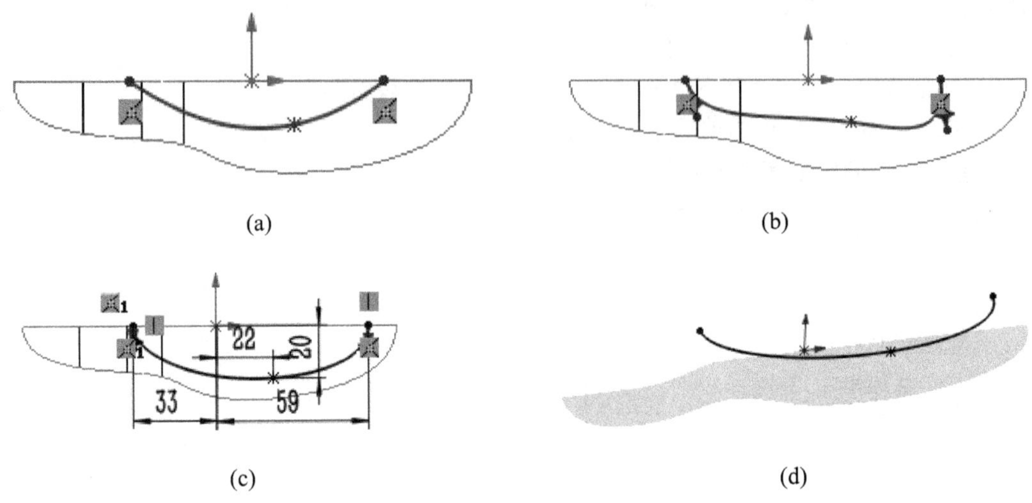

(a)　(b)　(c)　(d)

图 3-11　草图 3

(9) 建立“草图 4”。

以“前视基准面”作为草图的平面，绘制如图 3-12 所示的草图。

① 利用“N”绘制样条曲线，绘制曲线，其中两个控制点，如图 3-12(a)所示。

② 添加约束。按住“Ctrl”键选取如图 3-12(b)所示的“草图 3”和“端点”，选择约束“穿透”，另一端点用同样的方法添加约束“穿透”，如图 3-12(c)所示。

③ 标注尺寸，参考图 3-12(b)标注尺寸。

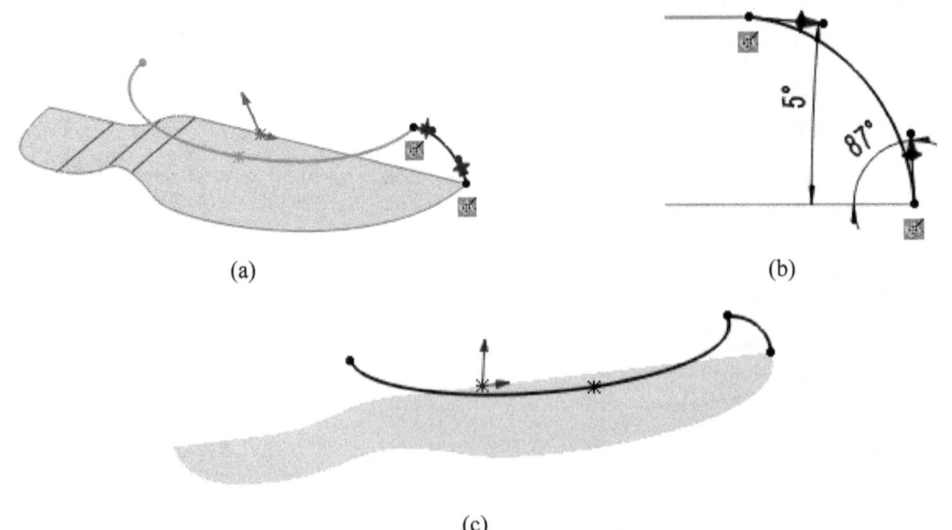

(a)　(b)　(c)

图 3-12　草图 4

(10) 建立“草图 5”。

以“右视基准面”作为草图的平面，绘制如图 3-13 所示的草图。可参考“草图 4”的创建过程。

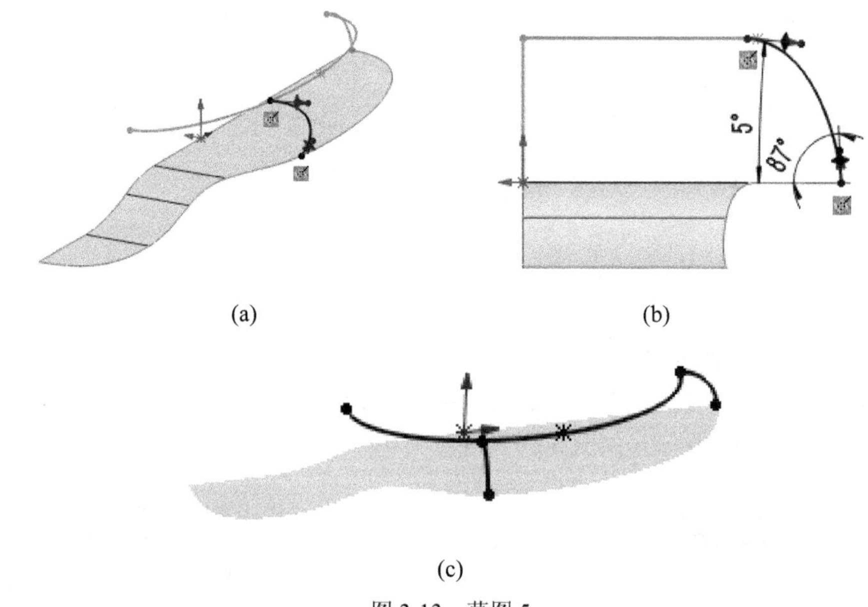

图 3-13　草图 5

(11) 建立“草图 6”。

以“基准面 2”作为草图的平面，绘制如图 3-14 所示的草图。可参考“草图 4”的创建过程。

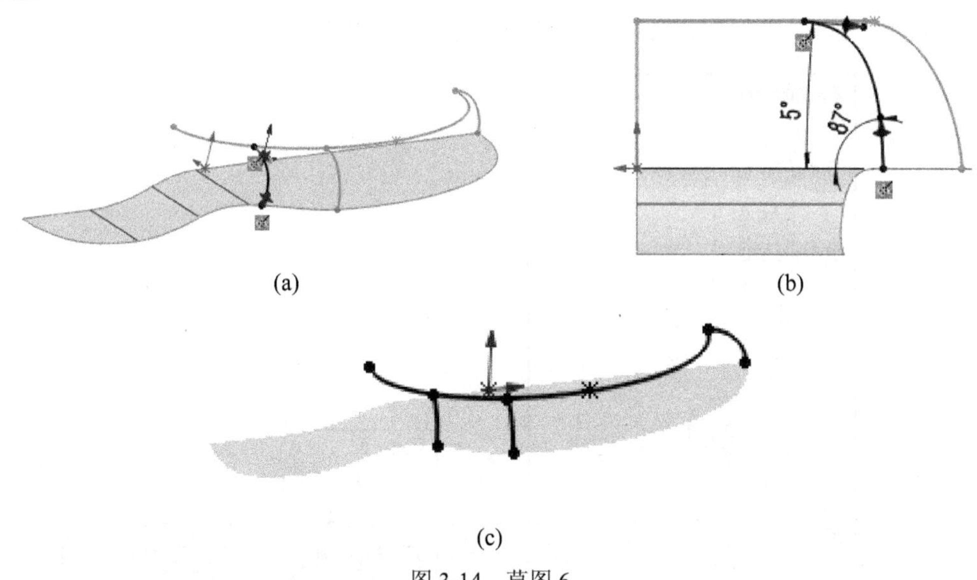

图 3-14　草图 6

(12) 建立“草图 7”。

以“前视基准面”作为草图的平面，绘制如图 3-15 所示的草图。可参考“草图 4”的创建过程。

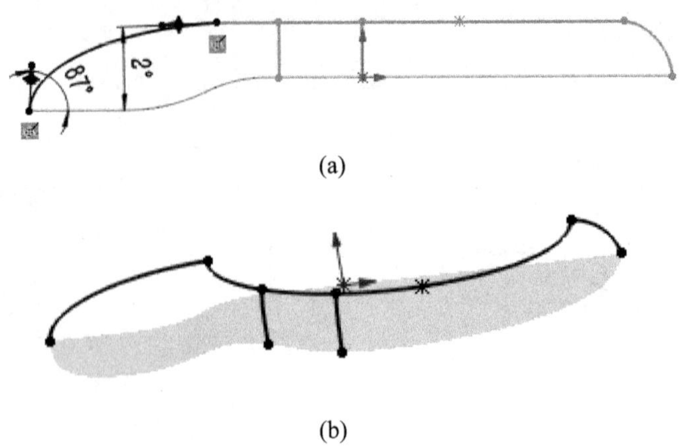

(a)

(b)

图 3-15　草图 7

(13) 建立"曲面-放样 1"。

① 在菜单中，单击"插入"→"曲面"→"放样曲面"。

② 选择轮廓线和引导线，如图 3-16 所示。

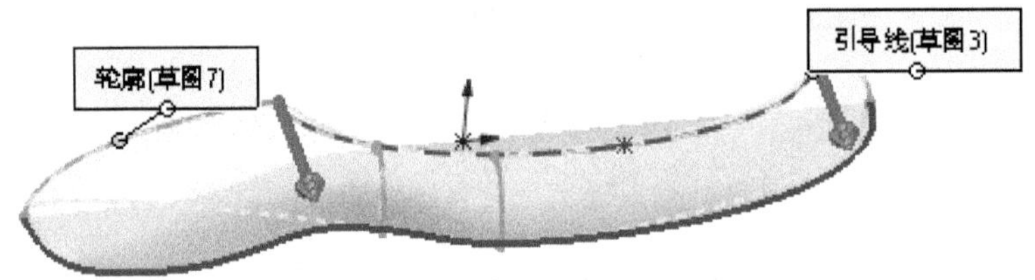

图 3-16　轮廓线和引导线

③ 参考图 3-17 设置属性管理器。创建的放样曲面如图 3-18 所示。

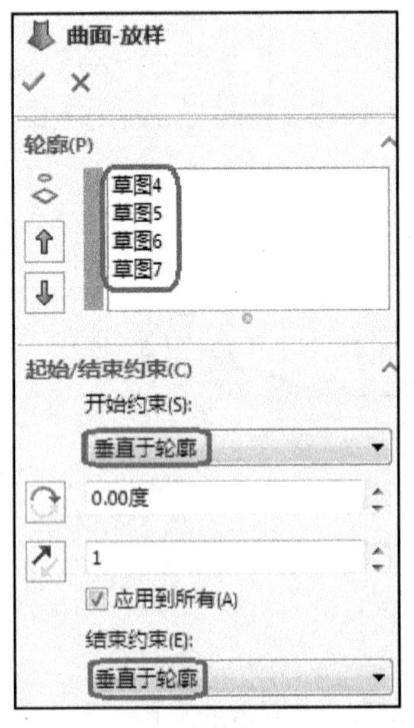

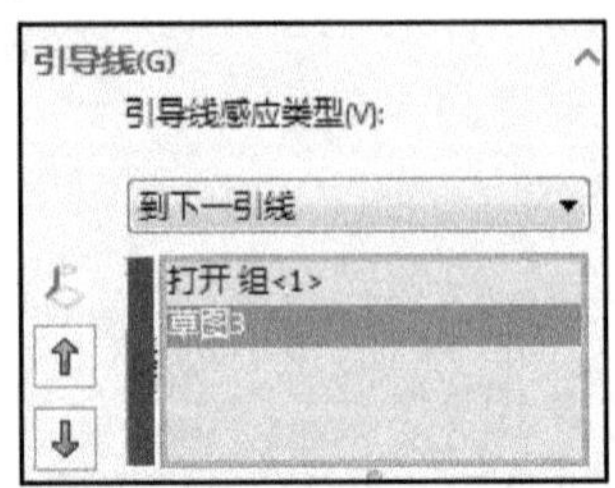

图 3-17　"曲面-放样"的属性管理器

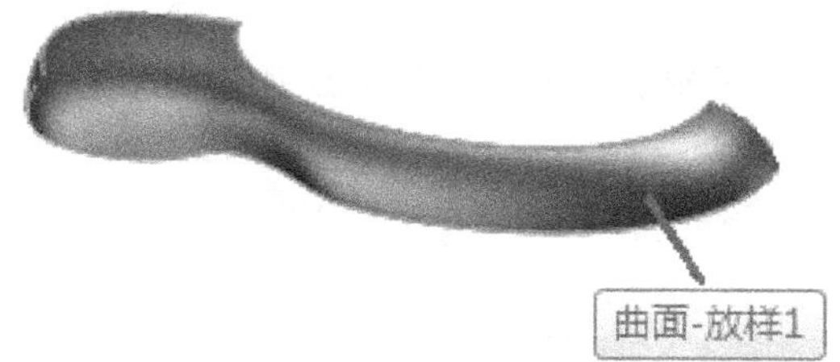

图 3-18　放样曲面

注意：如果引导线不好选择，可以单击右键，从弹出的菜单中选择“SelectionManager”，然后从工具条中单击“”选择组进行选取，如图 3-19 所示。

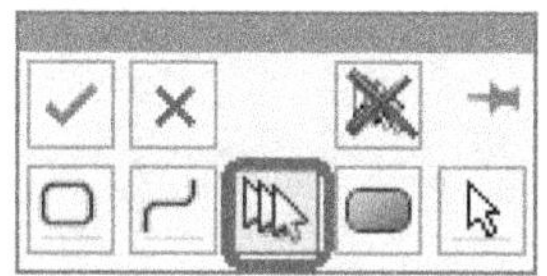

图 3-19　选择管理器

(14) 建立“基准面 3”。

以“右视基准面”为参考面，距离为“44”，创建“基准面 3”，如图 3-20 所示。

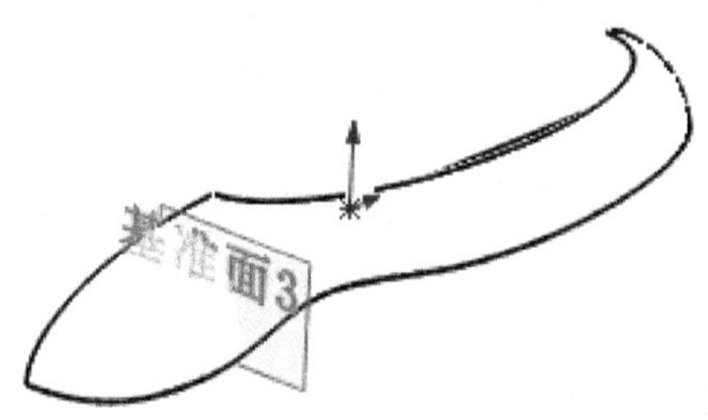

图 3-20　基准面 3

(15) 建立“草图 8”。

以“前视基准面”作为草图的平面，绘制如图 3-21 所示的草图。

① 利用“”绘制样条曲线。

② 单击样条曲线端点，出现箭头，拖动箭头可调整曲线的形状。

③ 在窗口的空白处，单击右键，从弹出的菜单中选择“完全定义草图”，自动标注尺寸，参考图 3-21 修改尺寸。

④ 右键单击曲线的端点，从弹出工具按钮中选择约束“”，样条曲线的形状可以通过拖动箭头来改变。

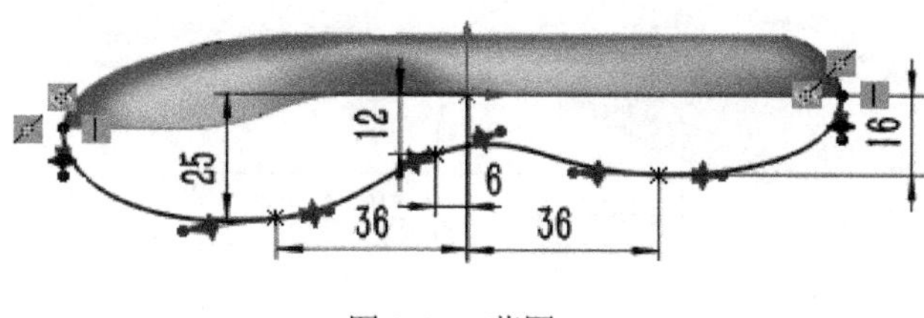

图 3-21　草图 8

(16) 建立“草图 9”。

以“基准面 3”作为草图的平面，绘制如图 3-22 所示的草图。

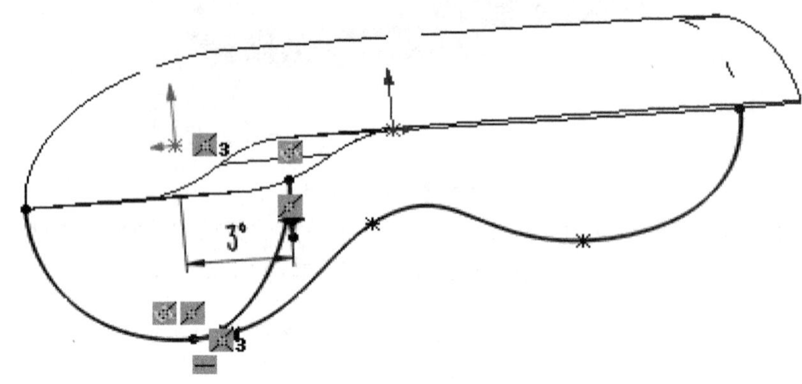

图 3-22　草图 9

(17) 建立“草图 10”。

以“前视基准面”作为草图的平面，绘制一条直线，如图 3-23 所示。

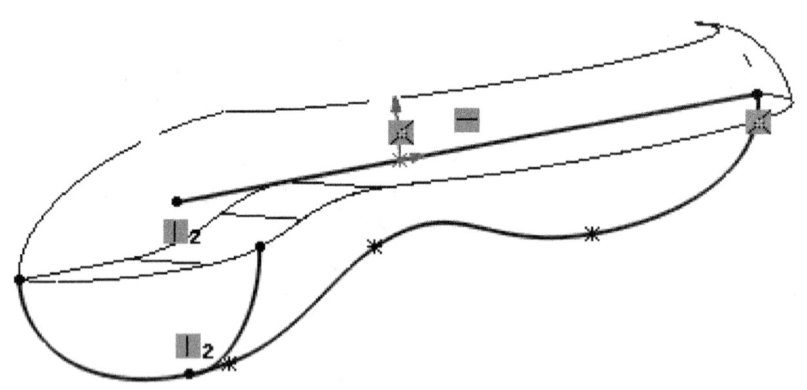

图 3-23　草图 10

(18) 建立“曲面-扫描 1”。

① 在菜单中，单击“插入”→“曲面”→“扫描曲面”。

② 轮廓、路径及引导线选择如图 3-24 和图 3-25 所示。扫描曲面如图 3-26 所示。

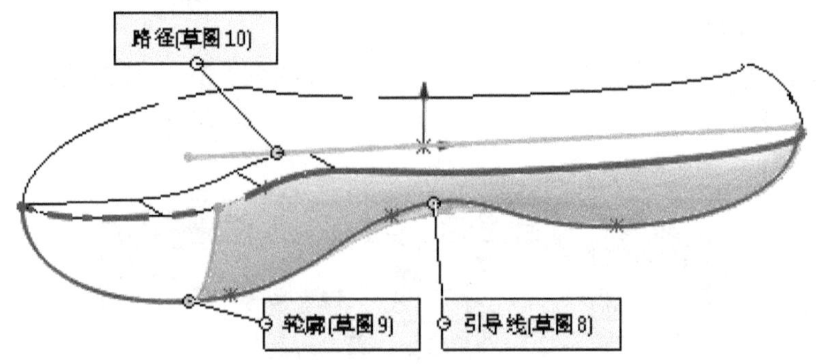

图 3-24　路径、轮廓和引导线

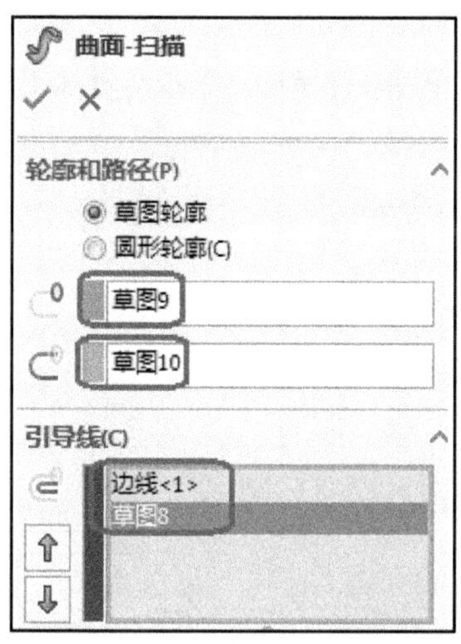

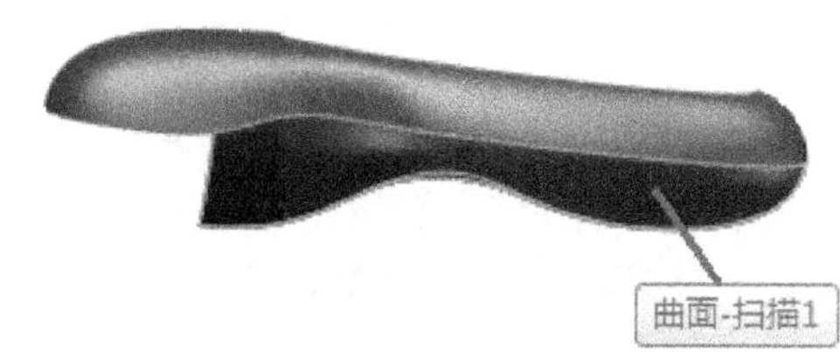

图 3-25　“曲面-扫描”的属性管理器

图 3-26　扫描曲面

(19) 建立“直纹曲面 1”。

① 在菜单中，单击“插入”→“曲面”→“直纹曲面”。

② 参考图 3-27 选择边线和向量，参考图 3-28 设置“直纹曲面 1”的属性管理器，生成的曲面如图 3-29 所示。

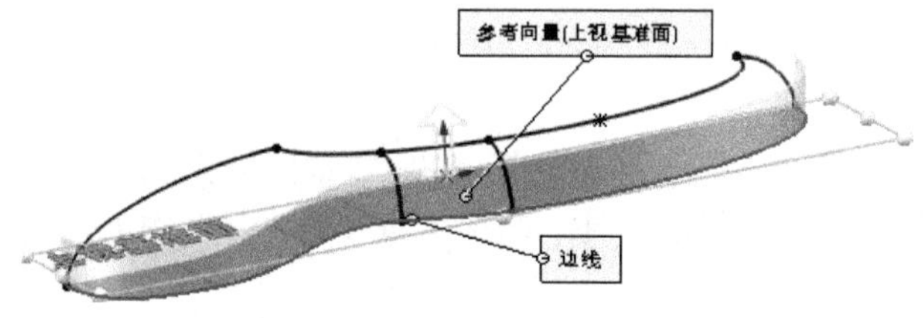

图 3-27　边线和参考向量

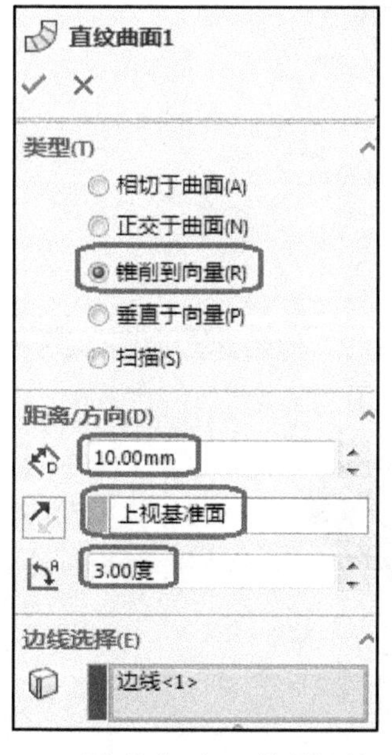

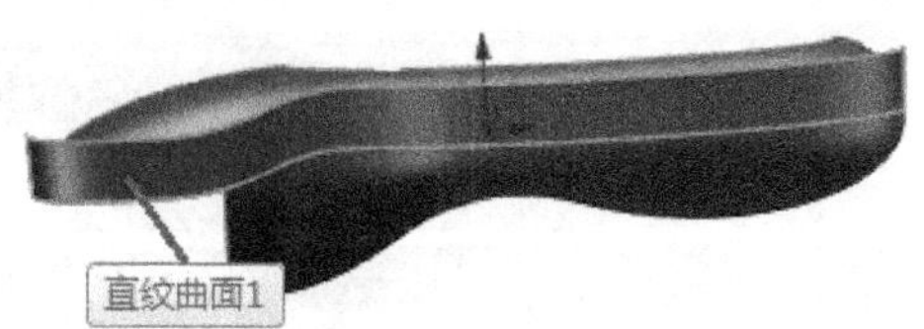

图 3-28　“直纹曲面 1”的属性管理器

图 3-29　直纹曲面

(20) 建立“曲面-拉伸 2”。

① 建立“草图 11”。把“前视基准面”作为草图平面，利用“转换实体引用”和“剪裁实体”创建草图，如图 3-30 所示。

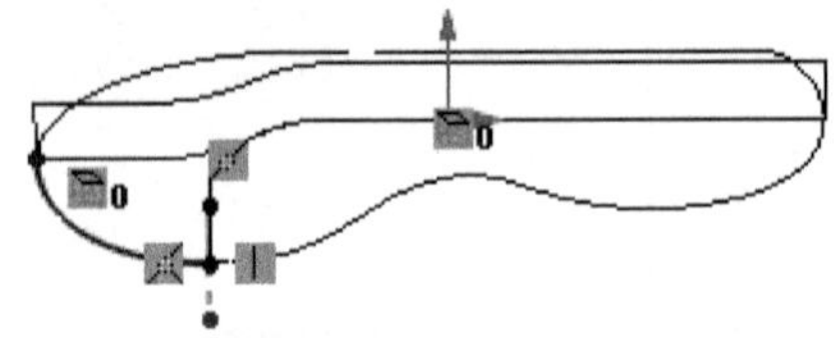

图 3-30　草图 11

② 先选中“草图 11”，然后在菜单中，“插入”→“曲面”→“拉伸曲面”按钮，拉伸深度值为“12”。生成的曲面如图 3-31 所示。

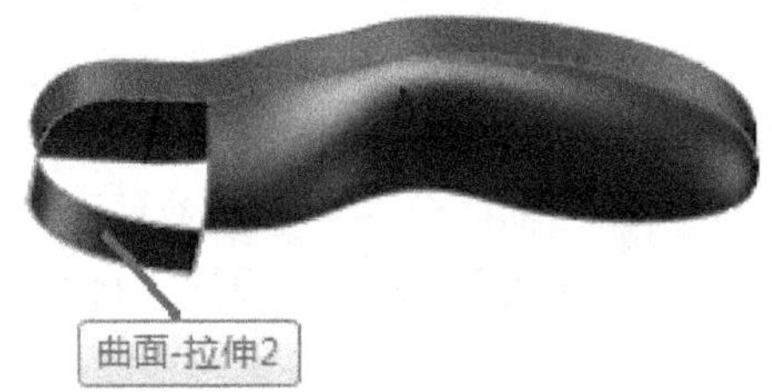

图 3-31　拉伸曲面

(21) 建立“曲面-剪裁 2”。

① 在菜单中，单击“插入”→“曲面”→“裁剪曲面”。

② 选择“基准面 3”作为剪裁工具，选择“直纹曲面 1”作为被剪裁的曲面，裁剪后的曲面如图 3-32 所示。

图 3-32　曲面-剪裁 2

(22) 建立“曲面填充 1”。

① 在菜单中，单击“插入”→“曲面”→“填充”。

② 选择“曲面-裁剪 2”“曲面-拉伸 2”和“曲面-扫描 1”的边线，如图 3-33 所示。属性管理器参考图 3-34 进行设置，生成的曲面如图 3-35 所示。

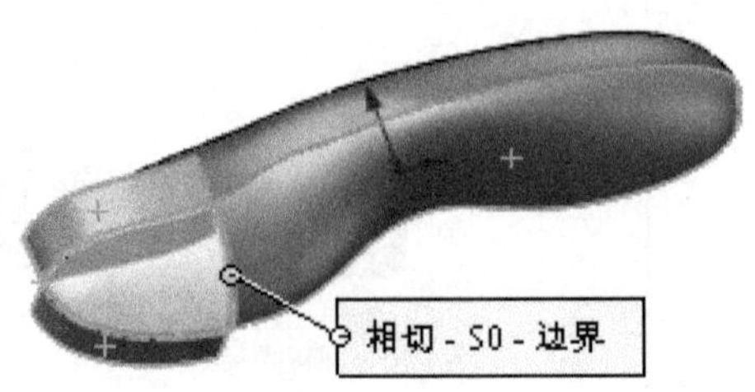

图 3-33　曲面填充的边界

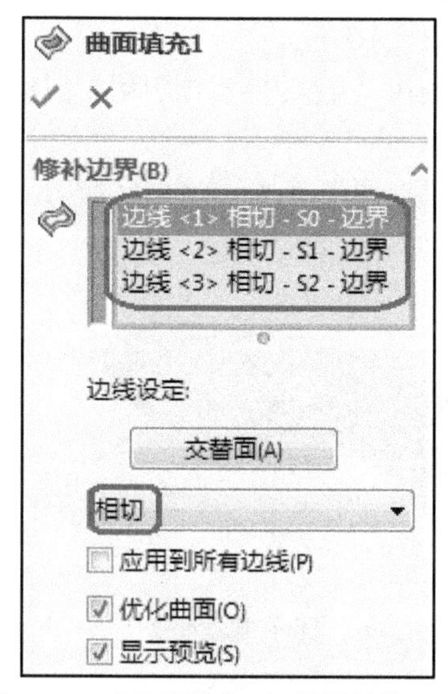

图 3-34　“曲面填充 1”的属性管理器

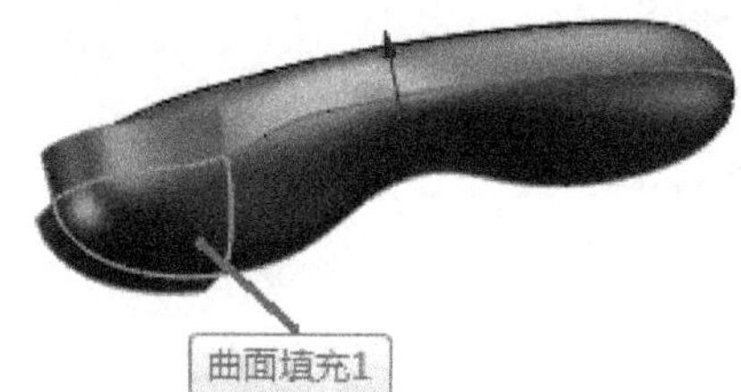

图 3-35　曲面填充 1

③ 隐藏“曲面-裁剪 2”“曲面-拉伸 2”。

(23) 建立“通过参考点的线段 1”。

① 在菜单中，单击“插入”→“曲线”→“通过参考点的曲线”。

② 单击选取如图 3-36 所示的两个端点。

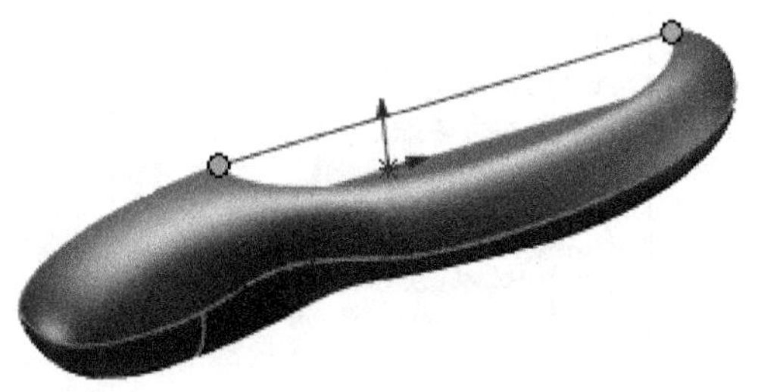

图 3-36　曲面填充 1

(24) 建立“曲面-基准面 1”。

① 在菜单中，单击“插入”→“曲面”→“平面区域”。

② 选择如图 3-37 所示的两条边线，创建的曲面如图 3-38 所示。

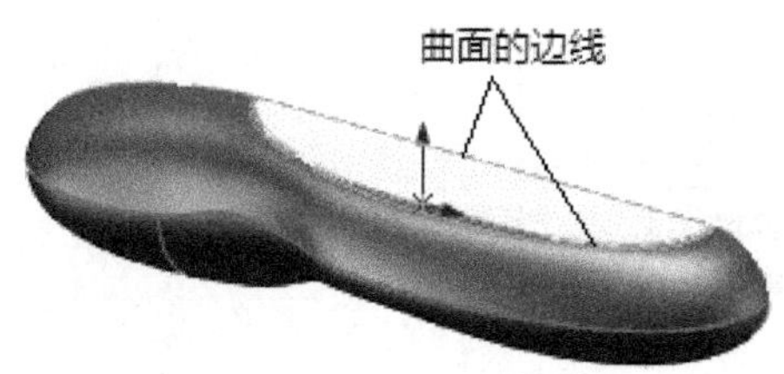

图 3-37　曲面的边线

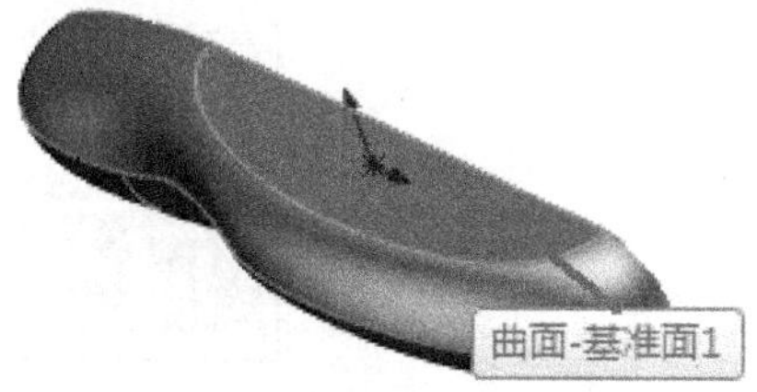

图 3-38　曲面-基准面 1

(25) 建立“曲面-基准面 2”。

① 创建草图。以“前视基准面”作为草图平面，利用“转换实体引用”创建草图，如图 3-39 所示。

② 先选中草图，然后在菜单中，单击“插入”→“曲面”→“平面区域”。“曲面-基准面 2”如图 3-40 所示。

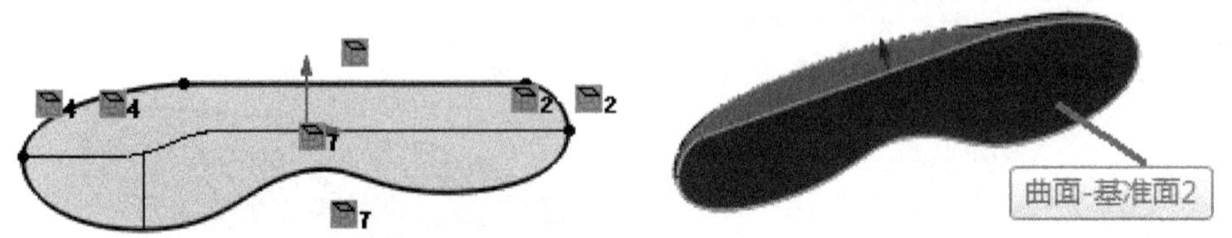

图 3-39　草图　　　　图 3-40　曲面-基准面 2

(26) 建立“曲面-缝合 1”。

① 在菜单中，单击“插入”→“曲面”→“缝合曲面”。

② 参考图 3-41 的属性管理器，选择五个曲面进行缝合，创建成为实体。

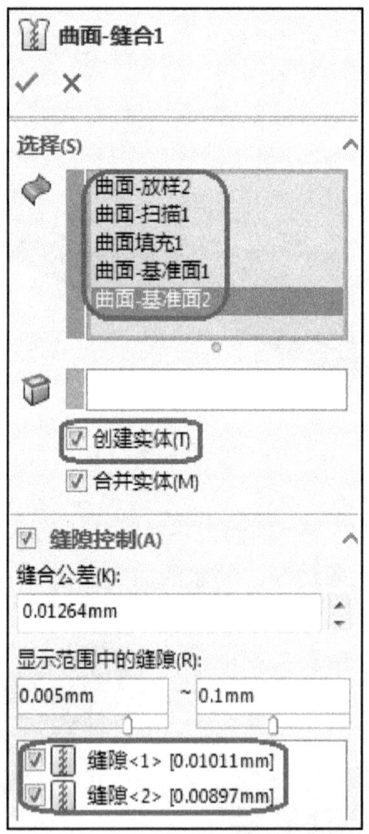

图 3-41　“曲面-缝合 1”的属性管理器

(27) 建立“镜向 1”。

① 在工具栏中，单击“特征”→“镜向”。

② “镜向 1”的属性管理器设置如图 3-42 所示。镜向实体如图 3-43 所示。

图 3-42　“镜向 1”的属性管理器

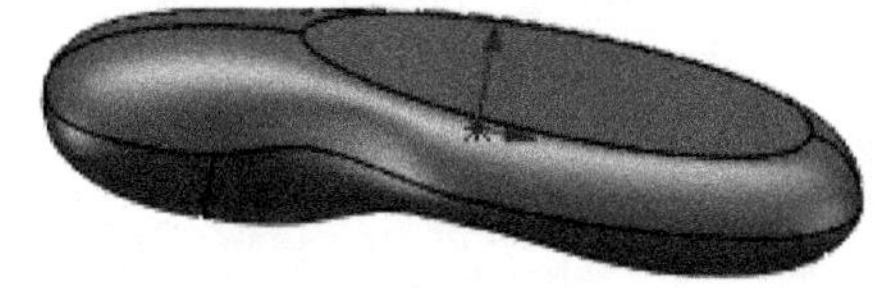

图 3-43　镜向实体

(28) 建立“基准面 4”。

以“右视基准面”为参考面，距离为“13”，创建“基准面 4”，如图 3-44 所示。

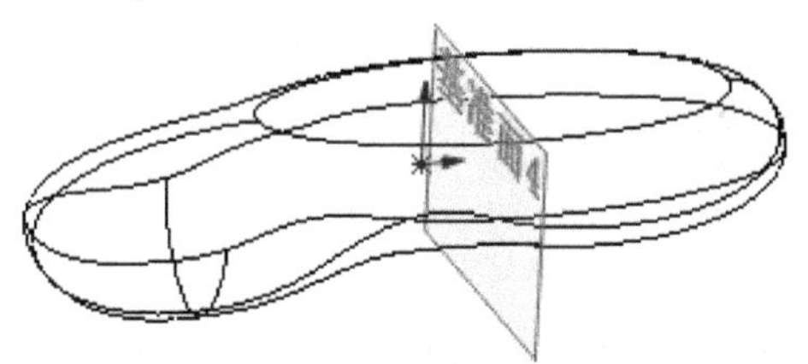

图 3-44　基准面 4

(29) 建立“曲面-填充 2”。

① 在“基准面 4”上创建“草图 13”。利用圆弧创建草图，如图 3-45 所示。

② 在“前视基准面”上创建“草图 14”。利用圆弧创建草图，如图 3-46 所示。

注意：添加点和线的约束时，要选择“穿透”。

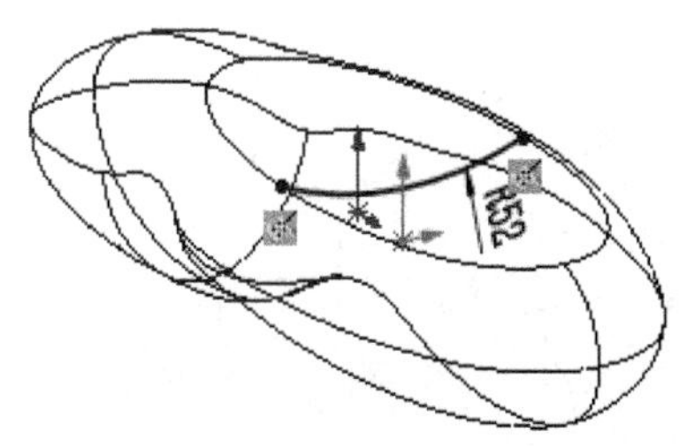

图 3-45　草图 13

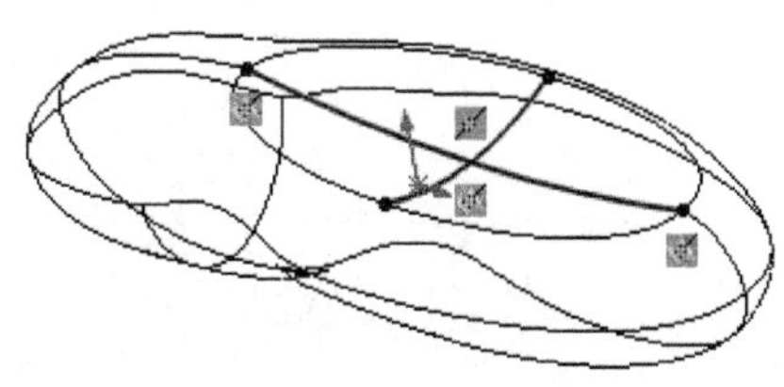

图 3-46　草图 14

③ 参考图 3-47 和图 3-48，选择四条边线，建立“曲面-填充 2”，如图 3-49 所示。

注意：调整合并方向。

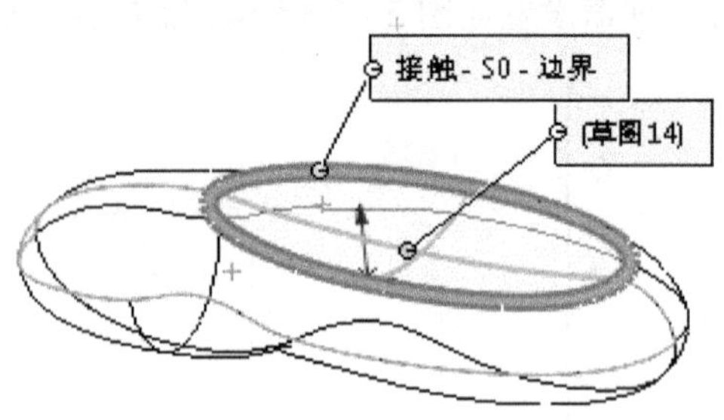

图 3-47　修补边界

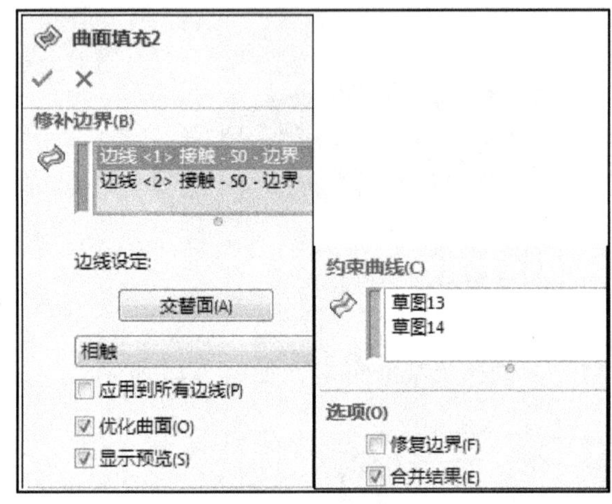

图 3-48　约束曲线

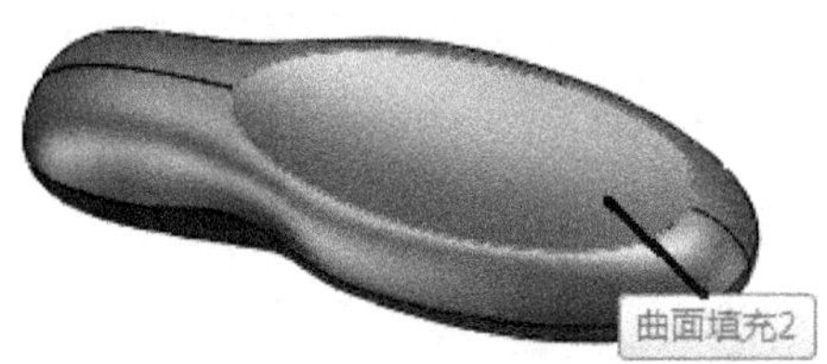

图 3-49　曲面-填充 2

(30) 建立“基准面 5”。

以“上视基准面”为参考面，向上距离为“6”，创建“基准面 5”。

(31) 建立“切除-拉伸 1”。

① 在工具栏中，单击“特征”→“拉伸切除”。

② 以“基准面 5”为草图平面，绘制图 3-50 所示的草图。拉伸选项为“完全贯穿”。切除特征如图 3-51 所示。

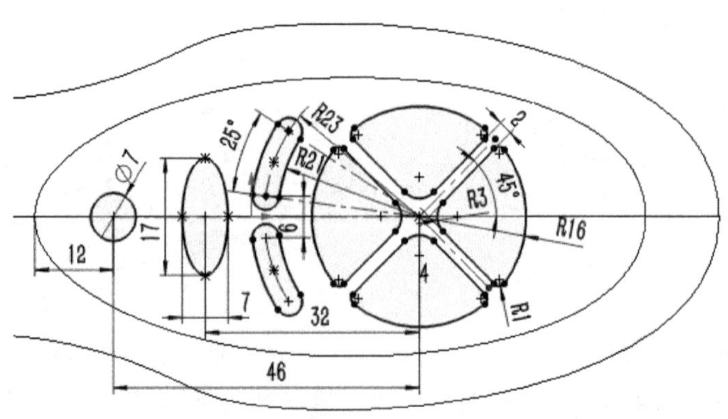

图 3-50　“切除-拉伸 1”的草图

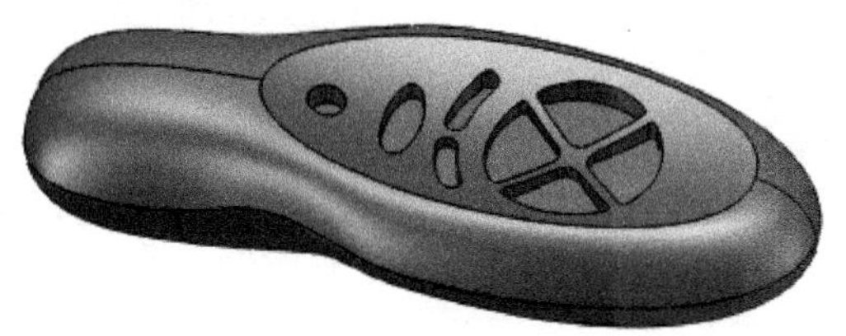

图 3-51　切除拉伸后的模型

(32) 建立"曲面-拉伸 3"。

① 单击选中"草图 1"。

② 在菜单栏中，单击"插入"→"曲面"→"拉伸曲面"按钮，拉伸选项为"两侧对称"，拉伸深度值"80"。

(33) 建立"分割 1"。

① 在菜单栏中，单击"插入"→"特征"→"分割"。

② 参考图 3-52 和图 3-53，选择"曲面-拉伸 3"作为剪裁工具，然后选择实体，分割后实体变为上下两部分。

③ 隐藏"曲面-拉伸 3"。

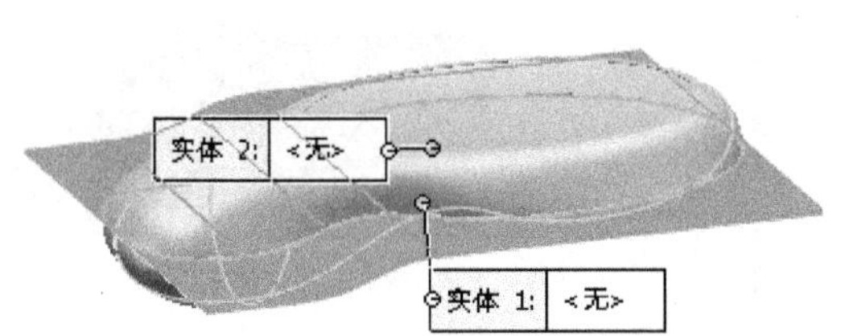

图 3-52　分割实体

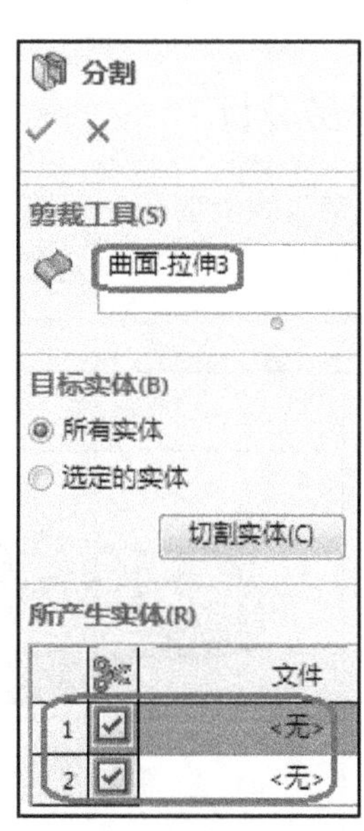

图 3-53　"分割"的属性管理器

(34) 建立文件"遥控器_上部"和"遥控器_下盖"。

① 在设计树中，单击"实体(2)"前面的" "，右键单击"分割 1[1]"，从弹出的菜单中选择"插入到新零件"，如图 3-54 所示。

② 在图 3-55 所示的属性管理中，单击" "，在"另存为"对话框中输入文件名称"遥控器_上部"。

③ 按上面的方法把"分割 1[2]"另存为"遥控器_下盖"。

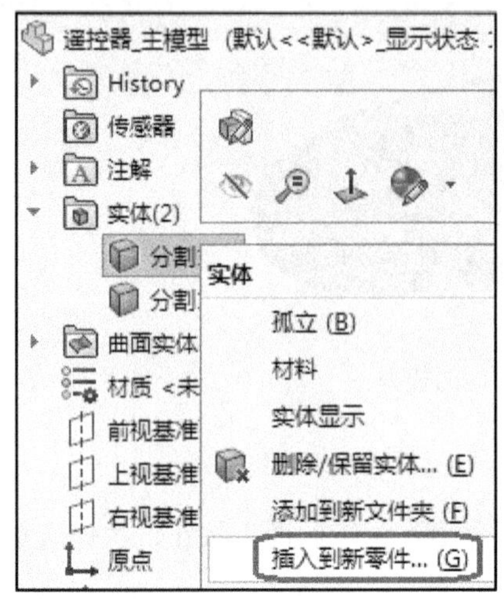

图 3-54　设计树

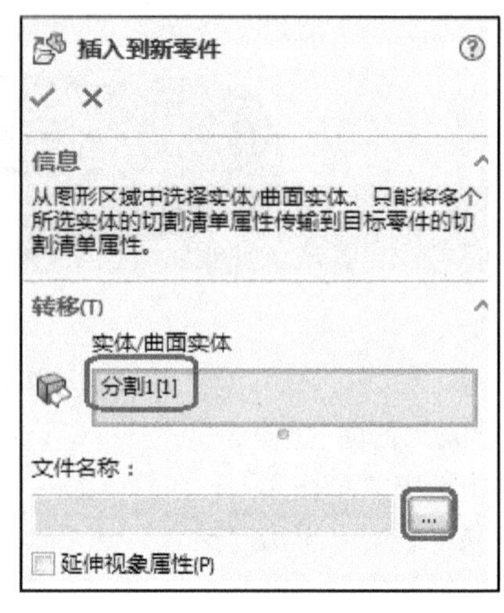

图 3-55　“插入到新零件”的属性管理器

任务二　创建遥控器的上部

遥控器上部

一、任务分析

遥控器的上部是由主模型分割而来的，该零件将被分割为上盖和按键，从而把信息逐渐向下传递。建模过程见表 3-2。

表 3-2　遥控器上部的建模分析

编号	特　征	编号	特　征
1	圆角	3	凸台拉伸
2	抽壳	4	创建新零件

二、任务实施

(1) 打开文件“遥控器_上部.sldprt”。

(2) 建立“圆角 1”。

对图 3-56 中所示的边倒圆角 R3。

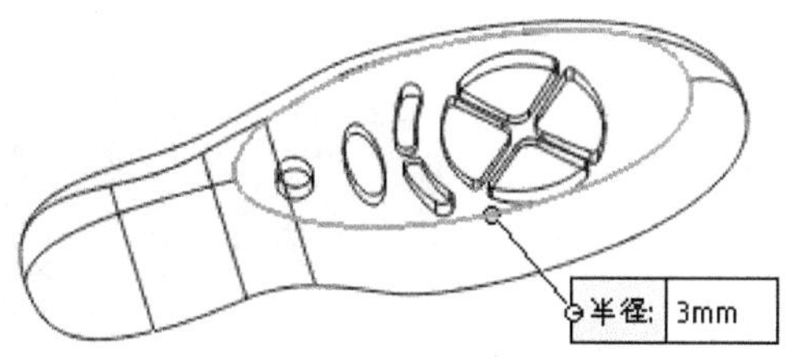

图 3-56　圆角 1 的边

(3) 建立“抽壳 1”。

① 在工具栏中，单击“特征”→“抽壳”。

② 选取如图 3-57 所示的面为移除的面，壳的厚度为“2”。壳特征如图 3-58 所示。

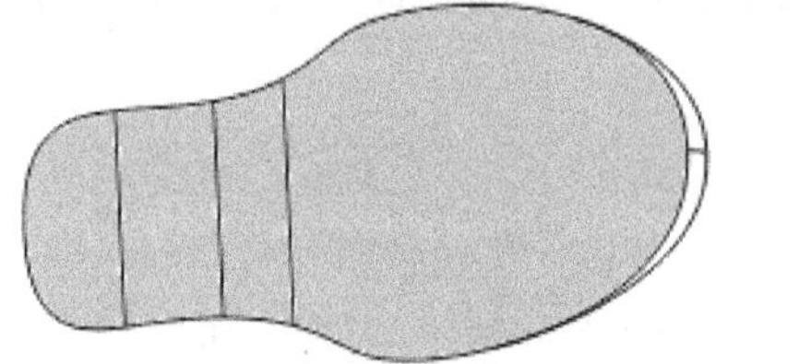

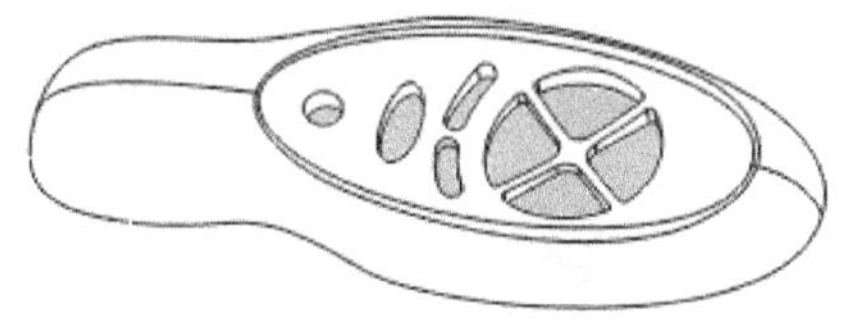

图 3-57　移除的面

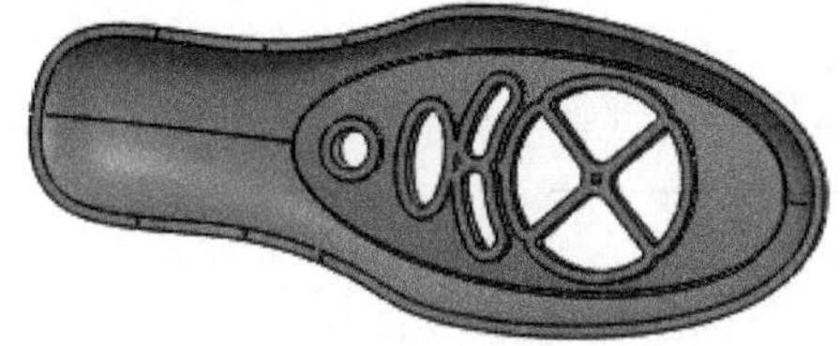

图 3-58　壳

(4) 建立“凸台-拉伸 1”。

以如图 3-59 所示的面作为草图平面，绘制如图 3-60 所示的草图，拉伸深度值为“2”，凸台-拉伸 1 的属性管理器如图 3-61 所示，取消勾选“合并结果”，如图 3-62 所示。

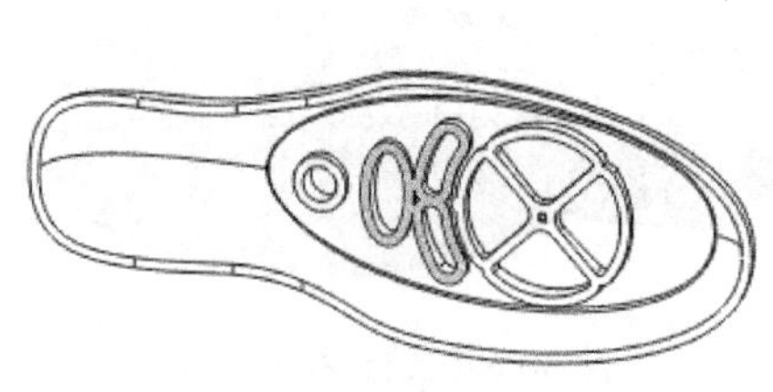

图 3-59　“凸台-拉伸 1”的草图平面

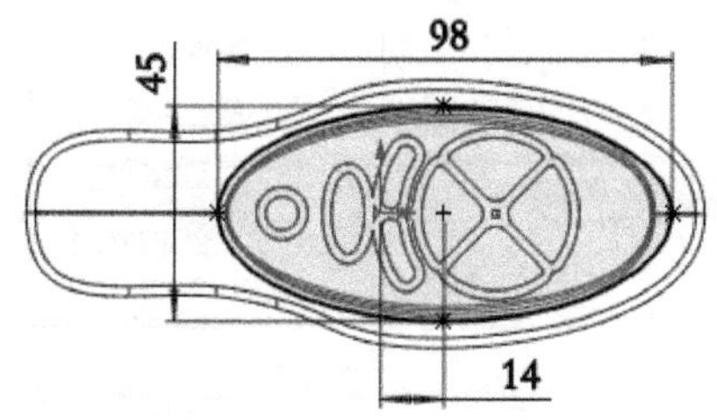

图 3-60　“凸台-拉伸 1”的草图

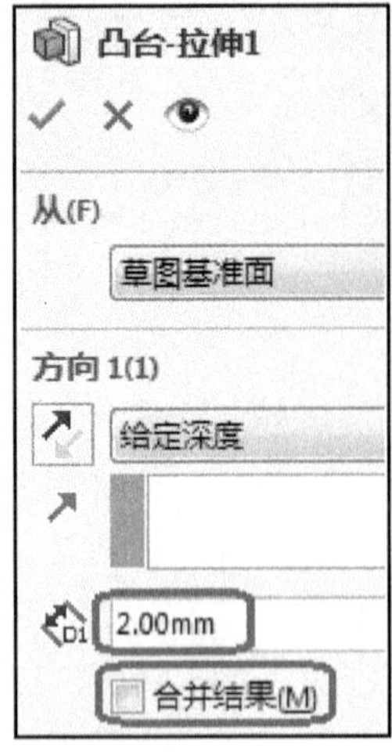

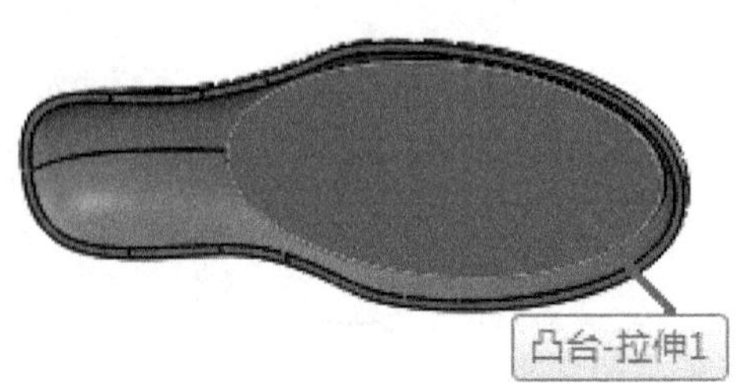

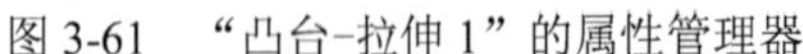
图 3-61　“凸台-拉伸 1”的属性管理器　　　　图 3-62　凸台-拉伸 1

(5) 建立“凸台-拉伸 2”。

以如图 3-63 所示的面作为草图平面，利用“ 等距实体”向轮廓内部偏距 0.2 mm 创建如图 3-64 所示的草图，拉伸深度值为“6”。凸台-拉伸 2 的属性管理器如图 3-65 所示，特征如图 3-66 所示。

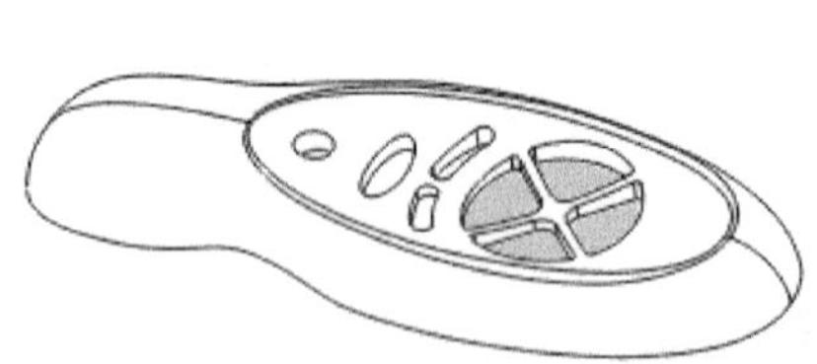

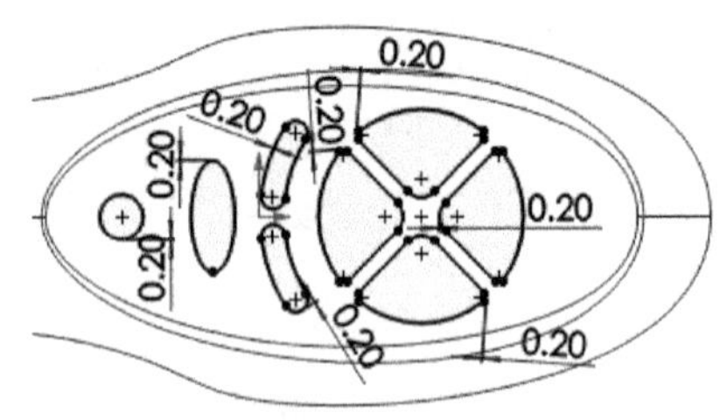

图 3-63　“凸台-拉伸 2”的草图平面　　　　图 3-64　“凸台-拉伸 2”的草图

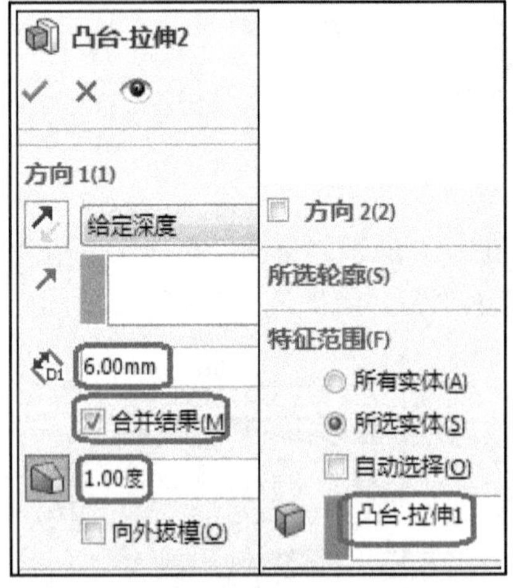

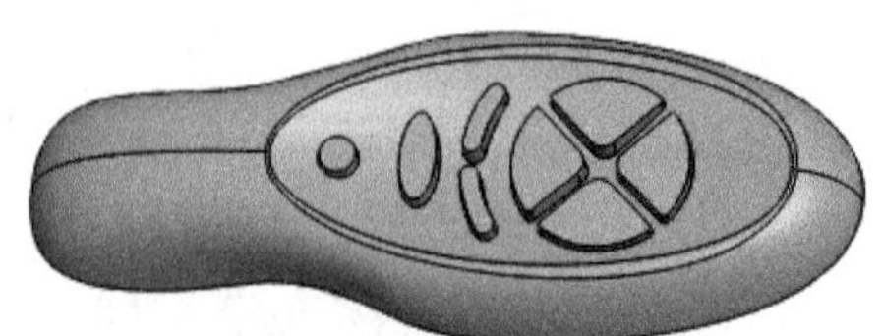

图 3-65　“凸台-拉伸 2”的属性管理器　　　　图 3-66　凸台-拉伸 2

(6) 建立文件“遥控器_上盖”和“遥控器_按键”。

① 在设计树中，单击“实体(2)”前面的“▸”，右键单击“抽壳 1”，从弹出的菜单中选择“插入到新零件”，如图 3-67 所示。

② 在图 3-68 所示的属性管理中，单击“...”，在“另存为”对话框中输入文件名称“遥控器_上盖”。

③ 按上面的方法把“凸台-拉伸 2”另存为“遥控器_按键”。

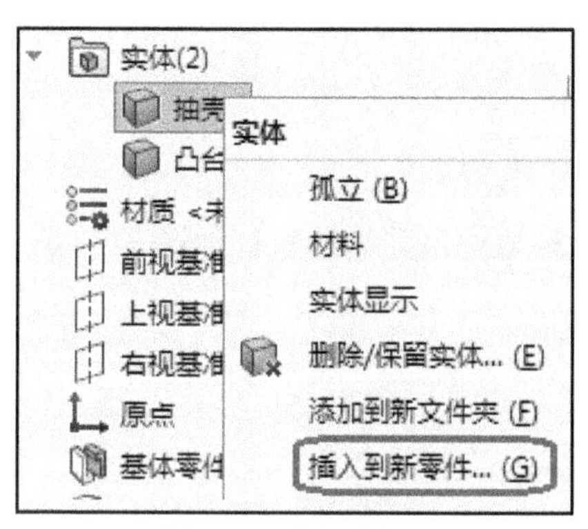

图 3-67　设计树

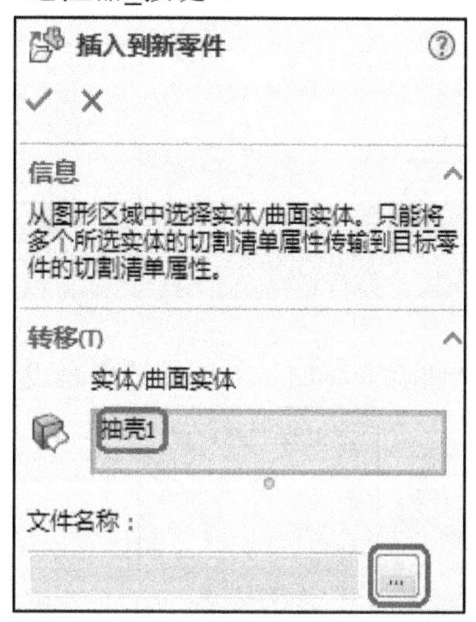

图 3-68　“插入到新零件”的属性管理器

遥控器下盖

任务三　创建遥控器的下盖

一、任务分析

遥控器下盖的外形基本设计完成，接下来只需要对其进行抽壳和细节设计。建模过程见表 3-3。

表 3-3　遥控器下盖的建模分析

编号	特　征	编号	特　征
1	拉伸切除	3	抽壳
2	圆角		

二、任务实施

(1) 打开文件“遥控器_下盖.sldprt”。

(2) 建立“切除-拉伸 1”。

① 在工具栏中，单击“特征”→“拉伸切除”。

② 以“前视基准面”为草图平面，绘制一条直线，如图 3-69 所示。

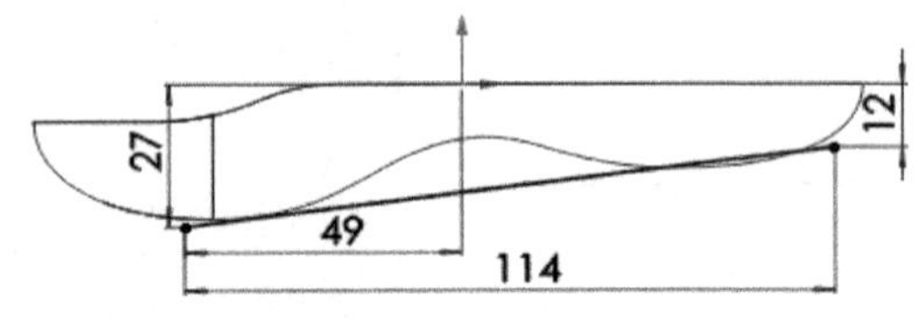

图 3-69　“切除-拉伸 1”的草图

③ “切除-拉伸 1”的属性管理器设置如图 3-70 所示。切除特征如图 3-71 所示。

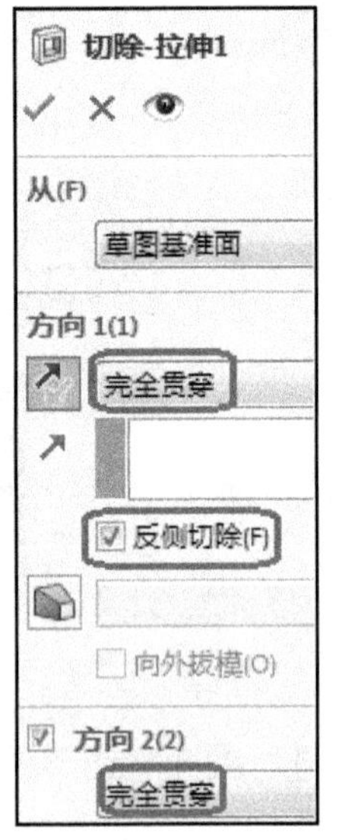

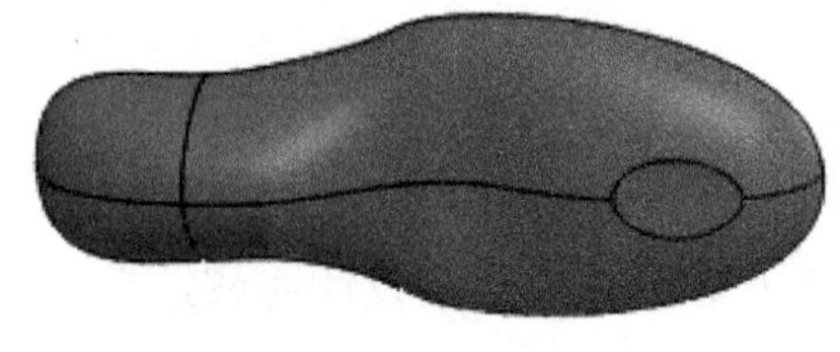

图 3-70　“切除-拉伸 1”的属性管理器　　图 3-71　切除-拉伸 1

(3) 建立“圆角 1”。

对图中的边倒圆角 R5，如图 3-72 所示。

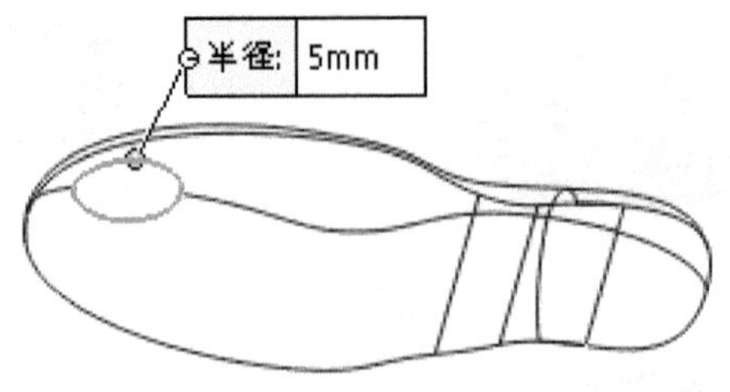

图 3-72　圆角 1

(4) 建立“抽壳 1”。

① 在工具栏中，单击“特征”→“抽壳”。

② 选取图 3-73 中所示的面为移除的面，壳的厚度为“2”。壳特征如图 3-74 所示。

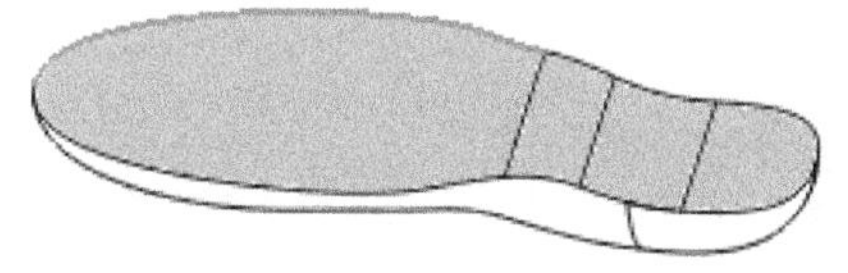
图 3-73　移除的面

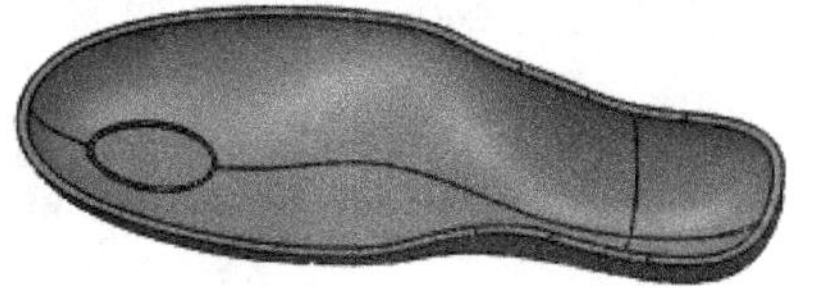
图 3-74　遥控器下盖

任务四　创建遥控器的按键

遥控器按键

一、任务分析

遥控器按键的主要结构已经确定，在此对其一些细节进行处理。建模过程见表 3-4。

表 3-4　遥控器按键的建模分析

编号	特　征	编号	特　征
1	圆顶	2	圆角

二、任务实施

(1) 打开文件“遥控器_按键.sldprt”。

(2) 建立“圆顶 1”。

① 在菜单栏中，单击“插入”→“特征”→“圆顶”。

② 选择图 3-75 所示的面，参考如图 3-76 所示的“圆顶 1”的属性管理器进行设置。

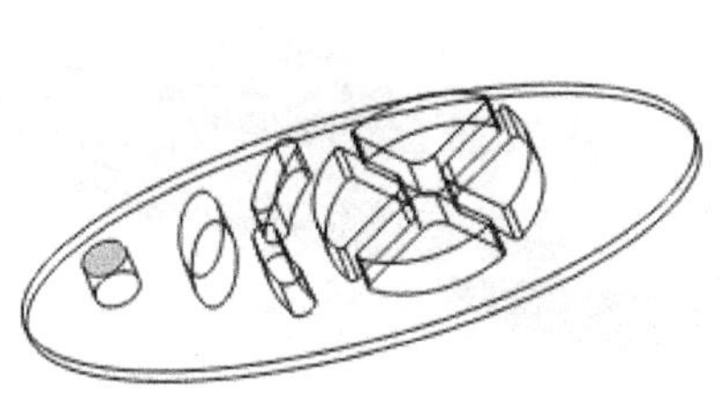
图 3-75　“圆顶”的面

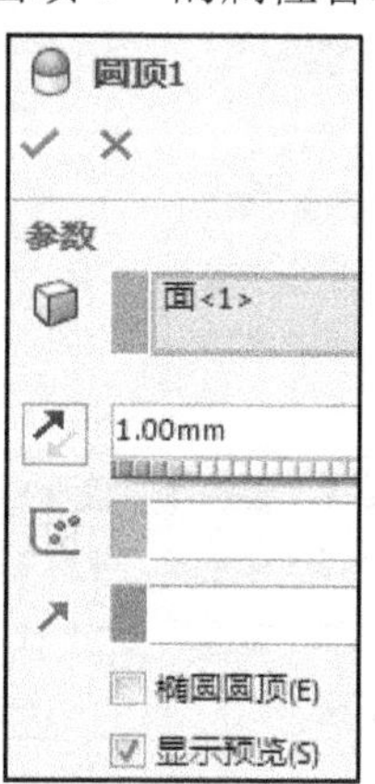

图 3-76　“圆顶 1”的属性管理器

(3) 建立“圆角 1”。

对按键顶面的边倒圆角 R0.5，如图 3-77 所示。

图 3-77　圆角 1

遥控器装配

任务五　创建遥控器的装配

一、任务分析

遥控器只有三个零件，同时零件之间的位置关系在主模型中已经确定，所以装配就变得非常简单。

二、任务实施

(1) 建立并保存装配文件“遥控器.sldasm”。

(2) 插入零件“遥控器_上盖.sldprt”“遥控器_下盖.sldprt”和“遥控器_按键.sldprt”。

① 在工具栏中，单击“特征”→“插入零部件”。

② 在“插入零部件”的属性管理器中单击“浏览(B)...”，在“打开”对话框中，双击零件“遥控器_上盖.sldprt”，然后单击设计树中装配体的原点，则“遥控器_上盖”的原点与装配体的原点重合。

③ 用同样的方法添加零件“遥控器_下盖.sldprt”和“遥控器_按键.sldprt”。装配好的设计树和模型见图 3-78 和图 3-79。

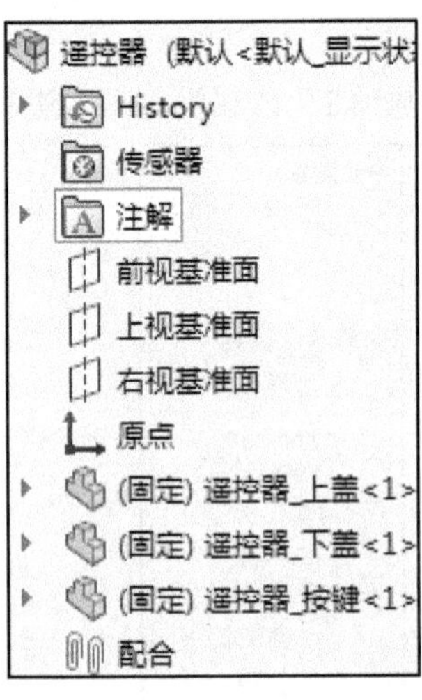

图 3-78　装配的设计树

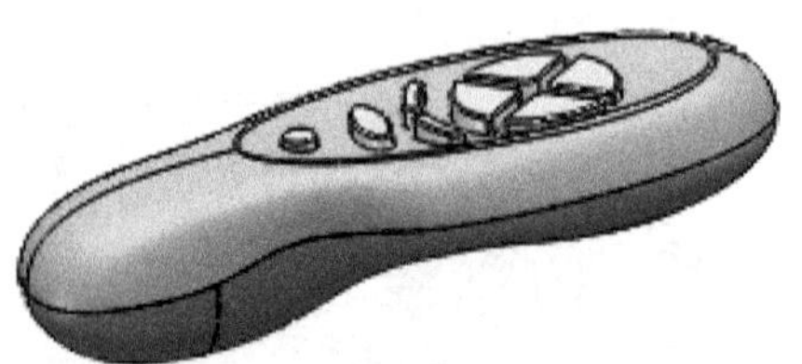

图 3-79　遥控器的装配

拓展练习三

1. 利用放样特征建立如图 3-80 所示的实体模型。

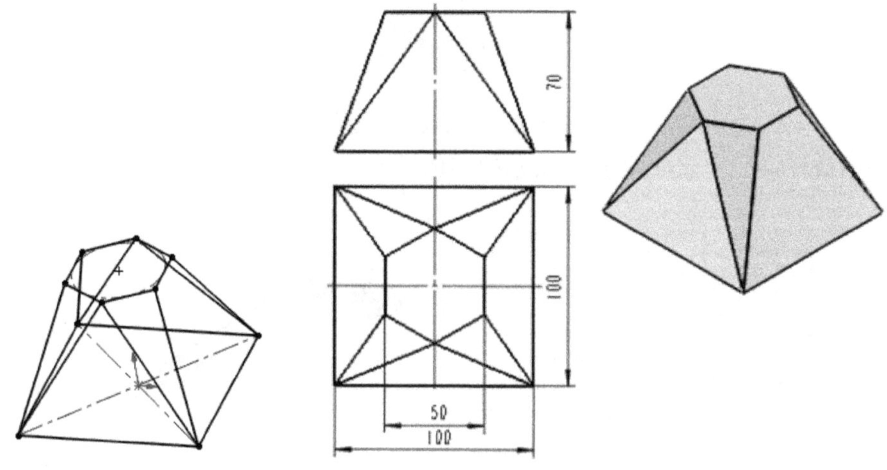

图 3-80　习题 1 附图

提示：上面表面之间的连接线可以用 3D 草图绘制。在工具栏中，单击“草图”→“草图绘制”→“3D 3D 草图”。

2. 利用拉伸、放样、镜向等特征建立如图 3-81 所示的实体模型。

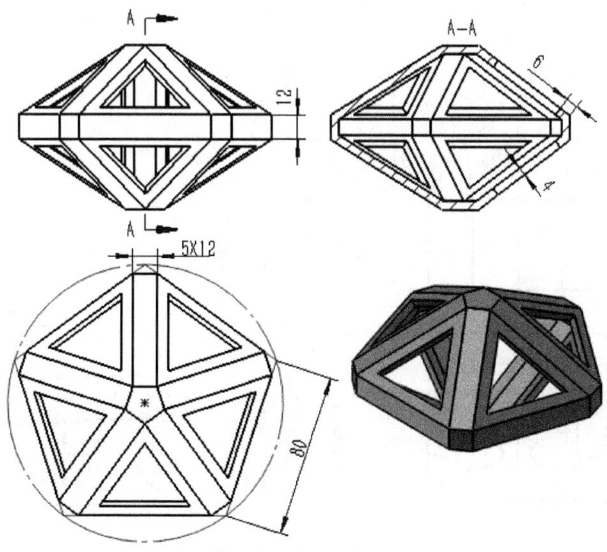

图 3-81　习题 2 附图

提示：(1) 图 3-82 是放样特征的线条。(2) 上表面的轮廓线可以用 3D 草图绘制。在工具栏中，单击“草图”→“草图绘制”→“3D 3D 草图”。草图绘制时，按“Tab”键，可以在 XY 平面、XZ 平面和 YZ 平面之间切换。

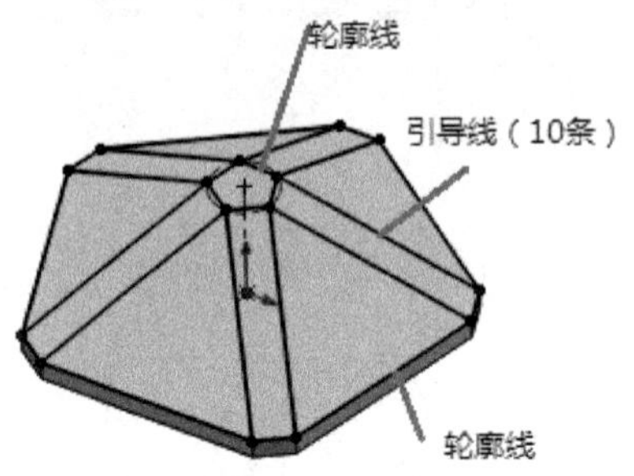

图 3-82　放样特征的线条

3. 利用放样特征建立如图 3-83 所示的实体模型。

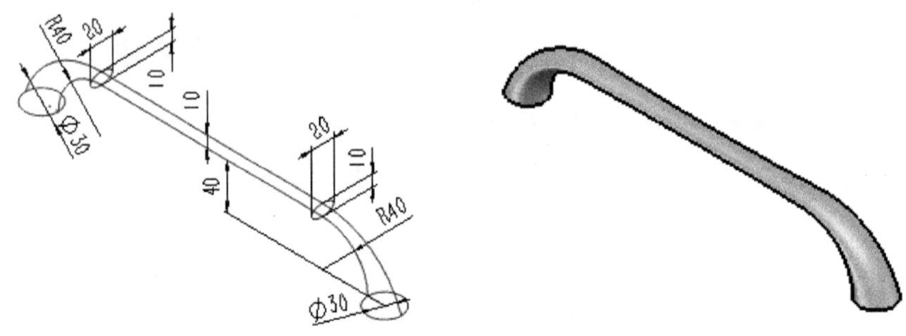

图 3-83　习题 3 附图

4. 利用放样、拉伸切除、镜向等特征建立如图 3-84 所示的实体模型。

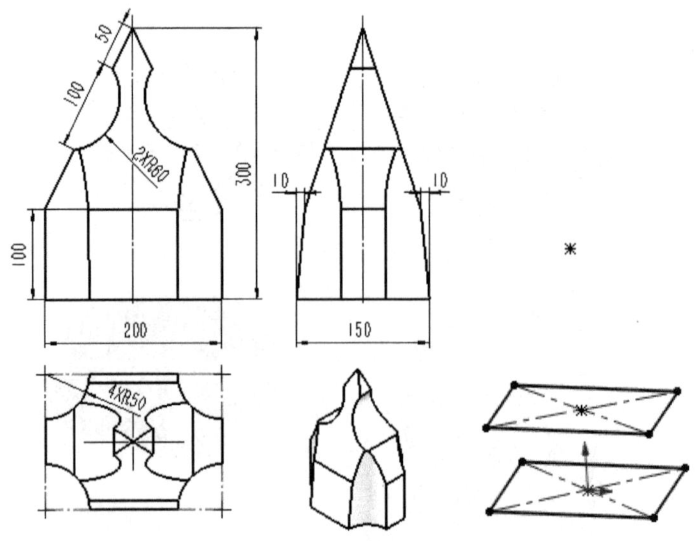

图 3-84　习题 4 附图

提示：先创建三个草图，然后再建立两个放样特征。

5. 利用拉伸曲面、剪裁曲面、加厚、拉伸切除等特征建立如图 3-85 所示的实体模型。

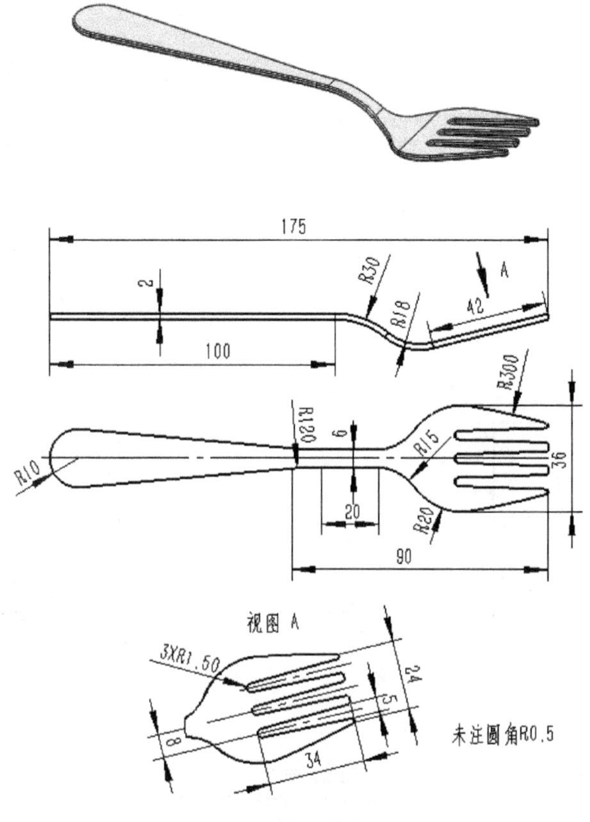

图 3-85　习题 5 附图

6. 利用曲面功能，创建如图 3-86 所示的U盘模型。

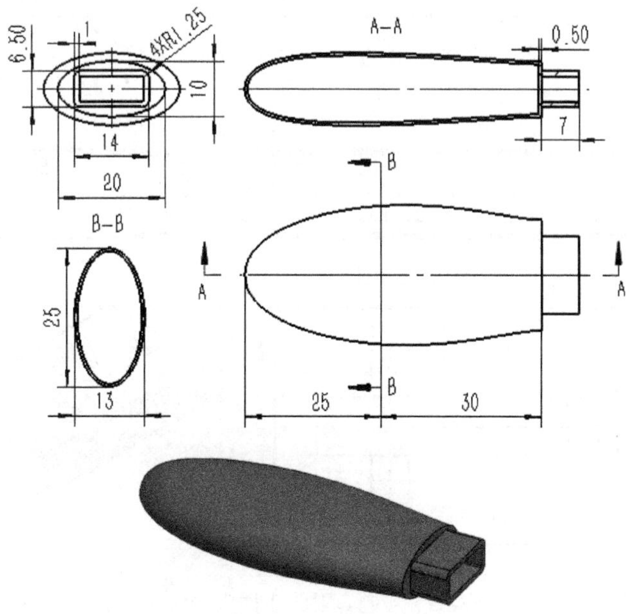

图 3-86　习题 6 附图 1(外壳)

提示：可按照图 3-87～图 3-94 的操作创建U盘模型。

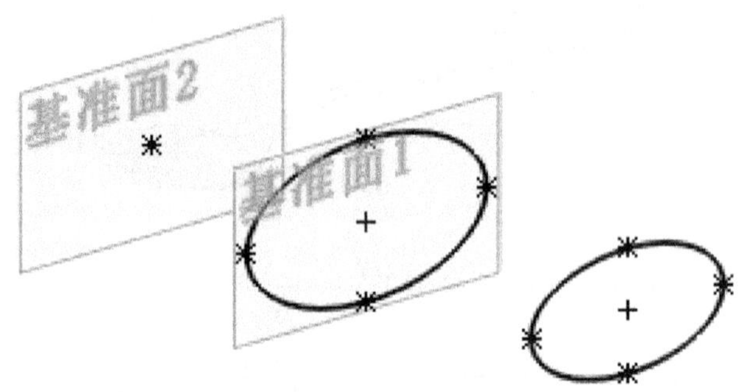

图 3-87　“边界凸台”的截面

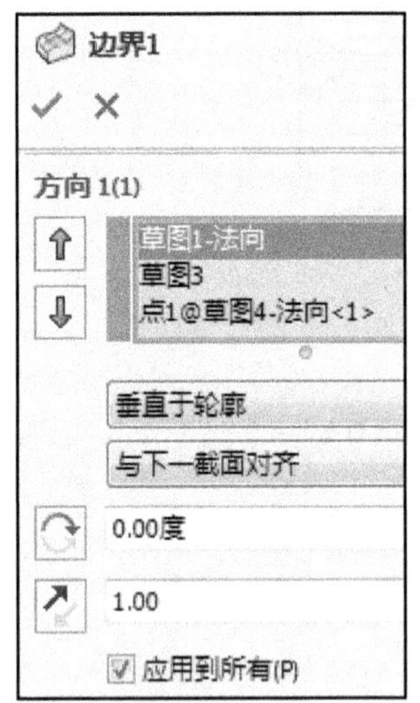

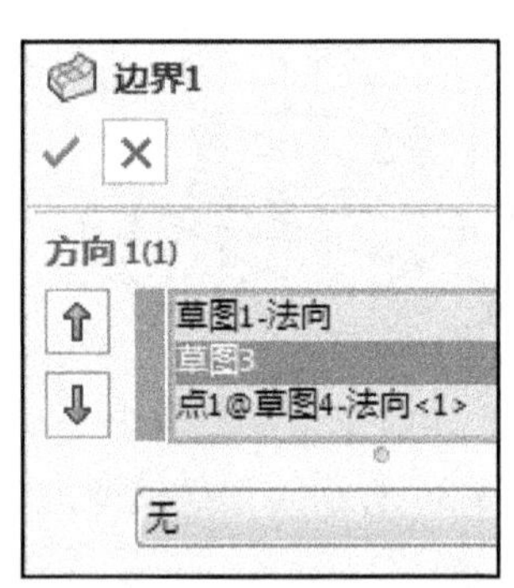

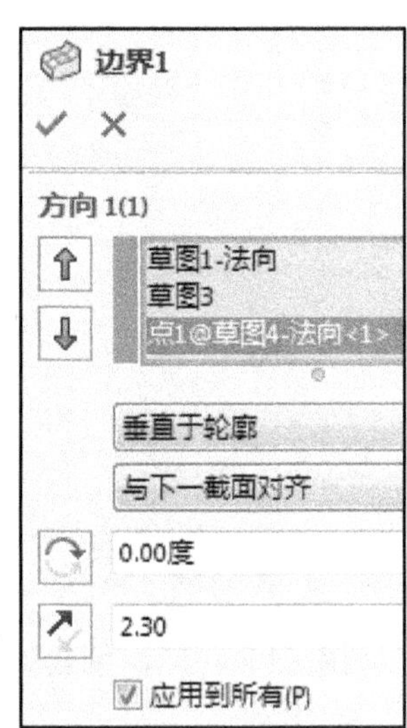

图 3-88　“边界凸台”的方向设置

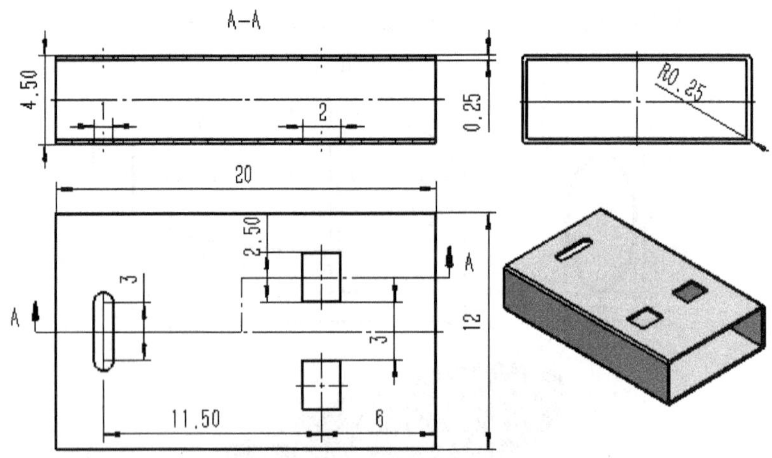

图 3-89　习题 6 附图 2(插头_金属)

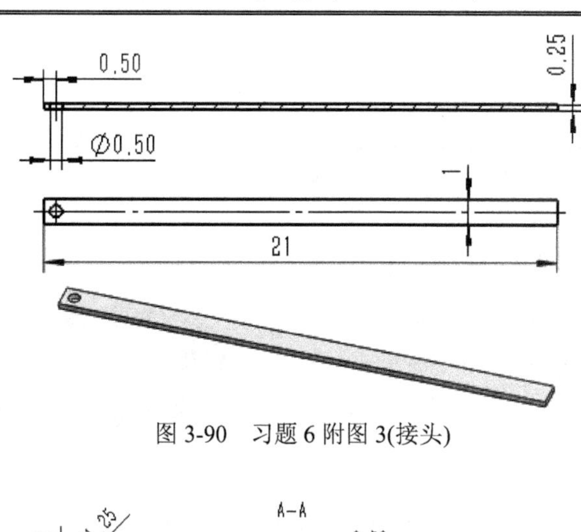

图 3-90　习题 6 附图 3(接头)

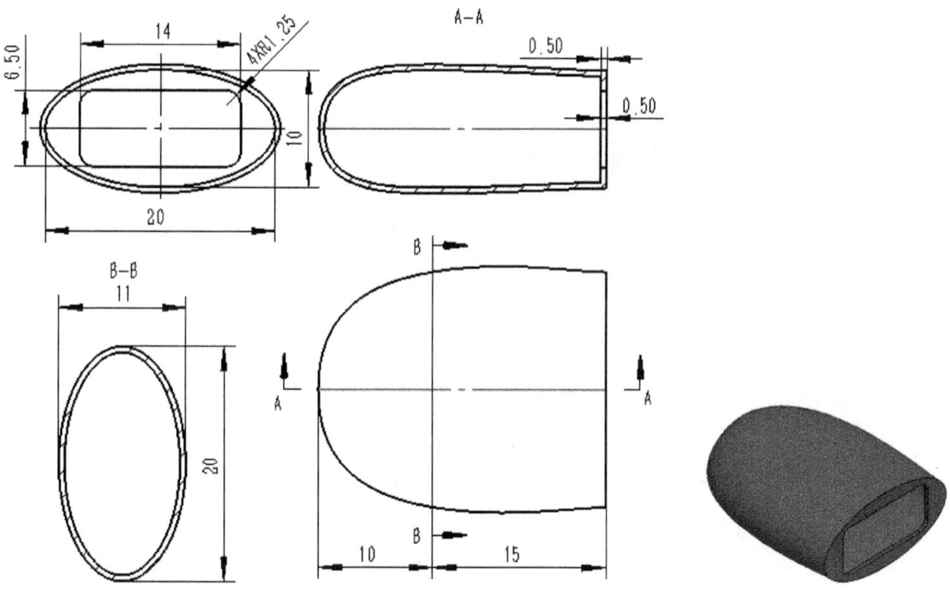

图 3-91　习题 6 附图 4(上盖)

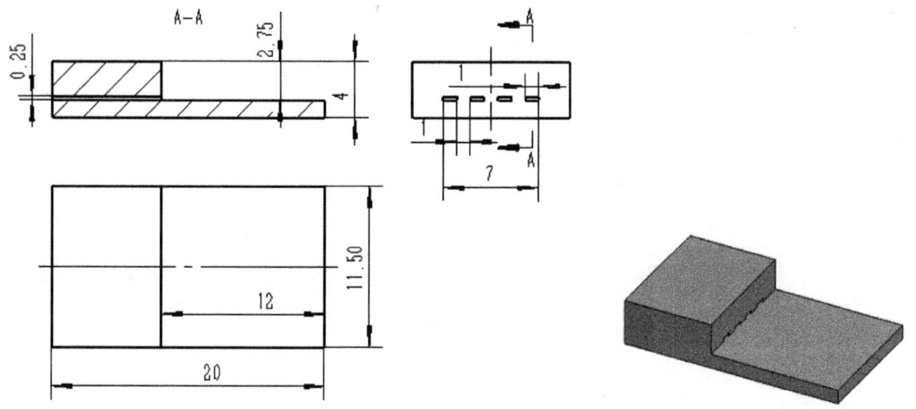

图 3-92　习题 6 附图 5(插头_绝缘)

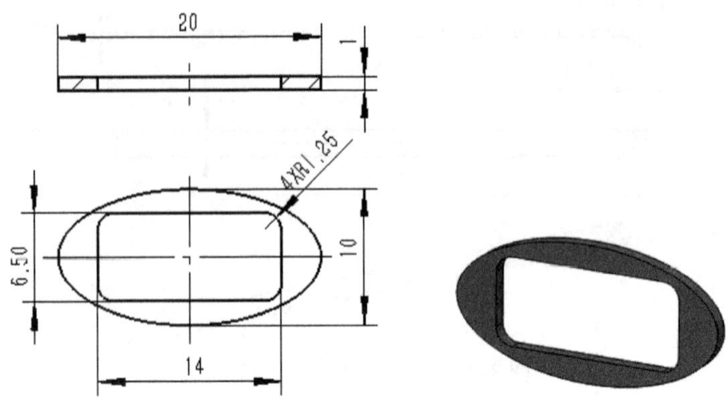

图 3-93　习题 6 附图 6(垫片)

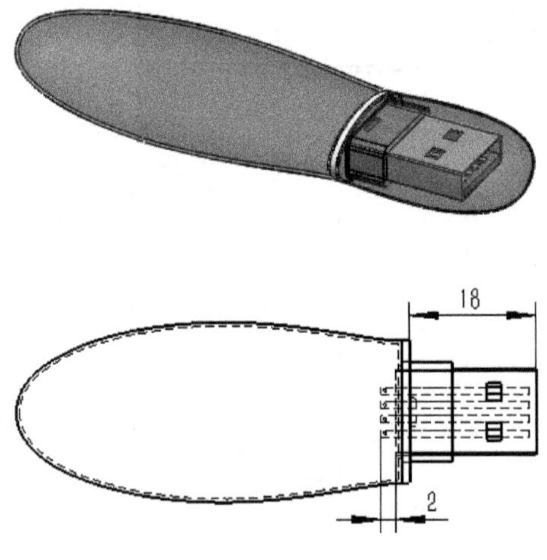

图 3-94　习题 6 附图 7(U 盘)

项目四 CSWA 考试模拟题

SOLIDWORKS 认证考试是达索 SOLIDWORKS 公司推出的全球性认证考试项目，用于衡量 SOLIDWORKS 应用专长与能力。SOLIDWORKS 认证考试主要考察应用软件进行设计、一体化仿真、机电一体化、质量检测、数字化渲染、工程文档建立等的使用水平以及解决问题的能力。对于产品设计而言，SOLIDWORKS 认证考试包括 CSWA(助理工程师)与 CSWP(专业工程师)两大类。在此只介绍助理工程师的认证考试内容。

CSWA(助理工程师)考题内容包括三大部分：

(1) 工程图：各种视图的分辨；

(2) 三维建模：精确绘图，材料属性设置，坐标原点选择；

(3) 装配体：插入零部件，配合，测量。

CSWA(助理工程师)的考试时间是 3 个小时，总题数为 24，总分数为 240，及格分数为 165 分，考题的具体题型包括：

(1) 工程图共 3 题，5 分/题；

(2) 初级零件创建与修改共 2 题，15 分/题；

(3) 中级零件创建与修改共 2 题，15 分/题；

(4) 高级零件创建与修改共 3 题，15 分/题；

(5) 装配体的创建共 4 题，30 分/题。

本项目主要以考证模拟题中用到的知识点进行讲解。

知识目标

(1) 熟悉考试的题型；

(2) 掌握方程式创建、方程式编辑的方法；

(3) 掌握零件材质的设置方法；

(4) 掌握零件质量和质心的检测方法。

技能目标

(1) 熟练判断视图的类型；

(2) 熟练创建拉伸、旋转、筋等特征，并熟练应用阵列镜像等功能；

(3) 提高工程图的识图能力，零件尺寸准确；

(4) 熟练进行方程式、材质等设置；

(5) 熟练测量零件的质心和质量；

(6) 熟练按要求进行装配，并测量装配体的质心及距离。

任务　实战 CSWA 模拟题

一、CAWA 模拟题

模拟题共 240 分，其中工程图 3 题，每题 5 分；建模 7 题，每题 15 分；装配 4 题，每题 30 分。(该模拟题是参考原厂认证真题，所以图中有些标注或表达方式不符合国标。)

1. 要创建工程视图“B”，需要在工程视图“A”上创建一条样条曲线，然后插入(　　)视图。(5 分)

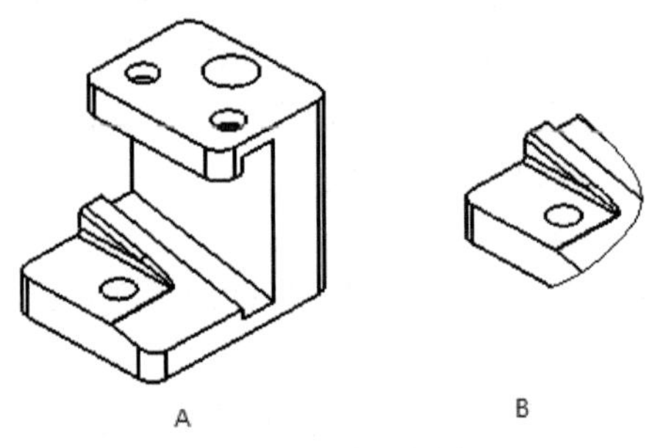

图 4-1　题 1 附图

(1) 裁剪视图　　(2) 剖面视图　　(3) 投影视图　　(4) 局部视图

2. 从工程视图“A”创建工程视图“B”，应插入(　　)。(5 分)

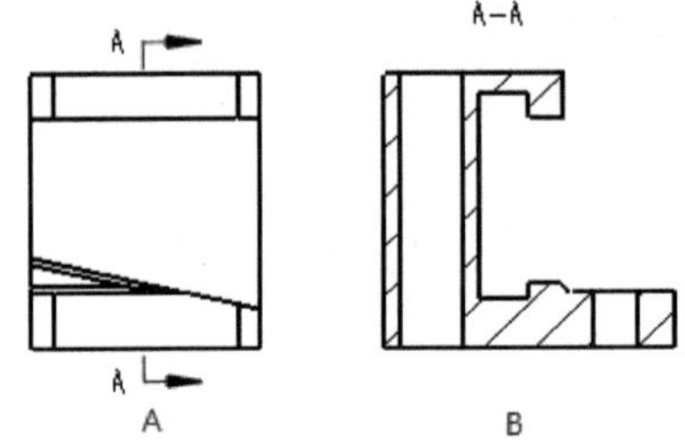

图 4-2　题 2 附图

(1) 裁剪视图　　(2) 剖面视图　　(3) 投影视图　　(4) 局部视图

3. 从工程视图“A”创建工程视图“B”，应插入(　　)。(5 分)

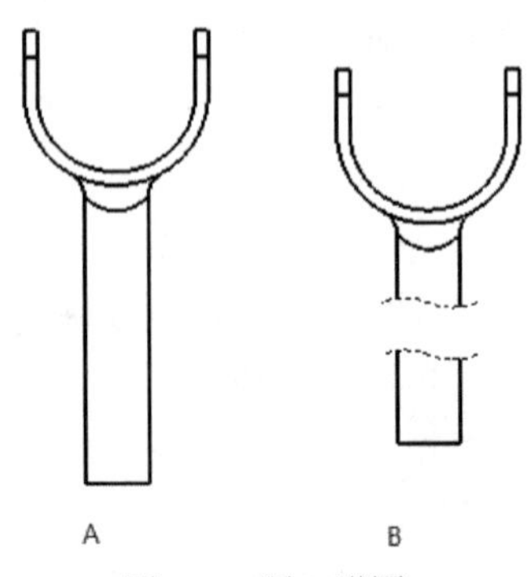

图 4-3　题 3 附图

(1) 水平断裂视图　　　　(2) 断开的剖视图

(3) 剖面视图　　　　　　(4) 裁剪视图

4. 基础零件-步骤 1(径向摆动块)。(15 分)

在 SOLIDWORKS 中创建此零件。要求：

第 4 题

(1) 单位：MMGS(毫米、克、秒)；

(2) 小数位：2；

(3) 零件原点：不拘；

(4) 除非有特别指示，否则所有孔洞皆贯穿；

(5) 材料：铝 1060 合金　　密度 = 0.002 7 g/mm^3

(6) A = 122.50　　B = 15.00　　C = 50.00 度

注：所有几何体关于视图中标记为 F 的线所代表的平面对称：视图 M-M、视图 N-N、视图 P-P 零件的整体质量是多少(克)？

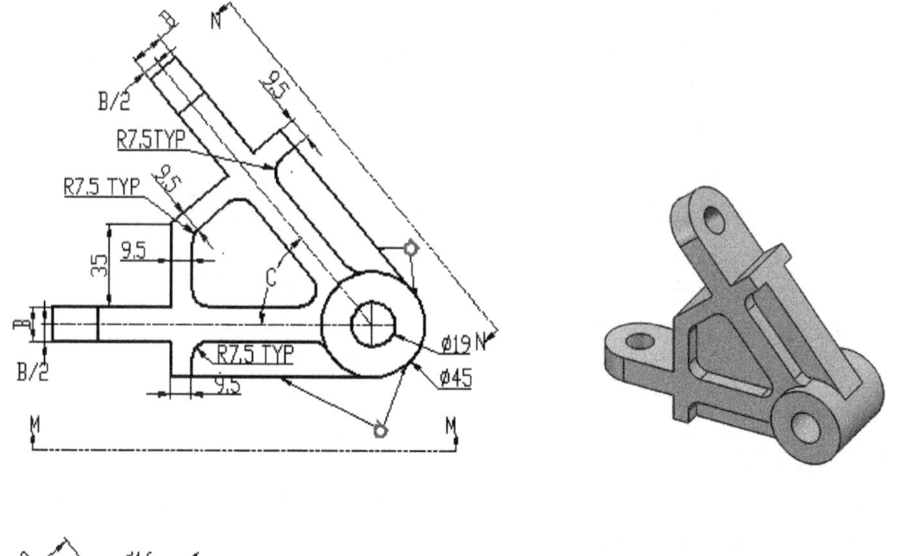

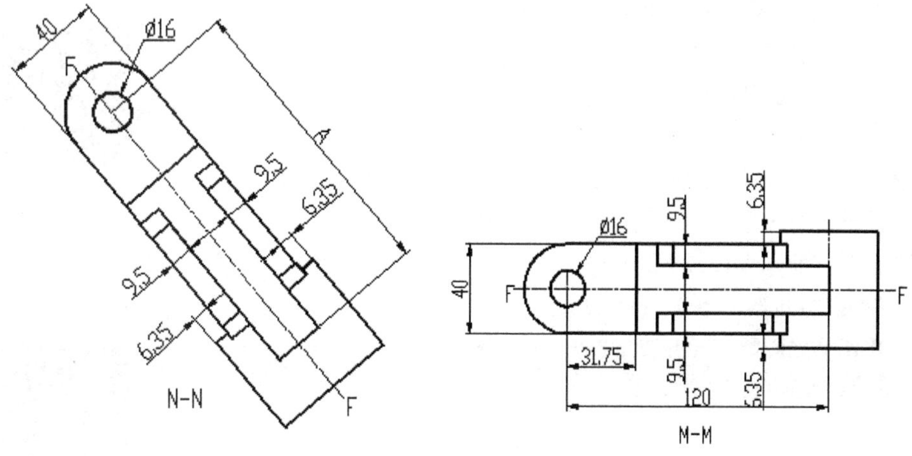

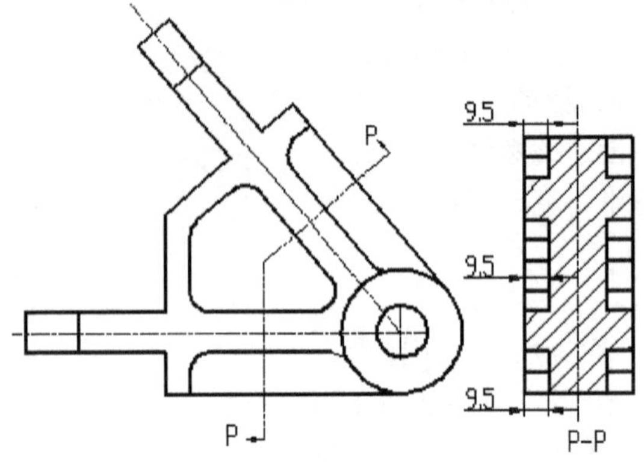

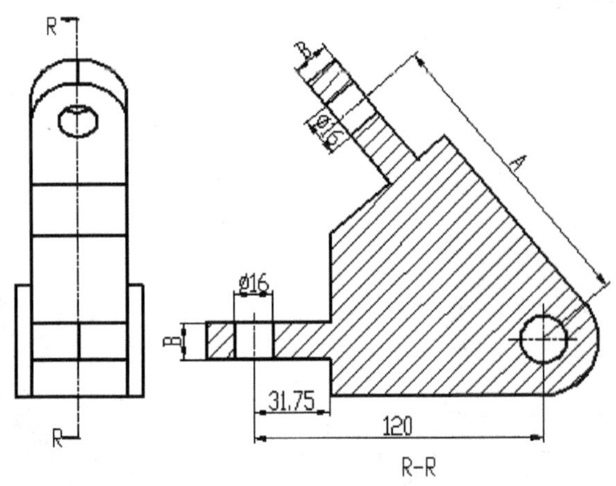

图 4-4　题 4 附图

答案：零件的质量是(　　)克。

A. 856.43　　B. 327.65　　C. 1478.32　　D. 578.14

5. 基础零件-步骤 2(径向摆动块)。(15 分)

在 SOLIDWORKS 中修改上一题中的零件。要求：

(1) 使用以下变量值修改零件参数：

A = 106.00　B = 16.00　C = 57.50 度

(2) 更改零件的材料：AISI 1020 钢　密度 = 0.0079 g/mm^3

注：假设所有未显示尺寸与前一问题相同。

零件的整体质量是(2529.26)克？

第 5 题

6. 中级零件-步骤 1(板)。(15 分)

在 SOLIDWORKS 中创建此零件。要求：

(1) 单位：MMGS(毫米、克、秒)；

(2) 小数位：2；

(3) 零件原点：不拘；

(4) 除非有特别指示，否则所有孔洞皆贯穿；

(5) 材料：铝 1060 合金　密度 = 0.0027 g/mm^3

第 6 题

(6) 参数：A = 70　　B = 995

零件的整体质量是(　　)克？

提示：如果您未找到与您答案相差 1%的选项，请重新检查您的模型。

A. 87 397.03　　B. 56 117.79　　C. 79 024.04　　D. 61 567.08

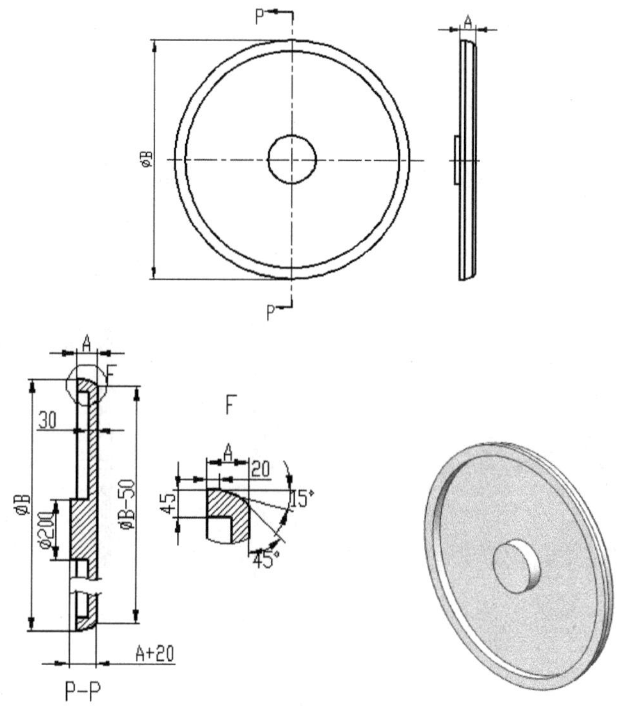

图 4-5　题 6 附图

7. 中级零件-步骤 2(板)。(15 分)

在 SOLIDWORKS 中修改上一题的零件，添加 9 个加强肋。

材料：铝 1060 合金　密度 = 0.0027 g/mm^3

注：(1) 假设所有未显示尺寸与前一问题相同；

(2) 所有加强肋大小、形状和尺寸相同。

零件的整体质量是(90 143.97)克？

第 7 题

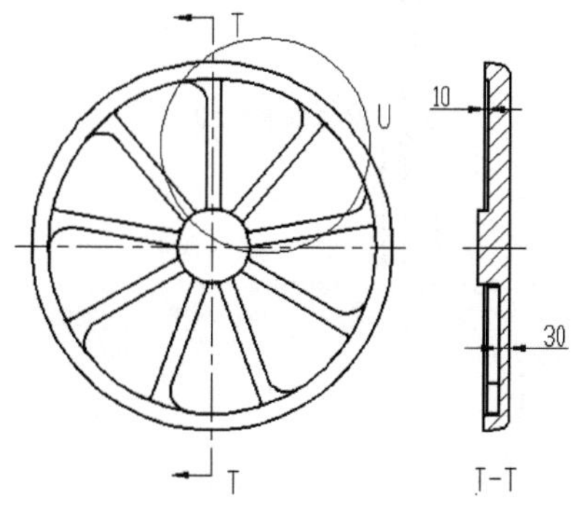

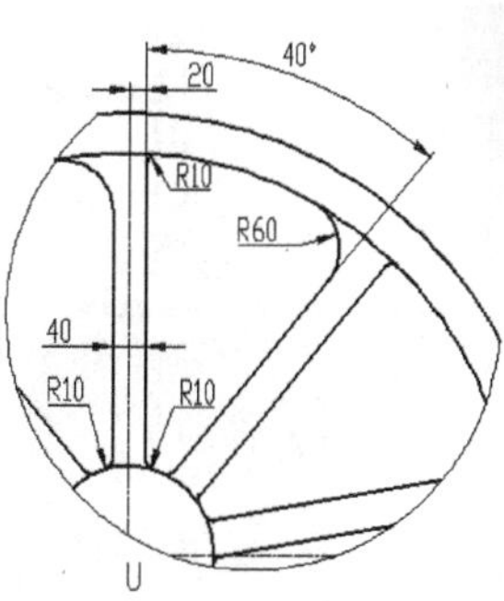

图 4-6　题 7 附图

8. (30 分)

在 SOLIDWORKS 中创建此装配体(滚轮连杆机构 Wheel，Linkage，As[illegible]含1个底座①、1个铁盖②、1个滚轮③、1个活塞气缸④、1个活塞⑤、1个气[illegible]⑥、1个大链环⑦、1个小链环⑧。

第 8 题

要求：(1) 单位：MMGS(毫米、克、秒)；

(2) 小数位：2；

(3) 装配体原点：不限。

装配条件：

(1) 底座①轴心配合于铁盖②的四个销，铁盖②的内面与底座①的顶端面相吻合。

(2) 滚轮③轴心配合且至底座①上销的末端，如详细信息 H 所示。

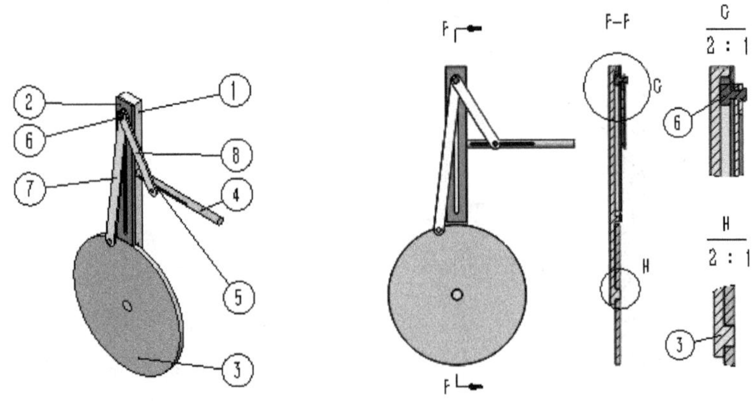

图 4-7　题 8 附图 1

(3) 气缸连接器⑥的大直径圆柱面配合相切于底座①的槽面，如详细信息 B 所示。气缸连接器⑥的底座配合于底座①上槽的底部平面。参考详细信息 G。

(4) 活塞气缸④的销端轴心配合且与底座①的侧孔相吻合，如 E-E 部分所示。活塞气缸④上槽的直面平行于底座①的顶端面且与详细信息 B 中所示一致。(注：铁盖、大链环和小链环已隐藏，详细信息 B 中已清晰显示。)

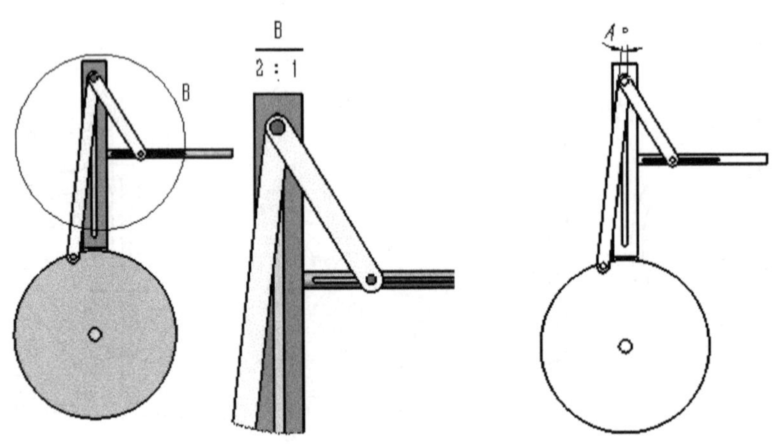

图 4-8　　题 8 附图 2

(5) 活塞⑤的较长圆柱端轴心配合于活塞气缸④。

(6) 大链环⑦上的一个孔轴心配合于气缸连接器⑥且与铁盖②的顶端面相吻合，如详细信息 C 所示。

(7) 大链环⑦上的反面孔与滚轮③上的销相吻合。

(8) 小链环⑧上的一个孔轴心配合于气缸连接器⑥，同时小链环⑧的底面与大链环⑦的顶端面相吻合，如详细信息 C 所示。

(9) 小链环⑦上的侧面孔与活塞⑤的伸出端同心。

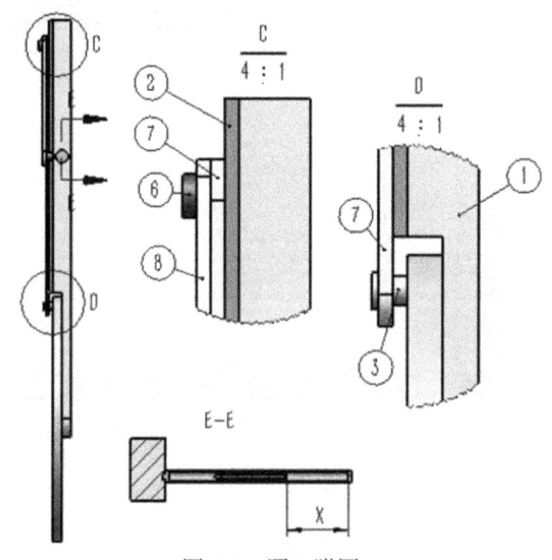

图 4-9　题 8 附图 3

A = 7 度，测量的距离 X 是(　　) (毫米)。

A. 34.56　　B. 38.16　　C. 15.21　　D. 17.55

第 9 题

9. (30 分)

在 SOLIDWORKS 中修改装配体(滚轮连杆机构 Wheel，Linkage，Assembly)。

使用前一问题所创建的装配体，然后修改一下参数：

A = 17 度，测量的距离 X 是(　　)毫米？

10. (30 分)

在 SOLIDWORKS 中创建此装配体(连杆机构 Linkage，Assembly)。

机构包含：1 个连杆底座①、1 个连杆气缸②、1 个连杆活塞③、3 个连[illegible] 2 个连杆耦合⑤。

要求：(1) 单位：MMGS(毫米、克、秒)；(2) 小数位：2；(3) 装配原点[illegible]

重要信息：就图中显示的原点创建装配体。(这对计算质量中心非常重要)

第 10 题

装配条件：

(1) 连杆螺栓④轴心配合于连杆耦合⑤、连杆气缸②、连杆活塞③孔与连杆底座①的槽无间隙。

(2) 连杆螺栓④头部的面与连杆活塞③、连杆气缸②、连杆耦合⑤面重合。

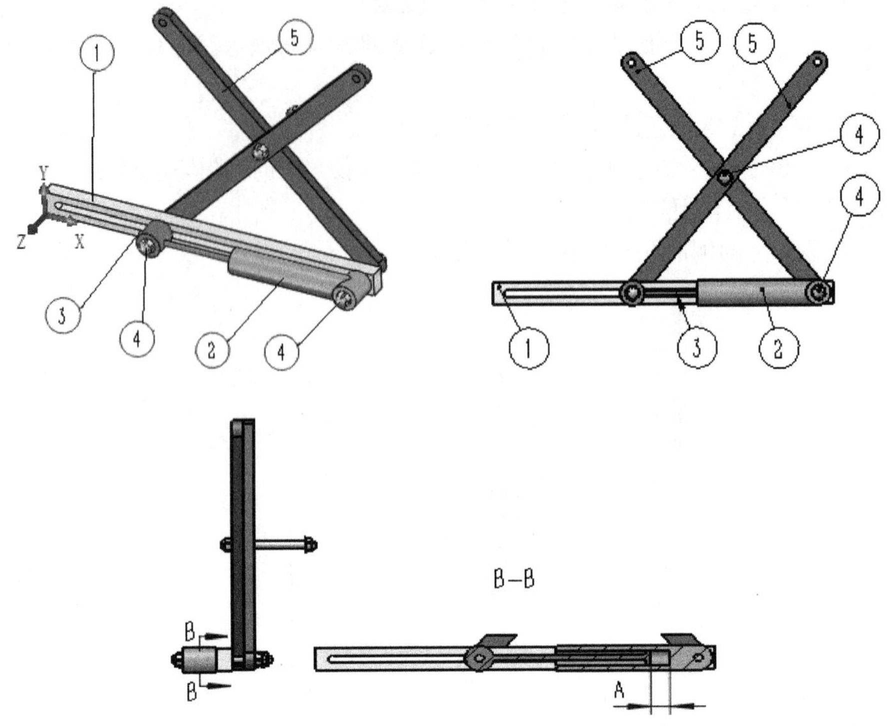

图 4-10　题 10 附图

A=34，则装配体的质量中心是(　　)毫米？

A. X = 441.01　　Y = 75.83　　Z = −9.57

B. X = 453.71　　Y = 124.72　　Z = −21.04

C. X = 401.23　　Y = 100.94　　Z = −15.88

D. X = 460.19　　Y = 125.78　　Z = −16.38

11. (30 分)

在 SOLIDWORKS 中修改此装配体(连杆机构 Linkage，Assembly)。

使用前一问题所创建的装配体，然后修改以下参数：

A = 74，则装配体的质量中心是(　　)毫米。

第 11 题

12. 高级零件-步骤 1(连接器)。(15 分)

在 SOLIDWORKS 中创建此零件。

要求：(1) 单位：MMGS(毫米、克、秒)；

(2) 小数位：2；

(3) 零件原点：不拘；

(4) 除非有特别指示，否则所有孔洞皆贯穿；

(5) 材料：铸造不锈钢，密度 = 0.0077 g/mm^3；

(6) 参数：A = 112.00，B = 104.00，C = 23。

零件的整体质量是(　　)克？

第 12 题

A. 4 020.17　　B. 6 246.39　　C. 5 001.22　　D. 2 401.75

提示：如果您未找到与您答案相差 1%的选项，请重新检查您的模型。

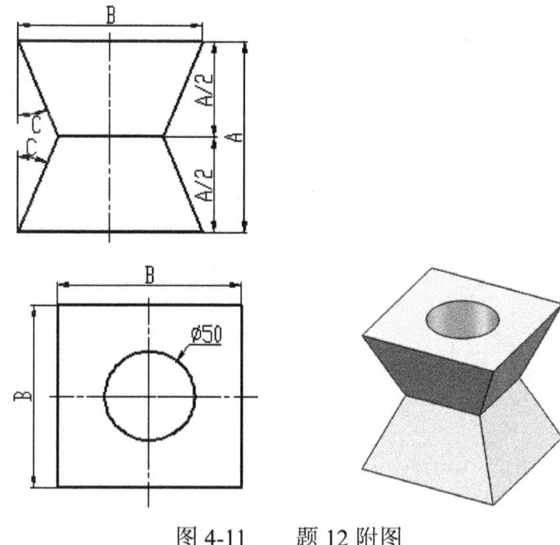

图 4-11　　题 12 附图

13. 高级零件-步骤 2(连接器)。(15 分)

第 13 题

在 SOLIDWORKS 中修改零件。

材料：铸造不锈钢，密度 = 0.007 7 g/mm^3；

使用前一问题所创建的零件，然后添加一个凹槽以对其进行修改。

注：假设所有未显示尺寸与前一问题相同。新特征的所有尺寸已显示。

零件的整体质量是(　　)克？

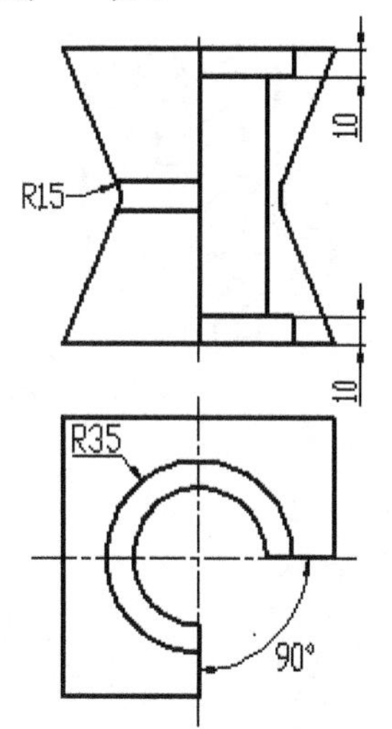

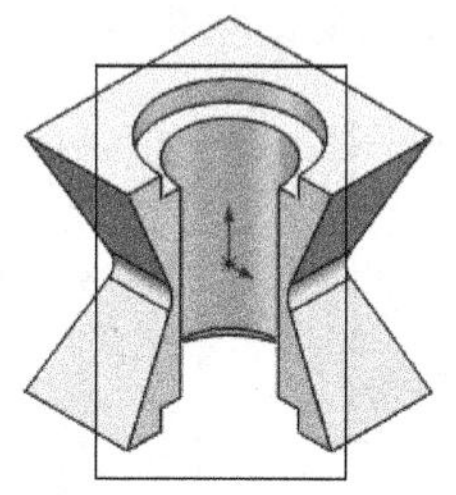

图 4-12　题 13 附图

14. 高级零件-步骤 3(连接器)。(15 分)

第 14 题

在 SOLIDWORKS 中修改零件。使用前一问题所创建的零件，然后添加一个凹槽以对其进行修改。

注：假设所有未显示尺寸与前一问题相同。新特征的所有尺寸已显示。

零件的整体质量是(　　)克？

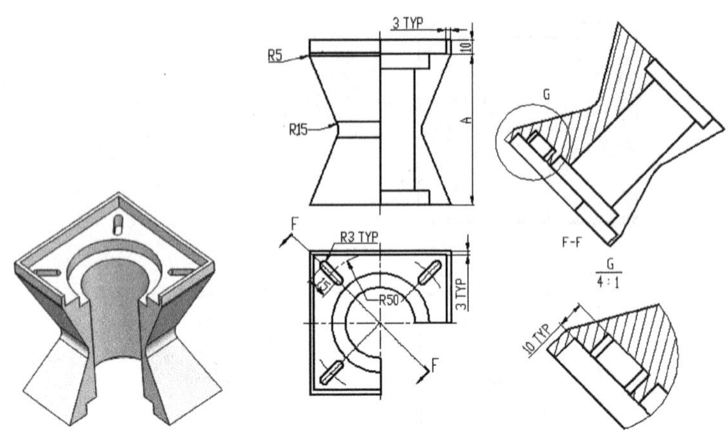

图 4-13　题 14 附图

二、相关知识点

1. 工程图

前面已经大量应用了各种模型视图和投影视图，下面是除“标准三视图”“模型视图”和“投影视图”以外的各种视图：图 4-14 是剪裁视图，图 4-15 是局部视图，图 4-16 是断开的剖视图，图 4-17 是交替位置视图，图 4-18 是旋转剖视图，图 4-19 是断裂视图，图 4-20 是辅助视图。

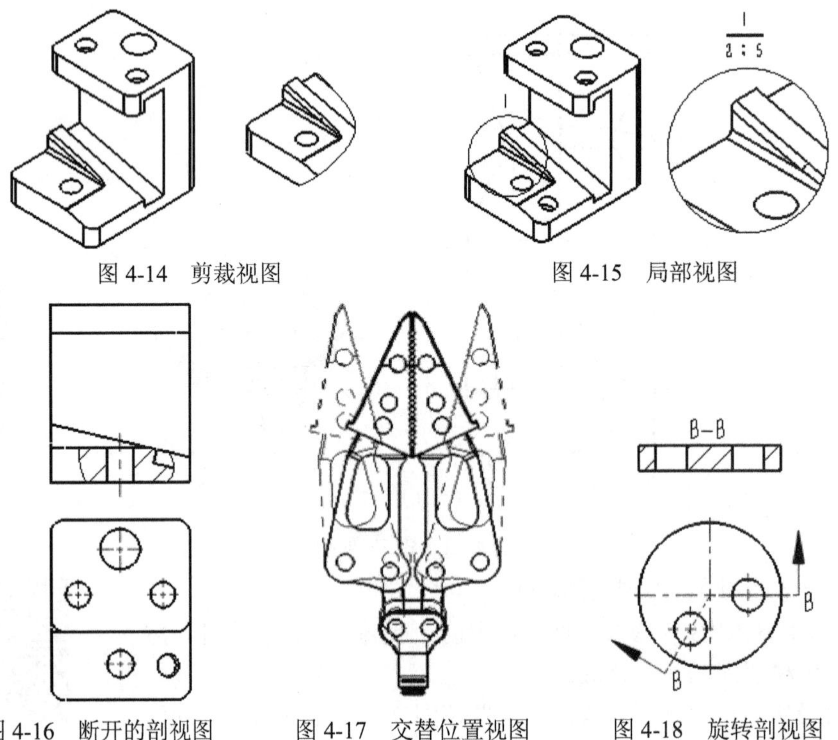

图 4-14　剪裁视图

图 4-15　局部视图

图 4-16　断开的剖视图

图 4-17　交替位置视图

图 4-18　旋转剖视图

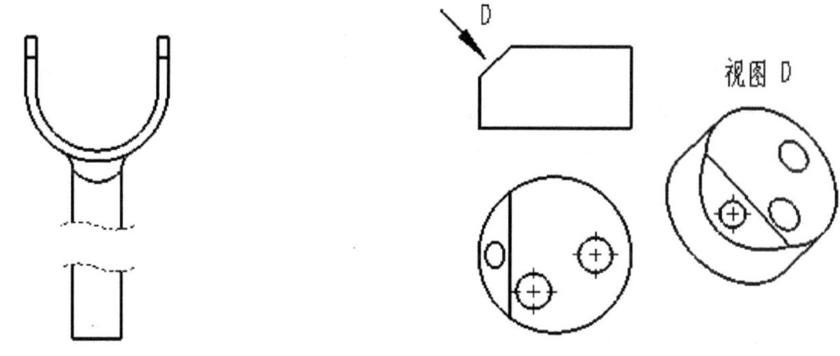

图 4-19 断裂视图　　　　图 4-20 辅助视图

2. 建模

(1) 全局变量设置。

在菜单栏中，单击“工具”→“方程式”，在图 4-21 所示的“方程式、整体变量及尺寸”对话框中，输入全局变量及数值。然后在设计树中就可以看到方程式，如图 4-22 所示。

方程式、整体变量及尺寸

过滤所有栏区

名称	数值/方程式	估算到
全局变量		
"A"	= 122.5	122.5
"B"	= 15	15
"C"	= 50	50
添加整体变量		
特征		
添加特征压缩		
方程式		
"D2@草图1"	= "B"	15mm

自动重建　角度方程单位:

链接至外部文件:

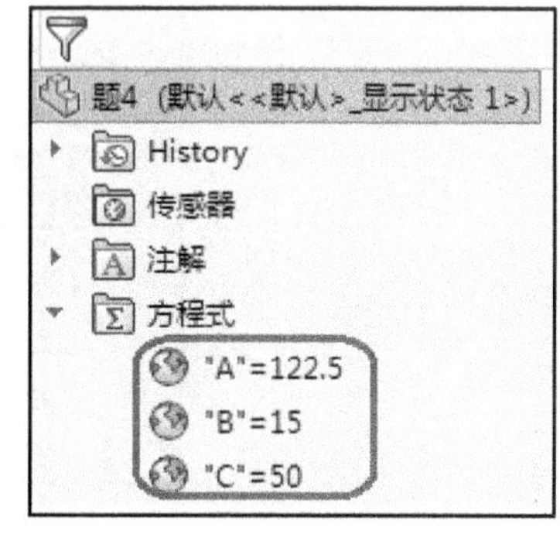

图 4-21 “方程式、整体变量及尺寸”对话框　　　　图 4-22 设计树

(2) 把尺寸设置为全局变量。

双击尺寸，如图 4-23 所示的弹出“智能尺寸框”，先输入“=”，从弹出的选项中选择“全局变量”，再选择“B”，则尺寸显示为“Σ 15”，当“B”的值修改时，该尺寸也发生变化。

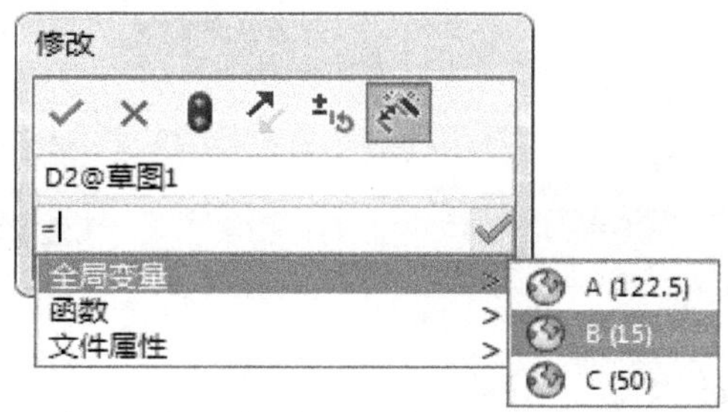

图 4-23 智能尺寸框

(3) 全局变量编辑。

在设计树中，右键单击“方程式”，从弹出的菜单中选“管理方程式”，或者在菜单栏中，单击“工具”→“方程式”，如图 4-24 所示。

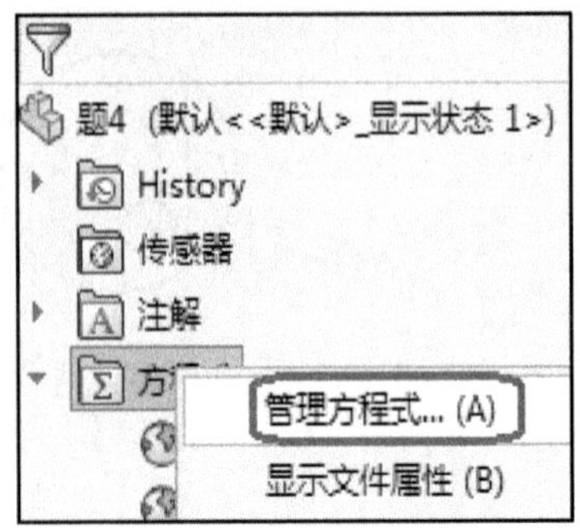

图 4-24　快捷菜单

(4) 材料的设置。

在设计树中，右键单击“材质”，从弹出的菜单中选择“编辑材料”，如图 4-25 所示，然后在图 4-26 的“材料”对话框中，选择材料、设置属性。

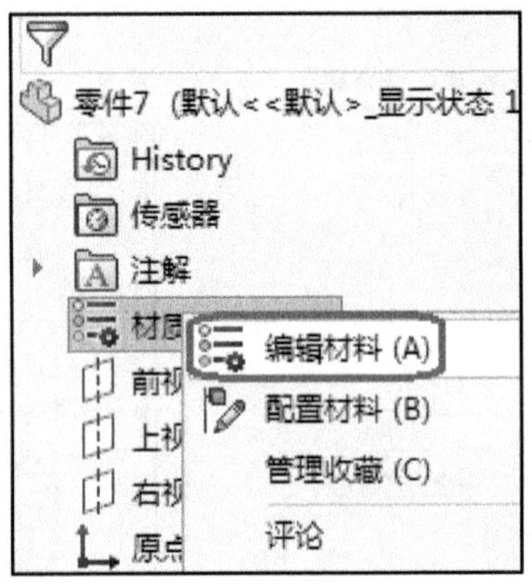

图 4-25　编辑材料

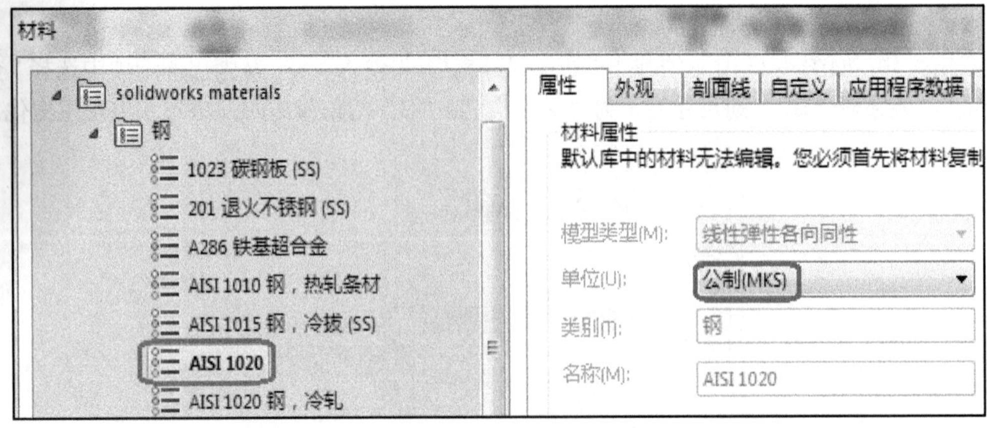

图 4-26　“材料”对话框

(5) 质量及质心的测量。

在工具栏中，单击“评估”→“质量属性”，弹出“质量属性”对话框，如图 4-27 所示。

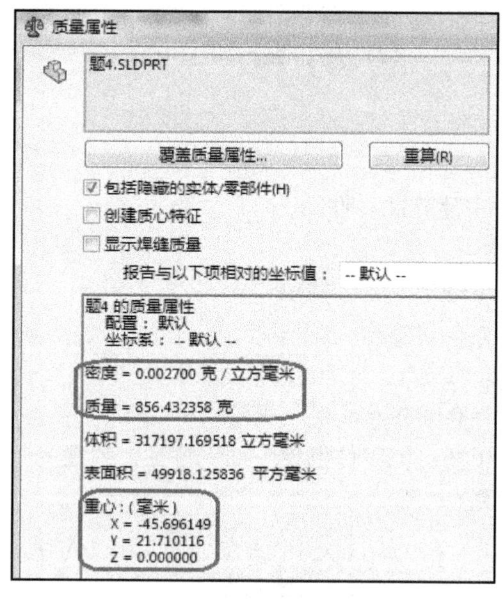

图 4-27　“质量属性”对话框

3. 装配

(1) 装配体坐标系的设置。

在工具栏中，单击“装配体”→“参考几何体”→“坐标系”，然后选择端点放置坐标系，如图 4-28 所示。

(2) 相对“坐标系 1”的质心计算。

在工具栏中，单击“评估”→“质量属性”，弹出“质量属性”对话框，设置坐标系，如图 4-29 所示，该质心是相对坐标系 1 计算的。

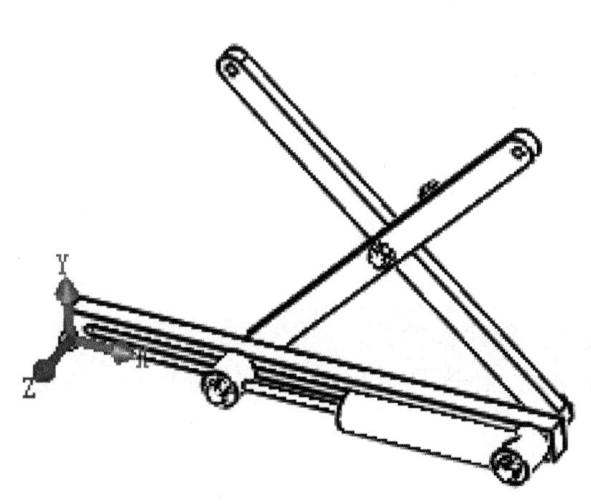

图 4-28　建立坐标系

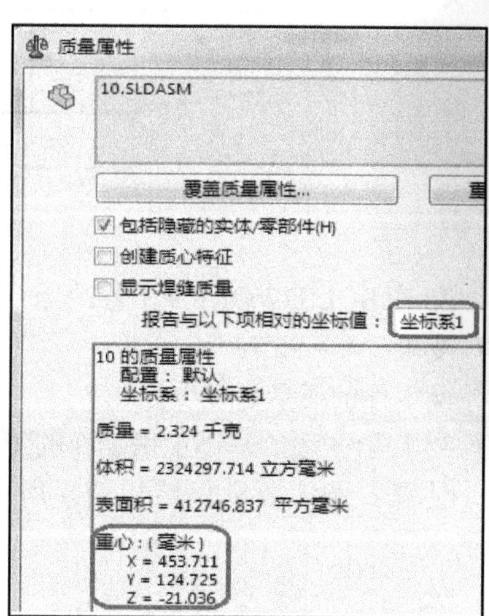

图 4-29　质心测量

拓展练习四

1. 在 SOLIDWORKS 中建立此零件。

要求：

(1) 单位系统：MMGS(毫米，克，秒)；

(2) 小数单位：2；

(3) 零件原点：任意；

(4) 材料：红铜 密度 = 0.0089 g/mm^3；变量：A = 52.5。

注意：圆弧要求保持相切。此零件包含一抽壳特征：厚度 = 2 mm，底面为开放的。

此零件的质量是多少克？

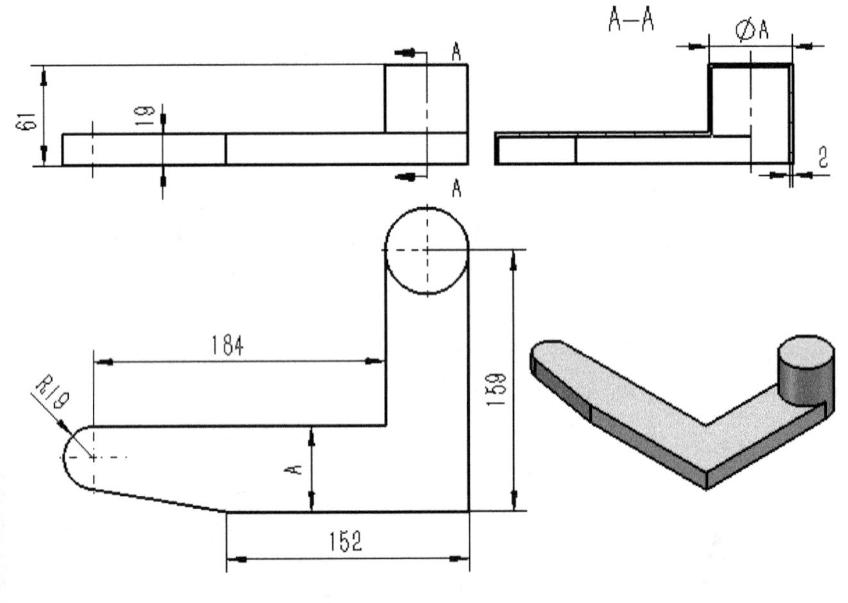

图 4-30　习题 1 附图

2. 在 SOLIDWORKS 中修改上一题的零件。

变量：A = 95.75

此零件的质量是多少克？

3. 在上一题的基础上增加新的特征/尺寸，创建零件。

注意：圆弧要求保持相切。所有的孔都是完全贯穿并与圆角是同心的。压缩抽壳特征。

变量：A = 69　B = 71

此零件的质量是多少克？

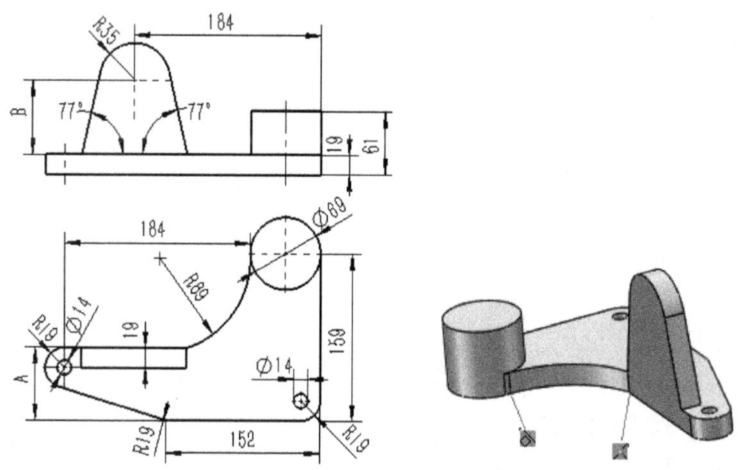

图 4-31　习题 3 附图

4. 在 SOLIDWORKS 中修改上一题的零件。

变量：A = 84　B = 85

此零件的质量是多少克？

5. 在上一题的基础上增加新的特征/尺寸，创建零件。

注意：加强筋是位于拉伸凸台的中心。半圆切除是位于倒角的中心。切槽阵列是等距且完全贯穿的。压缩抽壳特征。

变量：A = 93　B = 92　C = 171　D = 46　E = 33　F = 34　H = 9

此零件的质量是多少克？

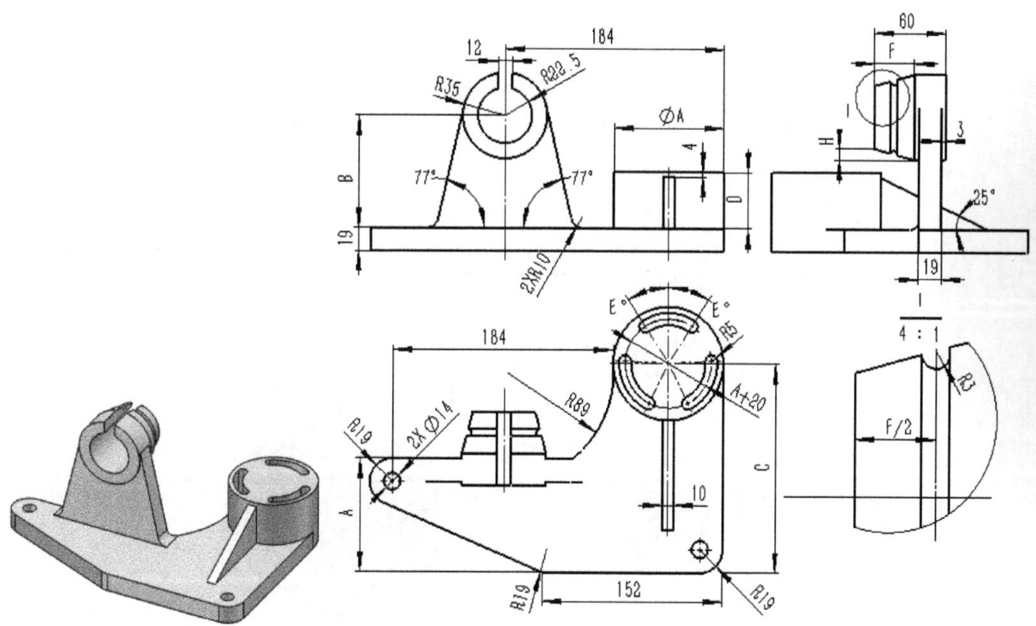

图 4-32　习题 5 附图

6. 在上一题的基础上修改变量，创建零件。

注意：加强筋是位于拉伸凸台的中心。半圆切除是位于倒角的中心。切槽阵列是等距且完全贯穿的。压缩抽壳特征。

变量：A = 90　B = 91　C = 164　D = 44　E = 30　F = 35　H = 10

此零件的质量是多少克？

7. 在 SOLIDWORKS 中构建此装配体。装配体包含图 4-33 所示的手柄、图 4-35 所示的销钉和图 4-34 所示的连接件，装配体如图 4-36 所示。

装配要求：

(1) 销钉和手柄的孔同心(无间隙)；

(2) 销钉的两端面分别和手柄的外侧面及连接件的内侧面重合；

(3) 单位系统：MMGS(毫米、克、秒)；

(4) 小数点数：2；

(5) 装配原点：如图 4-36 所示；

(6) 变量：A = 36　B = 235　C = 30

(7) 所有零件的材料均为 6061 铝合金，密度 = 0.002 7 g/mm^3。

此时装配体的重心位置是(　　)。

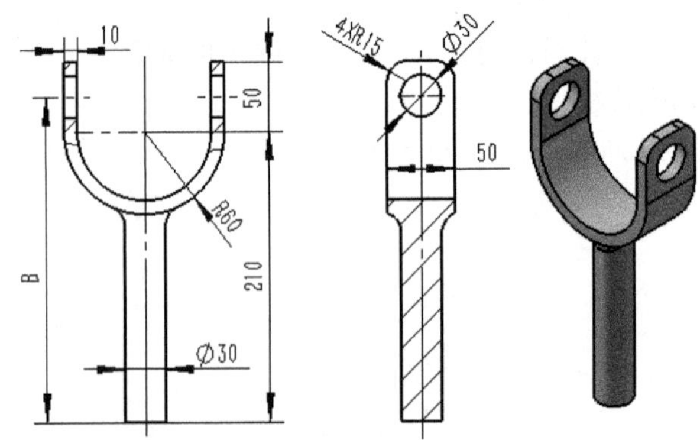

图 4-33　习题 7 附图 1

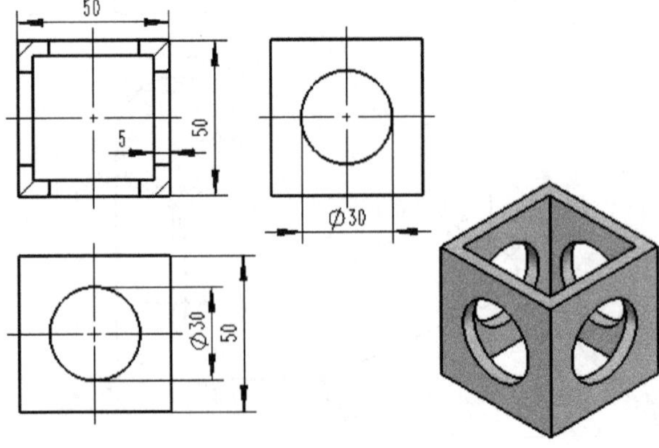

图 4-34　习题 7 附图 2

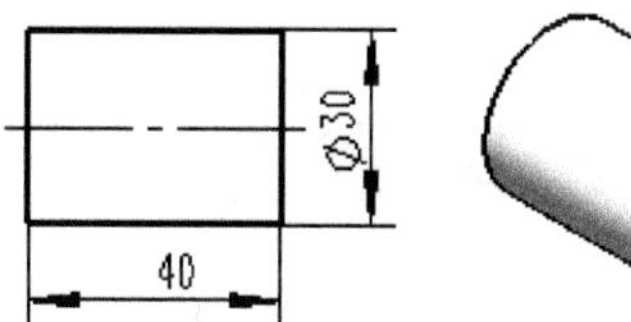

图 4-35　习题 7 附图 3

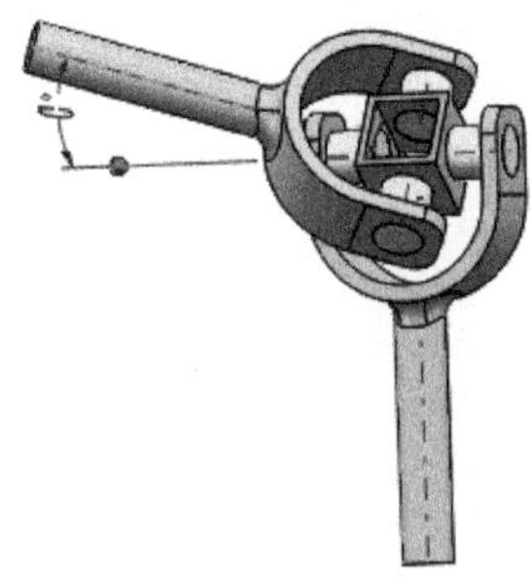

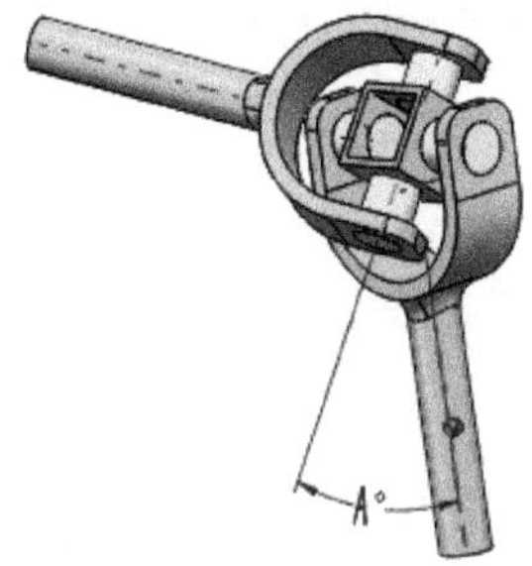

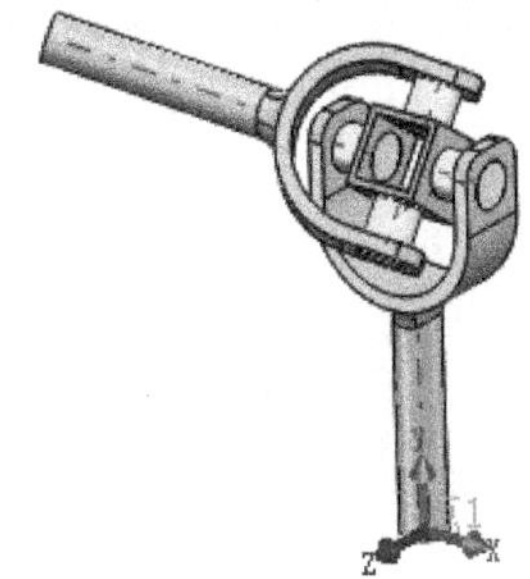

图 4-36　习题 7 附图 4

参 考 资 料

[1] 胡其登. SOLIDWORKS 零件与装配体教程. 北京：机械工业出版社，2018.

[2] 胡其登. SOLIDWORKS 工程图教程. 北京：机械工业出版社，2018.

[3] 郭晓霞. UGNX 12 全实例教程. 北京：机械工业出版社，2020.